用于国家职业技能鉴定

国家职业资格培训教程

计算机网络管理员

（中级）

编审委员会

主　任　刘　康
副主任　张亚男
委　员　陈　敏　陈　禹　孟庆远　王　林　田本和
　　　　周明陶　陈孟锋　许　远　丁桂芝　张晓云
　　　　陈瑛洁　张　瑜　陈　蕾　张　伟

编审人员

主　编　赵国芳
编　者　赵国芳　姜艳芬　姜　波　王丽华
主　审　陈　禹
审　稿　陈孟锋　陈瑛洁　许　进　张　瑜

中国劳动社会保障出版社

图书在版编目(CIP)数据

计算机网络管理员：中级/中国就业培训技术指导中心组织编写．—北京：中国劳动社会保障出版社，2009

国家职业资格培训教程

ISBN 978-7-5045-7881-5

Ⅰ．计… Ⅱ．中… Ⅲ．计算机网络-技术培训-教材 Ⅳ．TP393

中国版本图书馆 CIP 数据核字(2009)第 108484 号

中国劳动社会保障出版社出版发行

(北京市惠新东街 1 号　邮政编码：100029)

出　版　人：张梦欣

*

三河市华骏印务包装有限公司印刷装订　新华书店经销
787 毫米×1092 毫米　16 开本　22.25 印张　386 千字
2009 年 7 月第 1 版　2023 年 5 月第 20 次印刷
定价：40.00 元
营销中心电话：400－606－6496
出版社网址：http://www.class.com.cn

版权专有　　侵权必究

如有印装差错，请与本社联系调换：(010) 81211666
我社将与版权执法机关配合，大力打击盗印、销售和使用盗版图书活动，敬请广大读者协助举报，经查实将给予举报者奖励。
举报电话：(010) 64954652

前　言

电子信息产业是现代产业中发展最快的一个分支，它具有高成长性、高变动性、高竞争性、高技术性、高服务性、高就业性的特点。

目前，我国已经成为世界级信息产业大国。随着社会信息化程度的不断提高，信息技术在通信、教育、医疗、游戏等各行业的应用将日渐深入，软件、硬件及网络技术人才的需求都保持了上升走势。尤其是电子信息类企业内部分工渐趋细化和专业化，更需要大量的信息化人才。另外，电子信息产业又是一个不断更新的产业，对于人才的需求还远远得不到满足。

大量的人才需求，催生了电子信息产业职业培训的迅速发展，培养实用的电子信息产业人才的呼声日益高涨，大量电子信息类的职业培训机构应运而生。为推动电子信息类职业培训和职业技能鉴定工作开展，在其从业人员中推行国家职业资格证书制度，中国就业培训技术指导中心在完成《国家职业标准·计算机操作员》（2008年修订）、《国家职业标准·计算机（微机）维修工》（2008年修订）、《国家职业标准·计算机网络管理员》（2008年修订）、《国家职业标准·计算机程序设计员》（2008年修订）（以下简称《标准》）制定工作的基础上，组织参加《标准》编写和审定的专家及其他有关专家，编写了计算机操作员、计算机（微机）维修工、计算机网络管理员、计算机程序设计员国家职业资格培训系列教程。

以上4个职业的国家职业资格培训系列教程紧贴《标准》要求，内容上体现"以职业活动为导向、以职业能力为核心"的指导思想，突出职业资格培训特色；结构上针对各职业活动领域，按照职业功能模块分级别编写。

其中，计算机网络管理员国家职业资格培训系列教程共包括《计算机网络管理员（基础知识）》《计算机网络管理员（中级）》《计算机网络管理员（高级）》《计算机网络管理员（技师）》《计算机网络管理员（高级技师）》5本。《计算机网络管理员（基础知识）》内容涵盖《标准》的"基本要求"，是各级别计算机网络管理员均需掌握的基础知识；其他各级别教程的章对应于《标准》的"职业功能"，节对应于《标准》的"工作内容"，节中阐述的内容对应于《标准》的"技能要求"和"相关知识"。

本书是计算机网络管理员国家职业资格培训系列教程中的一本,适用于对中级计算机网络管理员的职业资格培训,是国家职业技能鉴定推荐辅导用书。

本书由国家职业技能鉴定专家委员会计算机专业委员会集体承担编写任务,作者队伍由有关信息产业技术、行业企业代表及中高职院校电子信息类专业教师共同组成,由职业培训、课程开发专家进行技术把关,最后由中国就业培训技术指导中心审查定稿。

中国就业培训技术指导中心

目 录

CONTENTS 国家职业资格培训教程

第1章 操作系统安装、调试与调用 ……………………………（1）
  1.1 操作系统运行 ………………………………………………（1）
    1.1.1 计算机硬件安装与配置 ……………………………（1）
    1.1.2 操作系统的使用 ……………………………………（20）
  1.2 系统基本应用 ………………………………………………（26）
    1.2.1 系统的日期、时间设置 ……………………………（26）
    1.2.2 格式化 ………………………………………………（27）
  1.3 联机帮助操作 ………………………………………………（29）
    1.3.1 联机帮助 ……………………………………………（29）
    1.3.2 网络帮助 ……………………………………………（32）
  1.4 计算机文件操作方法 ………………………………………（36）
    1.4.1 文件的操作 …………………………………………（36）
    1.4.2 文件夹的操作 ………………………………………（39）
  1.5 病毒防治 ……………………………………………………（42）
    1.5.1 网络杀毒软件 ………………………………………（42）
    1.5.2 网络杀毒 ……………………………………………（46）
  本章思考题 ………………………………………………………（50）

第2章 机房环境维护 ……………………………………………（51）
  2.1 电源的管理与维护 …………………………………………（51）
    2.1.1 机房电气系统与电源设备 …………………………（51）

  2.1.2 供配电系统检测方法 …………………………………（68）
 2.2 机房保洁 ……………………………………………………（74）
  2.2.1 机房常规清扫与整理 …………………………………（74）
  2.2.2 机房带电清洁 …………………………………………（80）
 2.3 空调的管理与维护 …………………………………………（86）
  2.3.1 空调系统的维护管理 …………………………………（86）
  2.3.2 空调系统常见故障的排除 ……………………………（93）
 本章思考题 ………………………………………………………（98）

第3章 网络线路运行维护 ………………………………………（99）

 3.1 局域网线路运行维护 ………………………………………（99）
  3.1.1 局域网线路运行 ………………………………………（99）
  3.1.2 局域网线路维护 ………………………………………（145）
 3.2 接入线路运行维护 …………………………………………（150）
  3.2.1 接入线路运行状态检查 ………………………………（150）
  3.2.2 路由器和防火墙的检查 ………………………………（153）
 本章思考题 ………………………………………………………（171）

第4章 网络设备运行维护 ………………………………………（172）

 4.1 网络设备连接 ………………………………………………（172）
  4.1.1 线路设备识别 …………………………………………（172）
  4.1.2 网络设备的连接 ………………………………………（188）
 4.2 网络设备维护 ………………………………………………（191）
  4.2.1 网络设备的安装调试 …………………………………（191）
  4.2.2 网络设备的配置 ………………………………………（225）
 本章思考题 ………………………………………………………（235）

第5章 软件系统运行维护 ………………………………………（237）

 5.1 网络操作系统的安装 ………………………………………（237）
 5.2 Web网络软件系统的安装配置与使用 ……………………（253）
  5.2.1 IE浏览器的使用 ………………………………………（253）

5.2.2　IIS 的安装及运行 …………………………………………(257)
　　5.2.3　利用 IIS 配置 Web 站点 …………………………………(261)
5.3　设备驱动程序的安装与使用 …………………………………………(268)
5.4　网络操作系统的配置与使用 …………………………………………(278)
　　5.4.1　配置网络组件 ………………………………………………(278)
　　5.4.2　TCP/IP 的配置及测试网络 ………………………………(283)
本章思考题 ……………………………………………………………………(300)

第 6 章　数据备份与恢复 ……………………………………………………(301)

6.1　数据的备份与还原 ……………………………………………………(301)
6.2　数据存储与处置 ………………………………………………………(318)
6.3　文件的备份与还原 ……………………………………………………(322)
　　6.3.1　文件数据的备份 ……………………………………………(322)
　　6.3.2　还原数据 ……………………………………………………(336)
6.4　操作系统的备份与恢复 ………………………………………………(338)
本章思考题 ……………………………………………………………………(347)

第1章 操作系统安装、调试与调用

本章主要介绍计算机及网络的最基本内容。在先了解计算机硬件的安装与配置之后，需要学会计算机开关机的方法及进入操作系统的一些内容；在系统的基本应用中，简要说明了设置系统时间的方法和格式化的方法；使用系统的过程中还要学会使用联机帮助和使用网络帮助；熟悉一些计算机的文件和文件夹的操作；在病毒的防治中了解一些网络杀毒软件的安装和使用方法。

1.1 操作系统运行

1.1.1 计算机硬件安装与配置

学习目标

- ➢掌握硬件设备的主要类型和技术指标
- ➢了解计算机常见的硬件配置
- ➢掌握安装计算机硬件的方法
- ➢能够连接机箱面板和主板线路
- ➢能够进行加电测试

一、硬件设备的类型及主要技术指标

1. 主板

主板按其针对的行业可分为台式机主板和服务器/工作站主板两大类。

目前，家用和商用计算机采用的都是台式机主板，它的特征是：板型为 ATX 或 Micro ATX 结构，使用普通的机箱电源，采用的是台式机芯片组，只支持单 CPU，内存最大能支持到 4 GB，而且一般都不支持 ECC 校验。存储设备接口也是采用 IDE 或 SATA 接口，某些高档产品会支持 RAID。显卡接口多半都是采用 AGP 4X 或 8X，某些高档产品也会采用 AGP Pro 接口以支持某些高能耗的高档显卡。扩展接口也比较丰富，有多个 USB2.0/1.1、IEEE1394、COM、LPT、IrDA 等接口以满足用户的不同需求。扩展插槽的类型和数量也比较多，有多个 PCI、CNR、AMR 等插槽适应用户的需求。如果有整合的网卡芯片，也是单10/100 M或高档的千兆网卡。

对于服务器/工作站主板而言，最重要的是高可靠性和稳定性，其次才是高性能。因为大多数的服务器都要满足每天 24 h、每周 7 天的满负荷工作要求。服务器/工作站主板是专用于服务器/工作站的主板产品，板型为较大的 ATX、EATX 或 WATX，使用专用的服务器机箱电源。采用专门的服务器芯片组（如英特尔 E7501、Sever Works GC－SL 等芯片组）或高端的台式机芯片组（如英特尔 i875P），支持多 CPU 和海量的内存（一般都能支持达十几 GB 甚至几十 GB），而且大多支持 ECC 校验以提高可靠性。

2. 硬盘

安装硬盘时要注意有单硬盘和多硬盘之分。硬盘是计算机中最重要的部件之一，按不同的接口和外形尺寸，其种类有很多，除了现在最常见的台式机中使用的 3.5 英寸（1 英寸＝2.54 cm）EIDE 和 SATA 接口的产品外，还有其他类型的硬盘。

（1）SCSI 硬盘

目前，计算机中最大的速度瓶颈来自于硬盘。受制于 IDE 接口的局限，IDE 硬盘速度的提高已趋于极限。

SCSI 硬盘的外观与普通硬盘基本一致，但现在 SCSI 硬盘的最高转速已达到了 10 000 v.p.m，而且对 CPU 的占有率非常低（在 5% 左右）。这些都使得 SCSI 硬盘的性能比 IDE 硬盘有较大的提高。

目前，7 200 转的 SCSI 盘价位已到了可接受的水平，如果经济条件许可，选用 SCSI 硬盘将有效提高计算机整机性能。

(2) 活动硬盘

一般活动硬盘同样采用 Winchester 硬盘技术，所以具有固定硬盘的基本技术特征，速度快，容量能达到 10 GB 以上。活动硬盘的盘片和软盘一样，是可以从驱动器中取出和更换的，存储介质是盘片中的磁合金碟片。但是随着使用笔记本硬盘的 USB 移动硬盘价格的下跌和 USB 接口的普及，使得 USB 移动硬盘已经取代了活动硬盘。

(3) 笔记本硬盘

笔记本硬盘最大的特点就是小巧轻便，它的盘片直径一般仅为 2.5 英寸，厚度也远低于 3.5 英寸硬盘的厚度。

大多数产品厚度仅有 9.5 mm，目前笔记本计算机硬盘向着外形更小、质量更轻、容量更大方向发展。

除了常见的为 2.5 英寸规格，还有一种为 1.8 英寸规格，笔记本硬盘发展的前景十分广阔。

(4) 微型硬盘

越来越小也是硬盘的发展方向之一，1 英寸 HDD（Micro Drive），容量已达到了 4 GB，其外观和接口为 CF TYPE Ⅱ 型卡，很适应数码产品对大容量和小体积存储介质的要求。

微型硬盘最大的特点就是体积小巧容量适中。微型硬盘可以说是凝聚了磁储技术方面的精髓，其内部结构与普通硬盘几乎完全相同，在有限的体积里包含有相当多的部件。

新的一代 1 英寸以下的硬盘，其直径仅为 0.8 英寸左右（SD 卡大小），容量却高达 4 GB 以上。

(5) 固态硬盘

现在市场上由各种快闪存储器构成的小型存储卡应用很广泛，其中有一种特殊的闪存存储器采用了标准 IDE 接口，因此也被称为"固态硬盘"，具有很强的耐冲击性能和抗干扰能力，在工业控制计算机等设备中应用很广泛，而随着信息家电的不断发展，以固态硬盘为主的便携记录媒体市场将会有更广阔的发展空间。

随着新型闪存器件容量的急速增长和价格的下跌，固态硬盘将是今后 PC 存储设备发展的趋势。

3. 内存条

在主板上安装内存条的插槽有 3 种。

(1) DIMM 槽

DIMM 槽是目前最常用的,有 168 线和 184 线两种规格,分别对应 SDRAM 和 DDR 内存采用(见图 1—1)。

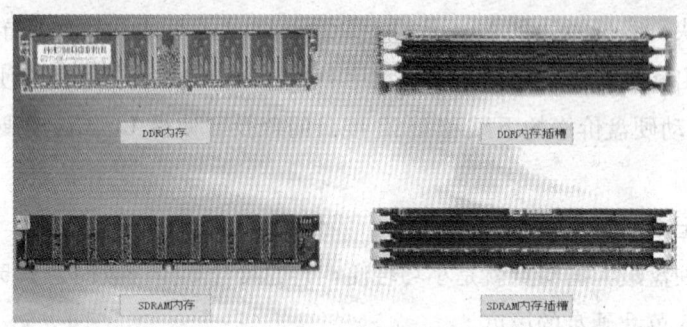

图 1—1　内存条及插槽

(2) 具备两种插槽的主板

有的主板同时提供了两种插槽,如图 1—2 所示。

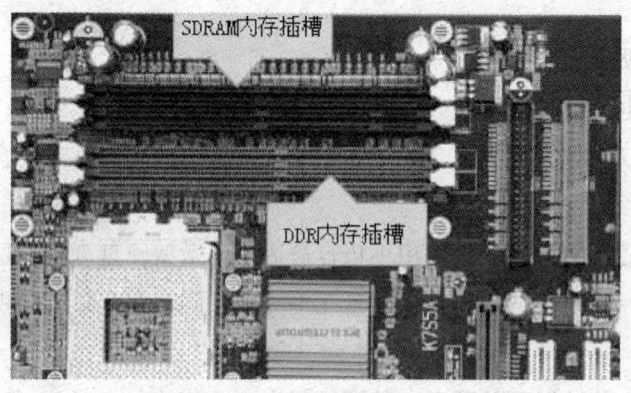

图 1—2　具备两种插槽的主板

(3) RIMM 插槽

RIMM 插槽也是 184 线(见图 1—3)。在主板上可以看到标有 RIMM1—RIMM4 的字样。

DIMM 内存条上有一个凹槽(见图 1—4),对应 DIMM 内存插槽上的一个凸棱,所以方向容易确定。

4. 显卡

常见的显卡品牌主要有 NVIDIA、ATI、SIS、VIA、INTEL 集成。其中 NVIDIA、ATI 是独立显卡的两个巨头,在世界市场上占绝大部分份额。

一般情况下,ATI 的性价比最好,比较适合大多数的人群,但是如果使用中

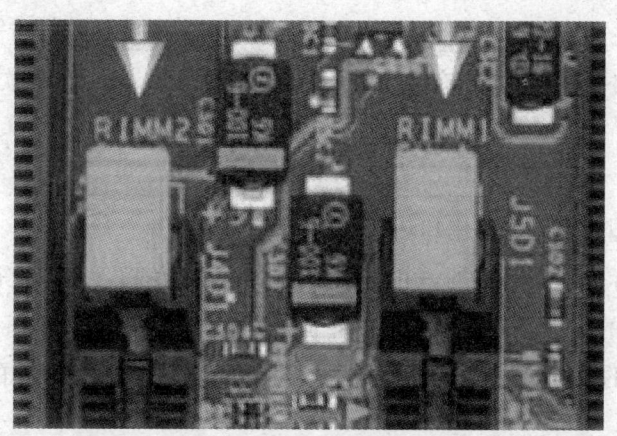

图 1—3 RIMM 插槽

图 1—4 内存的安装

有更高要求的话，推荐 NVIDIA 的产品。

5. 声卡

声卡发展至今，主要有板卡式、集成式和外置式 3 种接口类型。

（1）板卡式

板卡式产品是最常用的，产品涵盖低、中、高各档次，售价从几十元至上千元不等。

目前 PCI 型的声卡取代了 ISA 接口成为主流，它们拥有更好的性能及兼容性，支持即插即用，安装使用都很方便。

（2）集成式

这种声卡集成在主板上，具有不占用 PCI 接口、成本更为低廉、兼容性更好等优点，能够满足普通用户的绝大多数音频需求。

（3）外置式声卡

外置式声卡通过 USB 接口与 PC 连接，具有使用方便、便于移动等优点。

这类产品主要应用于特殊环境，如连接笔记本实现更好的音质等。目前市场上的外置声卡并不多，常见的有创新的 Extigy、Digital Music 两款，以及 MAYA EX、MAYA 5.1 USB 等。

6. 鼠标

按接口类型，可以分为串口、PS/2、USB 三类。

传统的鼠标是串口连接的，它占用了一个串行通信口，基本上被淘汰。

PS/2 接口的鼠标是目前市场上的主流产品。

USB 接口的鼠标是近几年的新产品，大有取代 PS/2 接口鼠标的趋势。

7. 键盘

键盘下面的塑料块可以搬动，使键盘略有角度，便于操作。键盘也有 PS/2 接口和 USB 接口两种。

二、计算机硬件设备的安装

组装计算机，一定要按照流程来进行，否则可能会导致一些故障的出现。

1. 机箱的安装

机箱的安装主要是对机箱进行拆封，并且将电源安装在机箱里。

2. CPU 的安装

CPU 的安装，在主板处理器插座上插入安装所需的 CPU，并且安装上散热风扇。

步骤 1：以桌子为工作台，还要准备一块绝缘的泡沫或海绵垫用来放主板。一般在主板的包装盒里就有这样的泡沫。

步骤 2：在 CPU 的一个角上有个小点，小点对应着 CPU 下层缺针的地方，与金三角对应的针脚少了两根（见图 1—5）。

主板上 Socket 插座手柄边上的角上要比其他角少两个针孔，正好与 CPU 缺少的针脚相对应（见图 1—6）。

提示：只要 CPU 的插针与插孔的位置相对应，就表明 CPU 安装的方向正确。

步骤 3：安装 CPU 时先拉起插座的手柄。然后将 CPU 放入插座中（注意要放到底），不必用力给 CPU 施压，然后把手柄按下。这样，CPU 就被牢牢地固定在主板上了（见图 1—7）。

图 1—5　CPU

图1—6　Socket插座　　　　　　　图1—7　安装CPU

步骤4：安装好CPU后，还要安装CPU风扇。不同的CPU，风扇的安装方法也不同。

安装风扇之前，需要在CPU表面均匀涂抹一层散热硅脂，以增强CPU的散热效果。

提示：涂抹时不要覆盖CPU表面的散热孔。

安装风扇时，将风扇的中心位置对准CPU，然后将其放在上面，通常CPU风扇是固定在一个黑色扣具上的，且在CPU插槽的四周还有一个固定风扇的架子，将风扇放置在CPU周围的架子上，风扇扣具上有四个挂钩与风扇支架上的挂孔对应，将扣具的两侧分别用力下压，挂钩就会合上（见图1—8）。

风扇固定好后，将风扇扣具上的压杆分别向两个方向用力下压，再将风扇上的电源接头插到标有CPU FAN字样的三针插槽上（见图1—9），至此CPU及CPU风扇安装完毕。

图1—8　安装风扇图　　　　　　　图1—9　安装风扇电源

3. 内存的安装

安装内存需要，把内存条对准插槽，均匀用力插到底就可以了。此时插槽两端的卡子会自动卡住内存条。

取下时，只要用力按下插槽两端的卡子，内存就会被推出插槽。

安装内存时一定要注意，两种规格不同的内存是不能同时安装在一起的，因为它们的工作速度不相同，如果把它们安装在一起，系统会不稳定，甚至无法启动。

4. 主板安装

在完成了CPU和内存条的安装后，就可以把主板装入机箱了。机箱如图1—10所示。主板的安装，将主板安装在机箱主板上。

（1）主板安装步骤

步骤1：查看机箱底板上螺钉定位孔的位置，以便安装螺钉。

步骤2：打开机箱的后挡板，安装螺钉的底座。定位金属螺柱和塑料定位卡是机箱底板固定主板的紧固件，各种定位金属螺柱、塑料定位卡和螺钉均由机箱供应商与机箱配套提供。

原则上来说，最好的方式是使用定位金属螺柱来固定主板，只有在无法使用定位金属螺柱时才使用塑料定位卡来固定主板。

仔细查看主板就可以发现其上有许多固定金属螺柱来固定主板。如果孔对准但是只有凹槽，则表示只能使用塑料定位卡来固定主板。

步骤3：依照主板的螺钉孔位置，安装4~6个螺钉底座。

步骤4：将主板放入主板底座中，注意主板的外设接口要与机箱挡板的孔位对正。

步骤5：用螺钉固定主板（见图1—11）。

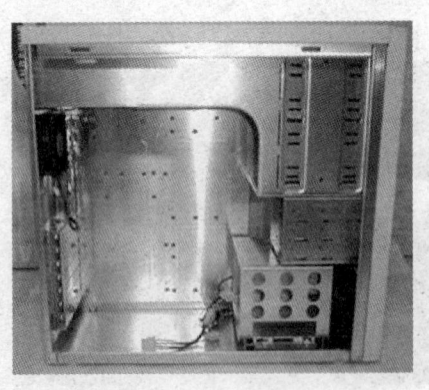
图1—10 机箱

图1—11 固定主板

（2）主板安装注意事项

1）有些主板上的定位孔周围未镀金属接地层或绝缘层，此类定位孔最好使用塑料定位卡；如果使用金属螺柱，注意不要使主板上的印刷电路与金属螺柱、螺钉接触产生短路，从而对主板造成损坏。因此，遇上述情况时，必须先用纸质绝缘垫圈加以绝缘，再用螺钉固定主板。

2) 应尽量使用与本机箱配套的金属螺柱和塑料定位卡，不同机箱的金属螺柱和塑料定位卡的高度不一定相同，若使用了不同高度的金属螺柱和塑料定位卡，安装后的主板表面不平会导致内存条、显示卡与其插槽接触不好，主板变形等诸多问题。此外，金属螺柱和塑料定位卡的高度与本机不合适，还会造成安装困难。

3) 主板和机箱底板之间的固定点只有几个金属螺柱和塑料定位卡。主板下面的支撑点太少，在主板上插拔板卡和内存条时，会造成主板变形。经常插拔板卡的用户，最好在主板和底板之间垫一些小块硬泡沫，以减少压强。可用小刀把硬泡沫的厚度削得与主板和底板之间的空间高度相等。泡沫要分散一些，并不要垫在CPU和北桥芯片等发热量大的器件下面，以免影响散热。

4) 安装之前，要释放身上的静电，可先洗手或双手触摸一下接地的金属。以免损坏计算机器件。

5. 安装显卡

显卡的安装，根据显卡总线选择合适的插槽。显卡由许多精密的集成电路及其他元器件构成，这些集成电路很容易受到静电影响而损失，所以在安装显卡前应先做好准备工作。

(1) 安装前准备

1) 关闭计算机电源，并且拔除电源插头。

2) 拿取显示卡时，尽量避免碰金属接线部分，且最好能够戴上防静电手套。

3) 当将主板中的 ATX 电源插座上的插头拔除时，一定要确认电源开关处于关闭状态。

(2) 安装步骤

步骤1：从机箱后壳上移除对应 AGP 插槽上的扩充挡板及螺钉。

步骤2：将显卡对准 AGP 插槽并且确保插入 AGP 插槽中。注意：务必确认显卡上金手指的金属触点确实与 AGP 插槽接触在一起（见图1—12）。

步骤3：将螺钉拧紧，使显卡牢固地固定在机箱壳上。

步骤4：将显示器上的 15—pin VGA 线插头插在显卡的 VGA 输出插座上。

步骤5：确认无误后，重新开启电源，即完成显卡的硬件安装。

6. 安装声卡

声卡的安装，现在市场主流声卡多为 PCI 插槽的声卡。具体安装步骤如下：

步骤1：找到一空余的PCI插槽，并从机箱后壳上移除对应PCI插槽上的扩充挡板及螺钉（见图1—13）。

图1—12　安装显卡

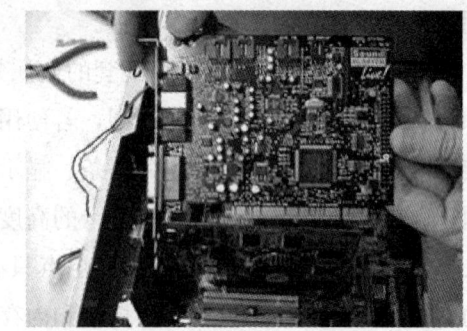

图1—13　声卡安装

步骤2：将声卡小心的对准PCI插槽并且确认插入PCI插槽中。

提示：务必确认声卡上金手指的金属触点确实与PCI插槽紧密接触。

步骤3：将螺钉拧紧使声卡牢固地固定在机箱壳上。

步骤4：确认无误后，重新开启电源，即完成声卡的硬件安装。

7. 网卡安装

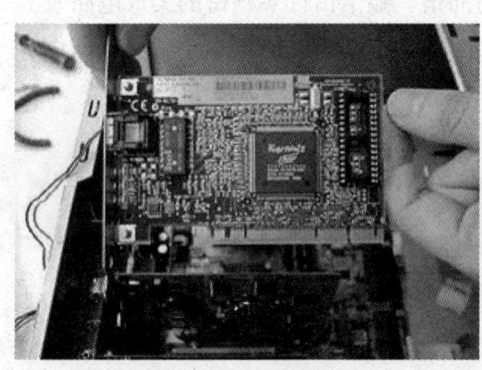

图1—14　网卡安装

步骤1：确认机箱电源在关闭状态，将网卡插入机箱的某个空闲的扩展槽中，插的时候注意要对准插槽。

步骤2：用两只手的大拇指把网卡插入插槽内，一定要把网卡插紧，上好螺钉，并拧紧。

步骤3：将做好的网线上的水晶头连接到网卡的RJ45接口上（见图1—14）。

其他扩展卡的安装过程与网卡安装相似，如MODEM（调制解调器）、电视卡等。

8. 电源安装

一般情况下，购买机箱时，可以选择已装好电源的机箱。不过，有时机箱自带的电源品质太差，或者不能满足特定要求，这就需要更换电源。由于计算机中的各个配件基本上都已模块化，因此更换起来很容易，电源也不例外。电源安装步骤如下：

步骤1：将电源放进机箱上的电源位置，并将电源上的螺钉固定孔与机箱上的固定孔对正。

步骤2：先拧上一颗螺钉固定住电源（不要拧紧），然后将其余3颗螺钉孔对正位置，再分别拧上螺钉。

螺钉应遵循对角安装、逐步拧紧的原则，不要一次性把单个螺钉拧得过紧。

步骤3：将电源插头插入主板上相应的接口插座（见图1—15）。

注意：有些电源有两个风扇，或者有一个排风口，其中一个风扇或排风口应对着主板。在将电源放入机箱过程中，要注意电源放入的方向，放入后稍稍调整，让电源上的4个螺钉和机箱上的固定孔分别对正，如图1—16所示。

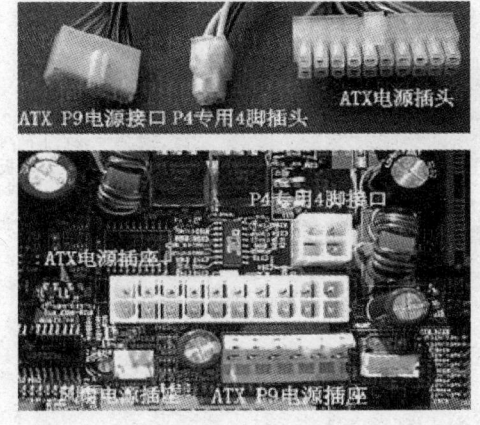
图1—15　电源插座安装

图1—16　电源安装

9. 硬盘的安装

（1）单硬盘的安装

步骤1：硬盘装入安装插槽

单手捏住硬盘，对准安装插槽后，轻轻地将硬盘往里推，直到硬盘的四个螺钉孔与机箱上的螺钉孔对正为止。

操作过程中，应特别注意手指不要接触硬盘底部的电路板，以防止身上的静电损坏硬盘。

步骤2：固定

硬盘装到位后，上紧螺钉固定。

注意：硬盘在工作时其内部的磁头会高速旋转，因此必须保证硬盘安装到位、固定牢靠。硬盘的两边各有两个螺钉孔，因此最好能上4个螺钉，且4个螺钉的拧紧力要均衡，切勿一次性拧好一边的两个螺钉，然后再去拧另一边的两个。如果一次就将某个螺钉或某一边的螺钉拧得过紧的话，硬盘受力就会变形，影响数据的安全（见图1—17）。

步骤3：接线

先将IDE连线在硬盘上的IDE口上插好，再将其插入主板IDE接口插座（见图1—18）；最后将ATX电源上的扁平电源线插头连接到硬盘的电源接口上。

注意：IDE接口插座上，一般都有一个缺口和IDE硬盘线上的防插反凸块对应，以防止插反。如果IDE线无防插反凸块，安装IDE线时应本着IDE线上有"红线一端对电源接口"的原则来进行安装。

图1—17 硬盘安装

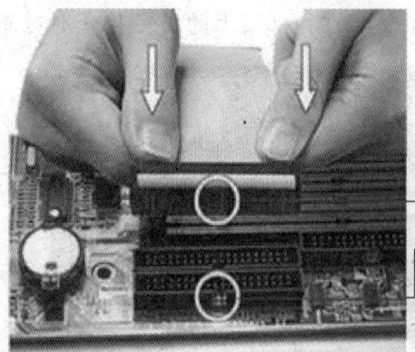
图1—18 IDE数据线安装

（2）双外部存储设备的安装

许多时候，需要在一根IDE数据线上连接两个存储设备，如两个硬盘、两个光驱或一个硬盘一个光驱。

步骤1：确定机箱电源

确定机箱电源能满足新增外部存储设备电源需求。

一般机箱中的电源输出功率都在200 W以上，加块硬盘应该没问题。但如果已使用了耗电量大的显卡，又加装了DVD等，那么就要考虑电源是否还能再提供12 W左右的功率去支持一块硬盘。

步骤2：确定空闲IDE接口插座和数据线

确定尚有空闲的IDE接口插座和数据线。

现在的计算机主板都能提供2个IDE接口，可接两根双插头的40芯数据线，挂4块IDE兼容设备。按一般的配置，两根电缆可接四块诸如硬盘、光驱或ZIP高密软驱等IDE设备。

步骤3：主、从状态设置和安装

具备上述基本条件后，就可进行主、从状态设置和安装。

首先，进行主、从盘设置。所有的IDE设备，包括硬盘都使用一组跳线来确定安装后的主、从状态。硬盘跳线器大多设置在电源连接插座和数据线连接插座之间的地方，通常由3组（6或7）针或4组（8或9）针再加一个或两个跳线帽组成。另外，在硬盘或光驱正面或反面一定还印有主盘（Master）、从盘（Slave）以及由电缆选择（Cableselect）的跳线方法。

其次，在主、从盘设置好后，按单硬盘安装方法完成第二个外部存储设备的安装。

需要强调的是：双外部存储设备安装前，必须进行主、从盘设置，这样安装后才能被系统接纳正常使用。

提示：如果新增加的硬盘与光驱等设备一起接在第二数据线上时，要注意光驱等设备的主、从盘设置不能与新加硬盘相冲突，否则也会出现主板检测不到新增硬盘或者找不到原光驱问题。一般情况下，硬盘和光驱可以按其在机箱中的安装位置就近连接，但考虑不同型号、规格的硬盘以及硬盘与光驱之间的数据传输率不同，所以可根据具体IDE设备的实际情况连接。

（3）硬盘安装注意事项

1）每个IDE口都可以有（而且最多只能有）一个"Master"（主盘，用于引导系统）盘。

2）当两个IDE口上都连接有设置为"Master"盘时，原主板通常总是尝试从第一个IDE口上的"主"盘启动。新主板一般都可以通过CMOS的设置，指定哪一个IDE口上的硬盘是启动盘。

3）ATX电源在关机状态时仍保持5V电压，所以在进行零配件安装、拆卸及外部电缆线插、拔时必须关闭电源接线板开关或拔下机箱电源线。

4）有些机箱的驱动器托架安排得过于紧凑，而且与机箱电源的位置非常靠近，安装多个驱动器时比较费劲。所以，建议先在机箱中安装好所有驱动器，然后再进行线路连接工作，以免先安装的驱动器连线挡住下一个驱动器安装所需的空间。

5）为了避免因驱动器的震动造成的存取失败或驱动器损坏，建议在安装托架上安装驱动器并固定所有的螺钉。

6）为了方便安装及避免机箱内的连接线过于杂乱，在机箱上安装硬盘、光驱时，连接与同一IDE口的设备应该相邻。

7）电源线的安装是有方向的，插错了安装不上。

8）考虑到以后可能需要安装多个硬盘或光驱，装机前最好准备两条IDE设备数据线（俗称"排线"），每条线带3个接口（一个连接主板IDE端口，另外两个用来连接硬盘或光驱）。为避免机箱内的连接线过于混乱，"排线"上用于连接硬盘/光驱的接口应尽量靠近；一般3个接口之间的"排线"长度应为2∶1（见图1—19）。

9）在同一个排线 IDE 口上连接两个设备的原则是：传输速度相近的安装在一起，硬盘和光驱应尽量避免安装在同一个 IDE 口上（见图1—20）。

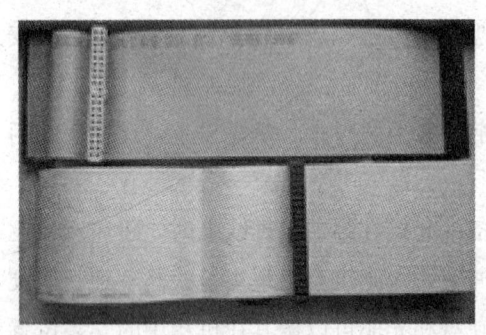 

图1—19　IDE 设备数据线　　　　　图1—20　IDE 接口插座

10. 光驱的安装

步骤1：光驱的跳线

光驱的跳线非常重要，特别是当光驱与硬盘共用一条数据线的时候，如果设置不正确就会无法识别光驱。一般安装一个光驱时，只需要将它设置为主盘就行了。

步骤2：将光驱装入机箱

先拆掉机箱前方的一个5英寸固定架面板，然后把光驱从机箱前方插入机箱，插入时要注意光驱的方向，现在的机箱大多数只需要将光驱平推入机箱就行了。但是有些机箱内有轨道，那么在安装光驱的时候就需要安装滑轨。安装滑轨时应注意开孔的位置，并且螺钉要拧紧，滑轨上有前后两组共8个孔位，大多数情况下，靠近弹簧片的一对与光驱的前两个孔对齐，当滑轨的弹簧片卡到机箱里，听到"咔"的一声响，光驱就安装完毕。

步骤3：固定光驱

要用细纹螺钉固定光驱，每个螺钉不要一次拧紧，要留一定的活动空间。正确的方法是把4颗螺钉都旋入固定位置，调整好，再拧紧螺钉，如图1—21所示。

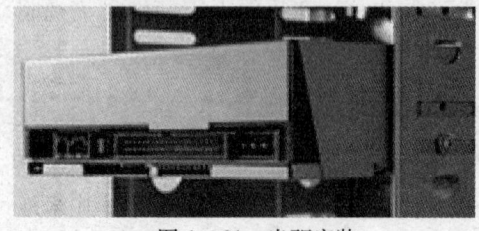

图1—21　光驱安装

注意：如果在拧第一颗螺钉的时候就固定死，那么在旋其他3颗螺钉的时候，有可能因为光驱有微小位移使得光驱上的固定孔和框架上的开孔错位，导致螺钉拧不进去，造成滑钉。

步骤4：安装连接线

依次安装好 IDE 数据线和电源线。

11. 软驱的安装

(1) 安装步骤

步骤 1：打开机箱，找到软驱安装槽，将与安装槽相对的挡尘板取下，把软驱推入安装槽，放置到位后，用螺钉固定。

步骤 2：连接数据电缆。找到软驱后面的数据线插座，将电缆外端插头与软驱数据线插座相连，另一端与主板相连。完成软驱的物理连接。

步骤 3：完成软驱的物理安装后，打开电源，进入 CMOS 系统设置 BIOS 参数，选择软驱的型号，然后重新启动计算机即可（见图 1—22）。

图 1—22 软驱设置

(2) 安装软驱注意事项

1) 3.5 英寸软驱所用的电源线与硬盘等设备所用的电源线不同，硬盘、光驱等设备用的都是一根大四芯电源线，而 3.5 英寸软驱所用的电源线要比它扁小一些（见图 1—23）。

2) 软驱的数据控制线一般为 34 芯扁平电缆（见图 1—24）。软驱的数据电缆一般有 5 个插头，但硬盘的数据电缆只有 3 个插头，而且软驱数据电缆的其中一端有交叉。目前五个插头中有两个长排插座是用于 5 英寸软驱的，另外两个双排针空插座接 3.5 英寸软驱，其中位于末端的那个接 A 驱，如果想从软驱启动，必须把它接成 A 驱。

图 1—23 软驱电源线与硬盘、
光驱电源线比较

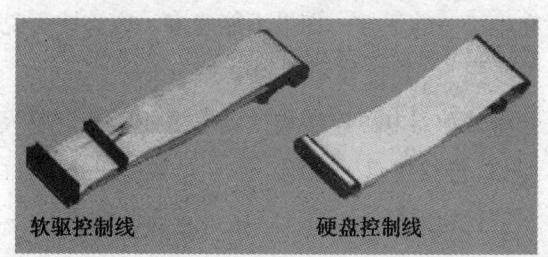

图 1—24 软驱数据线与硬盘控制线比较

3）软驱已不是使用频繁的设备，但正确地使用软驱对于延长软驱的寿命是非常必要的。使用时注意：

①不使用有物理损伤、受潮、磁层脱落的软盘。

②软驱读写数据时，不要强行取出软盘。

③定期清洗磁头。

12. 安装显示器

步骤1：侧放显示器

在搬动显示器时，应先观察显示器，一般在显示器的两侧会有一个方便手拿的扣槽，扣这个扣槽就可以方便地搬动显示器。

步骤2：观察显示器底部卡口

在显示器的底部有许多小孔，其中就有安装底座的安装孔。

此外，还可看到显示器底座上有几个突起的塑料弯钩，这几个塑料弯钩用来固定显示器底座。

步骤3：安装底座

第一步：将底座上突出的塑料弯钩对准显示器底部的小孔（要注意插入的方向）。

第二步：将显示器底座按正确的方向插入显示器底部的插孔。

第三步：用力推动底座。

第四步：听见"咔"的一声响，显示器底座就已固定在显示器上了。

步骤4：连接显示器的信号线

把显示器后部的信号线与机箱后面的显卡输出端相连接，显卡的输出端是一个15孔的三排插座，只要将显示器信号线的插头插到上面即可。

为了防止插反，厂商在设计插头的时候，将插头的外框设计为梯形，因此一般情况下是不容易插反的。如果使用的显卡是主板集成的，显示器的输出插孔位置一般在串口一的下方，如果不能确定，应该按照说明书上的说明进行安装。

步骤5：连接显示器的电源

将显示器电源连接线插到电源插座上，显示器即可正常工作。

13. 连接键盘、鼠标

键盘和鼠标是现在PC中最重要的输入设备，必须安装。键盘和鼠标的安装很简单，只需将其插头（对准缺口方向）插入主板上的键盘和鼠标插孔即可。

现在最常见的是PS/2接口的键盘和鼠标，这两种接口的插孔是一样的，很容易弄混淆，所以在连接的时候要看清楚。一般紫色插孔为键盘插孔，绿色插孔为鼠标插孔。

三、机箱面板与主板的线路连接

在安装主板时，难点不是将主板放入机箱中，并固定好，而是机箱连接线的用法。

步骤1：连接 PC 喇叭

PC 喇叭的四芯插头，实际上只有 1、4 两根线，一线通常为红色，它是接在主板 Speaker 插针上。这在主板上有标记，通常为 Speaker。连接时，红线对应 1 的位置（注意：有的主板将正极标为"1"，或标为"+"）。

步骤2：连接 RESET 接头

RESET 接头连着机箱的 RESET 键，它要接到主板上 RESET 插针上。

主板上 RESET 针的作用：当短路时，计算机就重新启动。RESET 键是一个开关，按下它时产生短路，手松开时又恢复开路，瞬间的短路就使计算机重新启动。偶尔会有这样的情况，当操作者按一下 RESET 键并松开，但它并没有弹起，一直保持着短路状态，计算机就不停地重新启动。

步骤3：连接总电源开关接线

ATX 结构的机箱上有一个总电源的开关接线，是个两芯的插头，它和 RESET 的接头一样，按下时短路，松开时开路。按一下，计算机的总电源为接通，再按一下为关闭，但是可以在 BIOS 里设置为：开机时必须按电源开关 4 秒钟以上才会关机，或者根本就不能按动开关来关机，而是依靠软件关机。

步骤4：连接电源指示灯

如图1—25所示的三芯插头是电源指示灯的接线，使用 1、3 位，1 线通常为绿色。在主板上，插针通常标记为 Power，连接时注意绿色线对应于第一针（+），当它连接好后，计算机一打开，电源灯就一直亮着，指示电源已经打开了。

步骤5：连接硬盘指示灯

硬盘指示灯的两芯接头，一线为红色。在主板上，这样的插针通常标着 IDE LED 或 HD LED 的字样，连接时要红线对一。这条线接好后，计算机在读写硬盘时，机箱上的硬盘灯会亮。

注意：这个指示灯只能指示 IDE 硬盘，对 SCSI 硬盘是不行的。

步骤6：连接端子线接入主板

将机箱上的电源、硬盘、喇叭、复位等控制连接端子线插入主板上的相应插针上。

连接这些指示灯线和开关线是比较烦琐的，因为不同的主板在插针的定义上是不同的，究竟哪几根是用来插接指示灯的，哪几根是用来插接开关的都需要查阅主板说明书才能清楚，所以最好在将主板放入机箱前就将这些线连接好。另外主板的电源开关、RESET（复位开关）这几种设备是不分方向的，只要弄清插针就可以插好。而 HDD LED（硬盘灯）、POWER LED（电源指示灯）等，由于使用的是发光二极管，所以插反是不能闪亮的，一定要仔细核对说明书上对该插针正负极的定义。图1—26 所示为连接完毕的前面板线。

图1—25 电源指示灯

图1—26 前面板连线

步骤7：连接 USB 接口线

机箱前置 USB 的连接一定要小心，一旦接线出错，轻则无法使用 USB 设备，重则烧毁 USB 设备或主板。要正确地连接前置 USB 接口线，就要了解机箱上前置 USB 各个接线的定义。

红线：电源正极（接线上的标志为：+5 V 或 VCC）。

白线：负电压数据线（标志为：Data－或 USB Port －）。

绿线：正电压数据线（标志为：Data＋或 USB Port ＋）。

黑线：接地（标志为：Ground）。

四、加电测试与整理

1. 加电测试

完成上述步骤之后，计算机的硬件系统基本就安装完成了。进一步检查连线无误之后，可以通电进行测试。连接主机电源，若一切正常，系统将进行自检并报告显示卡型号、CPU 型号、内存数量和系统初始情况等。如果开机之后不能正常显示或死机，说明基本系统不能正常工作，不能进行下一步安装，应根据故障现象查找原因。

（1）电源风扇不转，电源指示灯不亮。可能是电源开关未打开或电源线未接通。

(2) 电源指示灯亮，但是无声无显示。说明主板电源接通，自检初始化未通过。需检查各连线是否连接正确，显示卡、内存条是否接触良好。

(3) 电源指示灯亮、喇叭鸣声。可能出现的故障有键盘错误、显示卡错误、内存错误、主板错误等等，若有显示可根据提示处理，若无显示则主要检查内存和显示卡。

(4) 电源风扇一转即停。说明机内有短路现象，应立即关闭电源，拔去电源插头。可能造成的原因有：

1) 主板电源插接错误。

2) 主板与机箱短路。

3) 主板、内存质量不佳。

4) 显示卡安装不当等。

此类故障属严重故障，一定要小心、仔细的检查，查到故障原因并排除后方能继续通电，否则会损坏设备。

2．整理工作

装机结束后，需要进行一些整理工作。

(1) 机箱内部的整理

用线卡将电源线、面板开关、指示灯和驱动器信号排线等分别捆扎好，做到机箱内部线路整洁、美观、牢靠，这样有利于主机箱内的散热。

(2) 装上机箱外壳和面板盖

使用螺钉固定机箱的外壳，再盖上面板。

五、计算机硬件设备的配置方案

根据不同时期的市场状况，有着不同的配置计算机的硬件设备方案，举例见表1—1。

表1—1　　　　　　　不同的配置计算机的硬件设备方案

项目	方案一	方案二	备注
CPU	AMD 双核	AMD Athlon 64 X2 3600＋（65nm）	
主板	华硕 No.1 的品牌	捷波悍马 HA01－GT2	
显卡	华硕 No.1 的品牌		
内存	海盗船/金士顿	金士顿 1GB DDR2 667	
硬盘	希捷	西部数据 WD1600AAJS	
光驱	DVD 先锋	华硕 DVD－E616A3T	

续表

项目	方案一	方案二	备注
键盘+鼠标	鼠标键盘套装双飞燕	罗技光电高手 800 键鼠套装	
机箱	爱国者	爱国者	
电源	长城	长城	
显示器	华硕	飞利浦 190CW7	
声卡	主板集成	主板集成	

1.1.2 操作系统的使用

 学习目标

➢ 能够运用不同方法启动计算机
➢ 能够运用不同方法关闭计算机
➢ 了解影响启动速度的硬件因素
➢ 了解系统优化的基本内容

本节主要介绍计算机的开机操作、关机操作、快速启动系统的方法,这些都是使用计算机的常用操作。

一、计算机开机操作方法

计算机开机方法有:直接开机、设置定时开机、利用键盘/鼠标开机、利用网络唤醒开机、使用电视卡开机。

1. 直接开机

直接按计算机机箱上的电源开关按钮。

2. 设置定时开机

主板上有实时时钟(Real Time Clock,RTC)负责系统的计时,可以通过RTC指定开机的时间。

步骤1:计算机开机之后根据屏幕上的提示信息按"Del"键进入主板 BIOS 设置画面,与定时开机有关的设置功能一般放在"Power Management Setup"选项下。

步骤2:在 BIOS 中有一项"RTC Alarm Poweron"的选项,应设成"Enabled"(启用)。之后,用户可以设好定时开机的具体时间。

步骤3：为了保证计算机准确无误地实现定时自动开机的功能，用户还要检查一下主板 BIOS 中的系统时间是否与现实时间相同。

步骤4：将主板 BIOS 中的设置修改结果进行保存，即可在预设的时间定时开机。某些主板上还能够设成每日同一时间从 BIOS 自动开机，方法是将"RTC Alarm Date"一项改为"Every Day"。

注意：如果利用 BIOS 自动开机的话，用户的 Windows 操作系统中只能使用一个账户，否则不可能实现自动开机再自动登录 Windows。

3. 利用键盘/鼠标开机

如果计算机机箱放置在难以触及的地方，使用键盘/鼠标开机是一个不错的方案。但要注意的是此功能只支持以 PS/2 接口连接的键盘和鼠标。

启用主板 BIOS 中"Power On By PS/2 Keyboard"的选项，就可以选择不同的开机热键，如 Ctrl+E 是最常见的开机热键。或者选"Power Key"一项后，可用键盘上单独设计的一个电源键开机，但前提是只有部分符合 Keyboard 98 技术规格的键盘才支持此功能。当然，机箱上的电源按钮仍然能够使用。

用鼠标开机也很简单，在 BIOS 中的设置选项与键盘开机设置类似，然后只须轻点鼠标按钮就能启动计算机。

4. 利用网络唤醒开机

要使用 Wake On LAN（WOL）网络唤醒功能，需要网卡支持。WOL 的原理是计算机在开机时或 S5 休眠模式下，网卡仍以极低电压维持基本运作，这时在网络上的其他计算机便可通过软件传送一个称为"Magic packet"的神奇封包至要唤醒的计算机。网卡接收信号后就会发出开机信号至主板，使主板启动。由于计算机在唤醒前仍处于开机状态，因此要知道网卡的 MAC 地址（每张网卡均有自己独特的 MAC 地址，软件以此进行识别）。

步骤1：打开 WOL 选项

在主板 BIOS 中打开 WOL 选项。注意部分主板只支持从 S5 模式中唤醒（Wake On LAN from S5）。

步骤2：下载 WOL 软件

从网上下载 WOL 软件。这个名为"Magic packet"的网络唤醒软件，其设置和使用方法都很简单。运行后在其操作界面中只有 5 个选项。

其中：网卡的"（MAC Address）"一栏，用户可在 Windows 操作系统的命令行模式下输入"ipconfig/all"的指令来获得。另外，"Internet Address"（互联网地址）一栏是要进行广播的栏目，在此栏及"Subnet Mask"一栏中输入

"255.255.255.255"则可进行本地广播（Local Broadcast）。第四栏为"Send Options"，应选择"Local Subnet"。第五栏"Remote Port Number"则随意输入。

注意：上述设置只针对本地网络（Local LAN）有效。

步骤3：唤醒计算机

单击界面下方的"Wake Me UP"按钮即可实现从网络唤醒计算机。

5. 利用电视卡开机

具备自动开机功能的电视卡已经大量面市，将其连接好后，利用电视卡提供的软件设置开机时间即可。

电视卡的自动开机可以分为两种方式：第一种是真正具备自动开机功能的产品，需先将机箱电源线与电视卡连接再转接出；另一种是利用休眠方式开机的电视卡。其中，第二种方法由于计算机并未真正关机，即仍在消耗电力，所以并不是所有用户都乐意采用。下面主要介绍第一种自动开机的操作方法。

步骤1：用户在安装时要将机箱上计算机开关按钮的引线接脚与电视卡的"Power Switch"接脚相连接。

步骤2：再将电视卡的另一组"Power Switch"接脚与主板上的电源接脚连接，最后把电视卡装进主板的PCI扩展槽中，这样内部连接就完成了。

步骤3：硬件安装完毕，电视卡的配套软件（如康博PVR2）也需要进行设置。主要是在"预约录像设置"功能方面，用户应勾选"启用自动开机功能"一项。

步骤4：如果计算中的Windows操作系统超过一个用户使用，还要设为"启用自动登录"模式，并输入用户名称和密码，即可完成整个设置步骤。

二、计算机关机方法

使用完毕计算机后，应将其关闭，并且切断电源。关机的方法很多，现列举一些非常简单的方法：

1. 常用方法

单击"开始"，选"关闭计算机"，单击"确定"即可。

2. 快速关机法

先用鼠标点"开始"，然后快速的按U键两次，整个过程一定要在1 s之内。中间不要停顿。

3. 组合键关机

按一下键盘上的Windows键（也可用鼠标单击"开始"按钮），然后快速的按U键和R键，整个过程一定要在1 s之内，中间不要停顿。

注意：要使用这个功能，必须到"控制面板"的"用户账户"里面更改"用户登陆或注销方式"，把"使用欢迎屏幕"去掉才可以实现，不然使用这个功能是自动重启。

4. 1 s 关机

在注册表里找到 HKEY－CURRENT－USERControl PanelDesktop 键，将 WaitToKillAppTimeout 改为 1 000，即关闭程序时仅等待 1 秒。

5. 利用"任务管理器"关机

按"Ctrl＋Alt＋Del"调出"任务管理器"窗口，激活菜单"关机"的同时按住"Ctrl"键，然后选择"关机"或"重新启动"菜单项。

6. 定时关机

关机是由 Shutdown.exe 程序来控制的，该程序位于 \System32 文件夹中，如要求 1：00 自动关机，可以单击"开始"选"运行"，输入"at 1：00 Shutdown-s"，这样到了 1：00，计算机就会出现"系统关机"对话框，默认有 30 s 的倒计时并提示保存工作。取消自动关机，则在运行中输入"shutdown-a"。

7. DOS 模式下的"软方法"

在 DOS 提示符下键入"win /z"，然后按下回车键，再任意按下一个键，则计算机将自动关闭。

三、快速进入操作系统

计算机在打开开关后，会自动进入操作系统，一般需要几十秒钟的时间。

1. 影响启动速度的硬件因素

影响计算机启动速度的主要配件是主板和硬盘，而与 CPU 关系不大。

（1）主板在开机时要做的工作很多，比如自检、搜索各种端口、各种外接设备。因此如果计算机连接了扫描仪、USB 硬盘等外设，就可能降低系统的启动速度。

建议：在需要用到这些外设时才连接上，USB 设备可以在启动后连接。

（2）如果计算机用户不用网卡，可直接将 PCI 网卡拔掉，集成网卡可以通过 BIOS 屏蔽掉，以免影响启动速度。

（3）除了开机自检外，计算机启动的时间主要用于从硬盘读取系统文件。所以寻道时间快、缓存大的硬盘也能明显提升启动时间。

2. 快速进入操作系统的软件设置

（1）主板的 BIOS 优化设置

进入"Advanced BIOS Features"选项，将光标移到"First Boot Device"选

项，选"HDD-0"直接从硬盘启动，这样启动可快上好几秒。

将光标移到"Quick Power On Self Test"（快速开机自检）设为"Enabled"。对于"Boot UP Floppy Seek"（开机自检软驱）设为"'Disabled"。

对于内存品质好的内存条建议在"SDRAM CAS Latency"选项中设置为"2"。

注意：对于一项效果相同的设置，在不同的主板 BIOS 中其英文名称可能不一样。

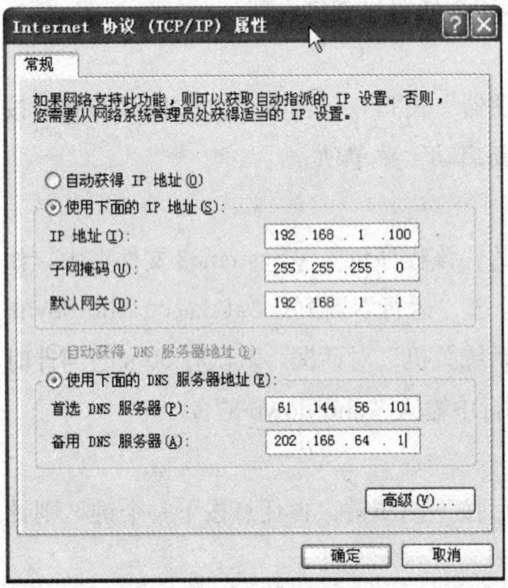

（2）网卡设置

在进入操作系统时，系统会进行网卡 IP 地址的搜索。

如果网卡的 IP 地址设置为自动获取，则系统会在网络中搜索 DHCP 服务器以获得 IP 地址，就会延长启动时间。若不是必要的情况，最好将网卡的 IP 地址进行指定，不要选择"自动获得 IP 地址"，尤其是局域网中的客户机（见图1—27）。

图1—27 设置 IP 地址

3. Windows 系统优化

（1）去除多余的自启动程序

这是见效很明显的方法。单击"开始"→"运行"，输入"msconfig"，然后单击"确定"，弹出"系统配置实用程序"窗口（见图1—28）。

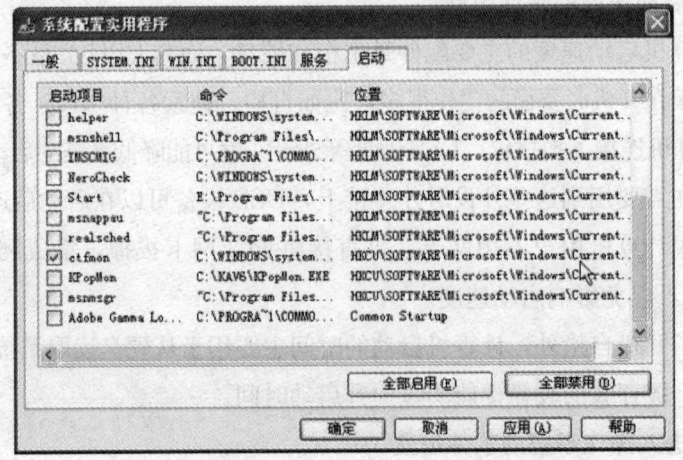

图1—28 系统配置程序

单击其中的"启动"标签,将不需要自动启动的程序前面的"√"去掉。留下 ctfmon(输入法图标)、systemtray(音量图标)以及杀毒程序。只留下"ctfmon"这一项,可将启动时间缩短 10 s 左右。

(2) 开启硬盘的 DMA 传输方式

在桌面右击"我的计算机"→"属性"→"硬件"→"设备管理器"→"IDE ATA/ATAPI 控制器"→选择"主要 IDE 通道"→"属性"→"高级设置",如图 1—29 设置即可。

Win98 与 WinME 的设置基本相同,只需在 DMA 选项前打钩。

(3) 使用最佳性能

在 WinXP 中,还可右击"我的计算机",选择"属性"→"高级",在"性能"项目单击"设置",选中"调整为最佳性能"(见图 1—30)。

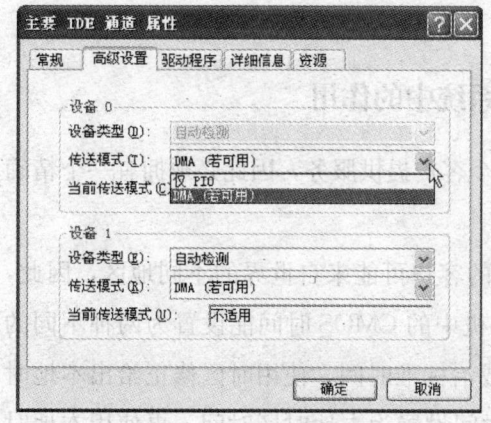
图 1—29 IDE 通道属性

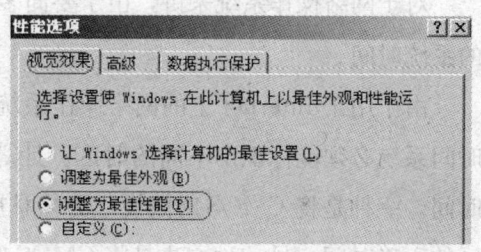
图 1—30 使用最佳性能

(4) 优化组件的系统属性(Win98/WinME)

右击"我的计算机",选择"属性"→"性能"→"文件系统",选择"软盘",去掉"每次启动计算机时搜索新的软盘驱动器"。

选择"硬盘",将"主要用途"改为"网络服务器","预读式优化"调至全速;选择"CD-ROM",缓存调至最大,选"四倍或更高速"。

(5) 使用 BootVis 软件提升启动速度

BootVis(下载地址:www.skycn.com/soft/7766.html)是微软公司专为 WinXP 开发的启动加速软件,使用比较安全,能明显提高启动速度。

1.2 系统基本应用

1.2.1 系统的日期、时间设置

 学习目标

➢ 掌握系统时间、日期的作用以及在网络中的作用
➢ 掌握设置系统日期和时间的方法

一、系统日期、时间在网络操作系统中的作用

对于网络操作系统来讲,由于要向多个客户提供服务,因此必须拥有一个精确的系统时间。

由于用于 Internet 上的网络操作系统的客户可能来自世界的不同地区,因此,时间系统必须能标识出不同的时区。计算机中的 CMOS 时间能设置为两种不同的时间,一种是将 CMOS 时间设置为格林威治标准时间,使用时区修正给出本地时区的正确时间,另一种方法是将 CMOS 时间设置为本地时区时间,再使用本地时区修正得到格林威治标准时间。这样系统和其他计算机通信时就能使用标准时间,避免不同时区的计算机时间的差异。

二、设置系统日期、时间

步骤1:双击桌面右下角的时间,弹出"日期和时间的属性"窗口(见图1—31)。

步骤2:如果计算机和 Internet 相连,并且要和某服务器的时间保持一致,以便和服务器或连接在此服务器上的其他计算机有效传输数据,则需要设置 Internet 时间。选择"Internet 时间"选项页,进行设定(见图1—32)。

步骤3:否则,就需要设置时区(见图1—33)。

步骤4:输入时间和日期,这样就完成了设置。

第1章 操作系统安装、调试与调用

图1—31 日期和时间属性

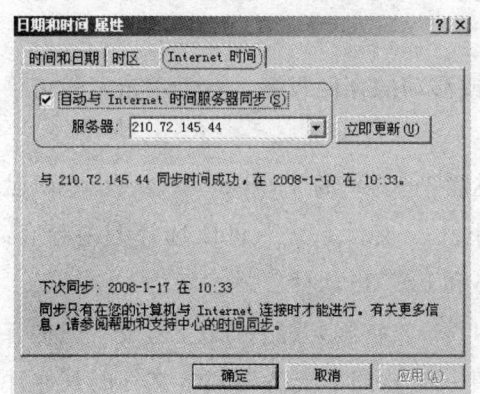 

图1—32 与服务器时间同步　　　　　图1—33 设置时区

1.2.2 格式化

 学习目标

➢掌握格式化的种类
➢能够进行格式化的过程

一、格式化概述

当计算机中硬盘的某个分区需要重新清理，或软盘需要彻底清除信息的时候，就要使用"格式化"功能。

格式化分为高级格式化和低级格式化。因低级格式化会对硬盘有损伤，现在基本上不常采用，除非一些特殊情况。

高级格式化又分为两种，快速格式化和普通格式化，快速格式化只是在分区上写入一个信息，让分区认为自己是空的，就完成了，这种格式化对硬盘完全没有任何损伤，而且格式化以后如果没有再写入任何的数据那么原有数据也可以通过特殊的方法修复。而普通格式化则不同，它是将分区内所有的记录信息都复位，也就是写成0数据。这种格式化是完全的，数据全部清空，无法找回。但这种方法可以同时检查坏道。同样的，对硬盘也只是做了一次全面的读写操作，影响非常小。

二、格式化操作

步骤1：打开"我的计算机"，选择需要格式化的分区。注意，此分区中应该没有有价值的内容。

步骤2：用鼠标选择要格式化的分区或移动的存储设备，右键单击，弹出菜单，选择"格式化"。

步骤3：在打开的"格式化"窗口（见图1—34）的"容量"中显示出本磁盘的大小；"文件系统"可以选择的内容有：NTFS和FAT32两种。

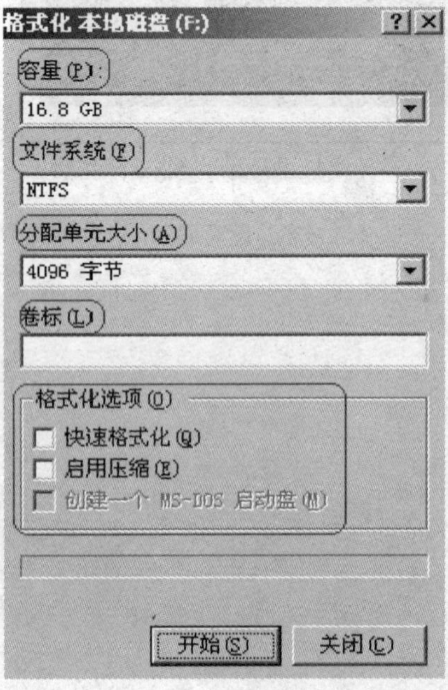

NTFS支持服务器中的域的建立，但是有些文件一旦转到不支持NTFS文件的其他计算机上时，就会无法识别。

"分配单元大小"是将此磁盘格式化时，重新划分每次读写的单元大小。单元越大，读写速度越快，但是比较浪费空间。对于比较大的磁盘空间，就选择比较大的单元选项。

"卷标"内容可以任意写入，符合文件名的要求；"格式化选项"中，可以选择"快速格式化""启用压缩"和"创建一个MS-DOS启动盘"。

对于C分区，"创建一个MS-DOS启动盘"可以选择，但是第一次格式化时，不能选

图1—34 格式化窗口

择"快速格式化"。

步骤4：单击"开始"，开始格式化，结束后，就可以进行有效地写入了。

注意：硬盘的格式化是一项非常危险的操作，建议提前备份重要数据，如果没有及时备份的用户可以在格式化（高级格式化）后用一些恢复软件来恢复重要数据，但是全区恢复的前提是没有对格式化的分区写入任何内容。如果写进内容了，就只能恢复部分数据。

1.3 联机帮助操作

1.3.1 联机帮助

 学习目标

➢掌握联机帮助系统的主要内容
➢能够使用联机帮助系统

联机帮助技术为初学者提供了一条使用新软件的捷径。借助它，用户可以在上机过程中随时查询有关信息，代替了书面用户手册，提供了一个面向任务的帮助信息查询环境。

对于Windows本身，系统都提供了一个访问联机帮助的标准界面。使得对于所有的Windows应用程序的联机帮助信息查询和浏览的过程以及用户界面都是一致的。窗口的左侧是标签页，分别是"目录""索引""搜索"和"书签"。窗口的右侧是每一标签页的内容。

一、设置"启动服务"

步骤1：右键"我的计算机"，在弹出的菜单中选择"管理"，出现如图1—35的窗口。

步骤2：在窗口中选择"服务和应用程序"，选择"服务"。

在窗口的右侧找到"Help and Support"双击，将服务类型设"自动"并启动该服务（见图1—36），单击"确定"。

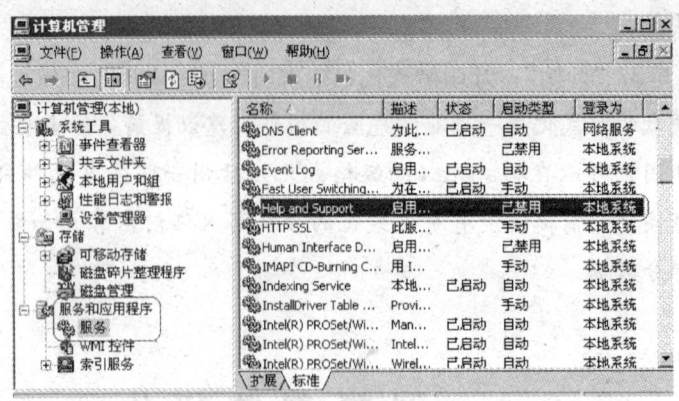

图 1—35 在"计算机管理"中启用服务

二、使用"联机帮助系统"

在 Windows 帮助系统中提供了综合目录表、索引及全文本搜索功能,因此很容易找到所需的信息。

步骤 1:单击"开始"菜单中的"帮助"命令,即可打开 Windows 2000 的帮助系统(见图 1—37)。

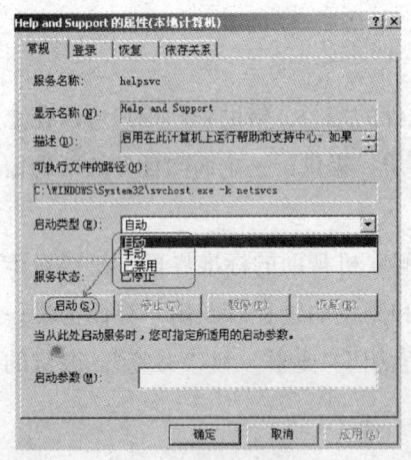
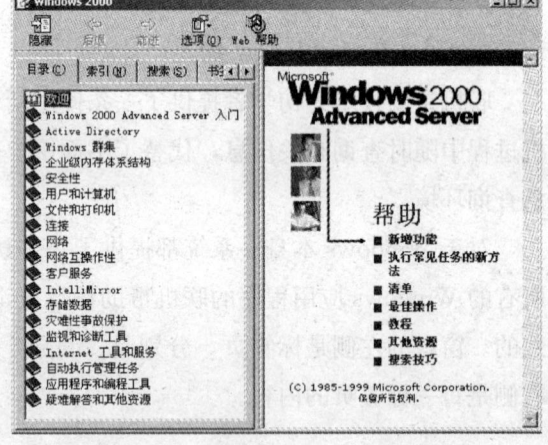

图 1—36 启动服务　　　　图 1—37 Windows 2000 帮助系统

目录:"目录"选项卡是按照主题分组的,在目录选项卡中,整个窗口分为两部分,左窗格显示帮助主题。单击帮助主题前面的书形图标,可展开该主题。书形图标变为打开的书时,在其下方显示主题条目和子书目;单击相应的条目或子书目,即在右窗格显示该主题的内容。

索引:要想快速的查找某一个主题,可利用索引的方式来实现,"索引"选项卡提供的是按汉语拼音顺序排列的帮助主题。在"索引"选项卡的"键入要查找的关键字"文本框中输入主题关键字，同时，在下面的列表框中将显示与主题具有相同文字的相关主题。选中所需的主题，单击"显示"按钮，在右窗格中显示出相应的帮助信息。

搜索：搜索选项卡提供了一个可用来编辑输入的文本框。用户在其中输入关键字，单击"列出主题"按钮，即在下方的列表框中显示相关主题。在列表框中单击选中指定的主题，单击"显示"按钮，即在右窗格中显示该主题的帮助信息。

书签：可利用"书签"选项卡把帮助主题制成书签，这样可以快速显示经常参考的主题。在当前主题下，单击"添加"按钮，即可将书签加入到当前主题。

步骤2：单击窗口上方的"隐藏"，左侧窗口消失。

隐藏窗口如图1—38所示。

步骤3：双击左侧窗口中的某一项内容，右侧窗口就出现详细的帮助信息。帮助窗口如图1—39所示。

图1—38　隐藏窗口

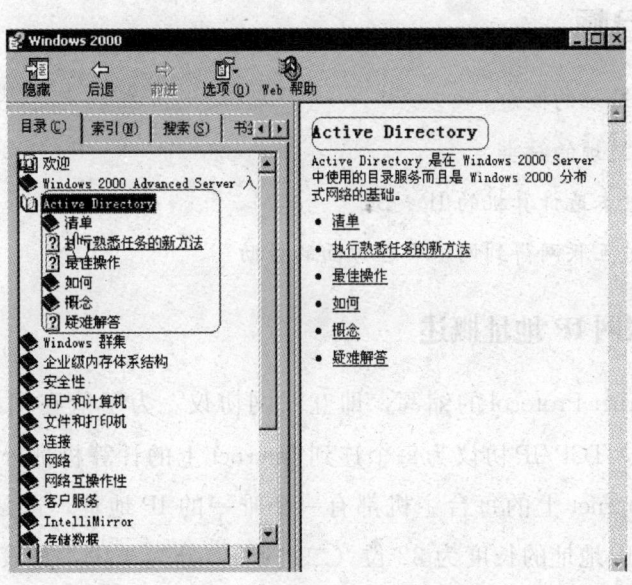

图1—39　帮助窗口

步骤4：在"索引""搜索"和"书签"中，输入要查找的内容，即可找到详细的帮助信息（见图1—40）。

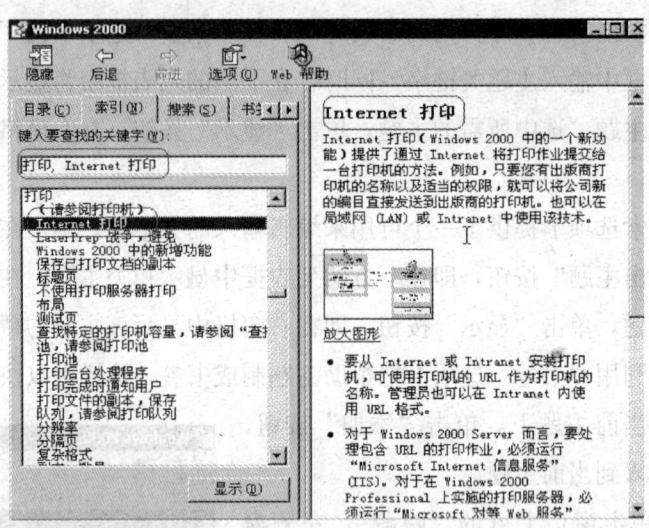

图 1—40 使用"索引"功能

1.3.2 网络帮助

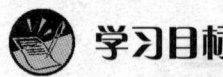 **学习目标**

➢ 掌握 IP 地址的概念
➢ 掌握 IP 地址的种类
➢ 能够设置本地计算机的 IP 地址
➢ 能够通过互联网得到网络管理方面的帮助

一、互联网 IP 地址概述

IP 是 Internet Protocol 的缩写，即互联网协议。为了能在网络上准确地找到一台计算机，TCP/IP 协议为每个连到 Internet 上的计算机都分配了一个唯一的 IP 地址。Internet 上的每台主机都有一个唯一的 IP 地址，这是 Internet 能够运行的基础。IP 地址的长度为 32 位（二进制），分为 4 段，每段 8 位，用十进制数字表示，每段数字范围为 0～255，段与段之间用小圆点隔开。如 201.99.100.255。

每个 IP 地址又可分为两部分。即网络号部分和主机号部分：网络号表示其所属的网络段编号，主机号则表示该网段中该主机的地址编号。

二、IP地址的种类

按照网络规模的大小，IP地址可以分为A，B，C，D，E五类，其中A，B，C类是三种主要的类型地址，D类专供多点传送用的多点地址，E类用于扩展备用地址。

1. A类IP地址

一个A类IP地址由1字节的网络地址和3字节主机地址组成，网络地址的最高位必须是"0"，地址范围从1.0.0.0到126.255.255.255。可用的A类网络有126个，每个网络能容纳1亿多个主机。需要注意的是网络号不能为127，这是因为该网络号被保留用做回路及诊断功能。

2. B类IP地址

一个B类IP地址由2个字节的网络地址和2个字节的主机地址组成，网络地址的最高位必须是"10"，地址范围从128.0.0.0到191.255.255.255。可用的B类网络有16 382个，每个网络能容纳6万多个主机。

3. C类IP地址

一个C类IP地址由3字节的网络地址和1字节的主机地址组成，网络地址的最高位必须是"110"。范围从192.0.0.0到223.255.255.255。C类网络可达209万余个，每个网络能容纳254个主机。

4. D类地址用于多点广播（Multicast）

D类IP地址第一个字节以"1110"开始，它是一个专门保留的地址。它并不指向特定的网络，目前这一类地址被用在多点广播（Multicast）中。多点广播地址用来一次寻址一组计算机，它标识共享同一协议的一组计算机。

5. E类IP地址

以"11110"开始，为将来使用保留，全零（0.0.0.0）地址对应于当前主机；全"1"的IP地址（255.255.255.255）是当前子网的广播地址。

三、设置本地计算机的IP地址

企业网络使用的合法IP地址由提供Internet接入的服务商（ISP）分配，私有IP地址则可以由网络管理员自由分配。需要注意的是，网络内部所有计算机的IP地址都不能相同，否则，会发生IP地址冲突，导致网络通信失败。

步骤1：计算机上必须已安装了网卡和网卡驱动程序，这样在桌面就会出现"网上邻居"的图标。鼠标右键单击"网上邻居"图标，在弹出的菜单里选择"属性"（见图1—41）。

步骤2：在打开的"网络连接"窗口里右键单击"本地连接"图标并选择"属性"（见图1—42）。

图1—41　网上邻居　　　　　　　图1—42　选择"本地连接"

步骤3：在打开的窗口内双击"Internet 协议（TCP/IP）"（见图1—43）。

步骤4：在打开的窗口内填入 IP 地址、子网掩码、网关以及 DNS 服务器地址，点击"确定"即可（见图1—44）。

提示：

◆子网掩码是与 IP 地址结合使用的一种技术。它的主要作用有两个，一是用

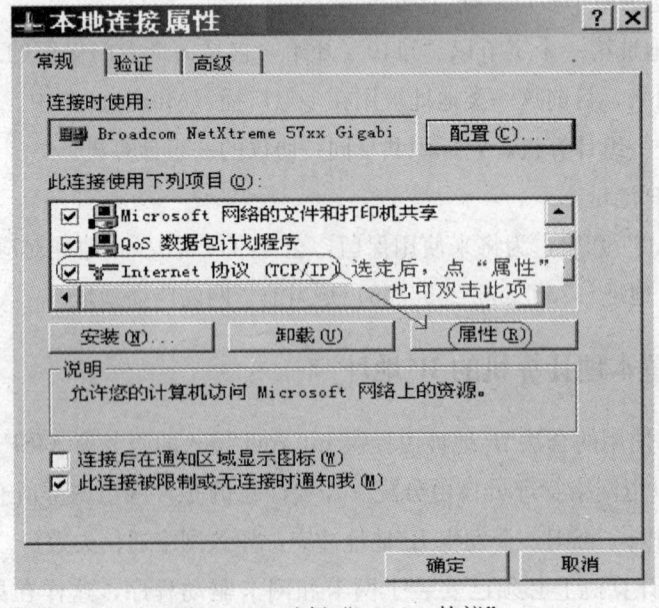

图1—43　选择"Internet 协议"

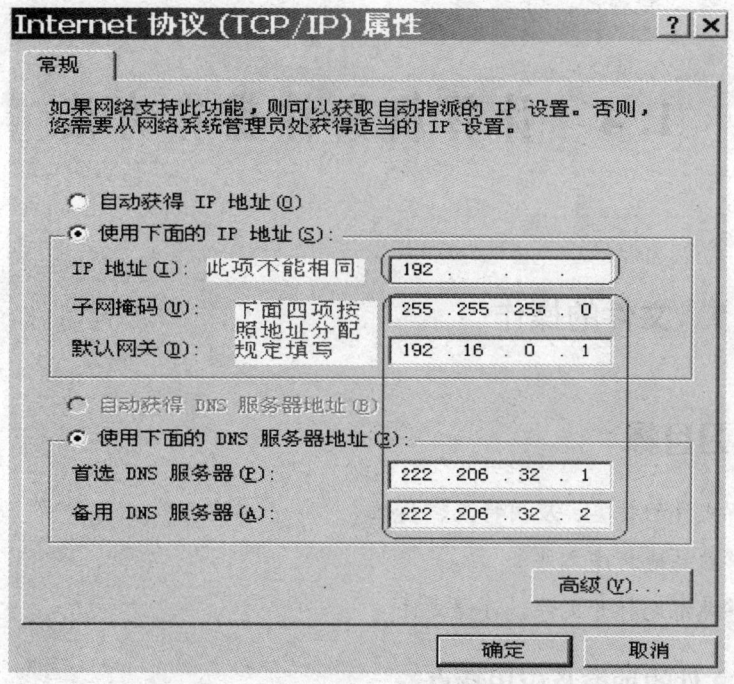

图 1—44　填写地址

于确定地址中的网络号和主机号，二是用于将一个大的 IP 网络划分为若干小的子网络。根据实际需要，可以使用 B 类或 C 类地址的子网掩码（即 255.255.0.0 或 255.255.255.0）。

◆默认网关的意思是一台主机如果找不到可用的网关，就把数据包发送给默认指定的网关，由这个网关来处理数据包。从一个网络向另一个网络发送信息，也必须经过一道"关口"，这道关口就是网关。该网关由 ISP 提供；如果采用私有 IP 地址，该网关就是代理服务器或路由器内部端口的 IP 地址。

◆DNS 服务器地址用于将用户的域名请求转换为 IP 地址。如果企业网络没有提供 DNS 服务，DNS 服务器的 IP 地址应当是 ISP 的 DNS 服务器。如果企业网络自己提供 DNS 服务，那么 DNS 服务器的 IP 地址就是内部 DNS 服务器的 IP 地址。

四、通过互联网获得帮助支持

互联网上有很多关于网络管理方面的知识，在遇到问题的时候，可以随时向网络发出请求，通过互联网获得帮助和支持。

1.4 计算机文件操作方法

1.4.1 文件的操作

 学习目标

➢ 了解文件的种类、应用特点、属性
➢ 能够熟练地新建文件
➢ 能够熟练地打开文件、存储文件

一、文件的种类及应用特点

文件的种类非常多,有声音文件、音频视频文件、文本文件等等。随着新软件的开发,还会不断产生新的文件类型。文件的扩展名决定文件类型。表1—2是一些常见文件的种类(按照后缀名排序)。

表1—2　　　　　　　　　常见文件的种类

序号	文件后缀	功　　能
1	acf	系统管理配置
2	acm	频压缩管理驱动程序,为Windows系统提供各种声音格式的编码和解码功能
3	aif	声音文件,支持压缩,可以使用Windows Media Player和QuickTime Player播放
4	asf	微软的媒体播放器支持的视频流,可以使用Windows Media Player播放
5	asp	微软的视频流文件,可以使用Windows Media Player打开
6	bak	备份文件,一般是被自动或是通过命令创建的辅助文件,它包含某个文件的最近一个版本,并且具有与该文件相同的文件名
7	bas	Basic语言源程序文件,可编译成可执行文件,目前使用Basic开发系统的是Visual Basic

二、文件的属性

文件的属性表示出文件的名称、大小、类型等内容,有助于用户了解此文件的特性。查看文件的属性有如下两种方法。

1. 方法一

打开资源管理器（见图1—45），在左面窗口中选择对应的路径，右面窗口中就显示此路径下的所有文件。

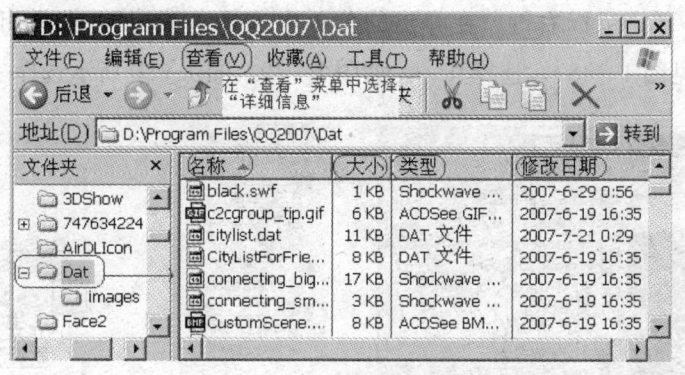

图1—45　资源管理器窗口

设定"查看"菜单中的"详细信息"选项，右面窗口中显示"名称""大小""类型"和"修改日期"四项内容。分别说明了各自文件的基本属性。

Windows在默认的情况下是不显示文件扩展名的，可以改变一下资源管理器的显示方式，就可以看到文件的扩展名了。选择"查看"菜单（见图1—46），单击"文件夹选项"，选择选项卡中"查看"这一项，"隐藏已知文件类型的扩展名"，把"√"去掉，就是不隐藏扩展名，然后点"确定"，文件的扩展名都显示出来了。

2. 方法二

选定要查看的文件，单击鼠标右键，弹出"属性"窗口（见图1—47）。在此窗口中，可以看到有关文件的所有内容。

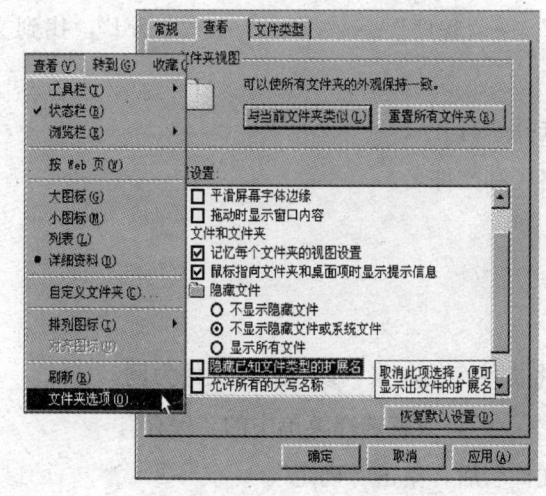

图1—46　设置"文件夹选项"

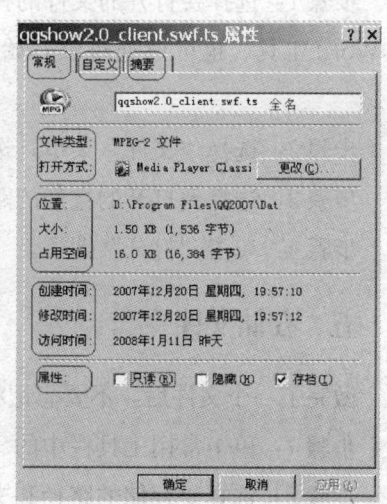

图1—47　"属性"窗口

三、新建文件

步骤1：选择新建文件的路径地址，如在桌面。

步骤2：单击鼠标右键，在弹出的菜单中选择"新建"，在弹出的各种文件的种类中（见图1—48），选择其一。如图1—49、图1—50所示选择"空白文档"。

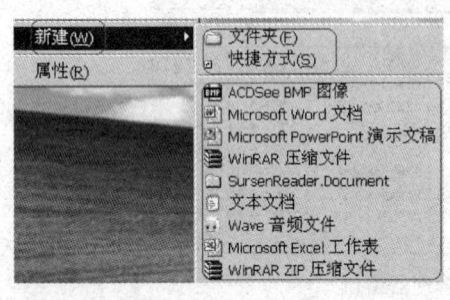 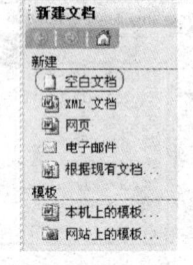 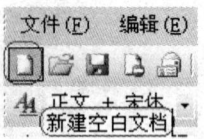

图1—48　　　　　　　　图1—49　新建文档　　图1—50　使用工具栏

步骤3：给新建的文件命名。

四、打开文件

1. 直接打开

步骤1：找到想要打开的文件，双击鼠标左键。

步骤2：也可以单击鼠标右键，在弹出的菜单中，选择"打开"。

2. 使用工具

步骤1：选择要打开的文件的种类，比如要打开的文件是 Word 文件，就要找到 Word 工具。也可以通过"开始"→"程序"→"office"→"word"，找到文档。

步骤2：选择"文件"菜单，选择"打开"。

步骤3：选择到打开的文件的路径和文件名。

步骤4：单击"打开"即可。

五、存储文件

做完了一个文件后，不要忘记将文件存储起来。以 Word 文件为例。

步骤1：单击常用工具栏中的"保存"，或者选择菜单中的"保存"。

步骤2：选择要存储的路径和文件名后，单击"确定"。

步骤3：选择菜单中的"另存为"，选择要存储的路径和文件名，单击"确定"。将文件原来的路径和文件名进行改动。

1.4.2 文件夹的操作

 学习目标

➢掌握文件夹的类型、属性
➢能够创建文件夹并进入
➢能够分类存储文件

一、文件夹的类型

1. 文件夹

Windows 中的文件夹是用于存储程序、文档、快捷方式和其他子文件夹的地方。多数情况下,一个文件夹对应一块磁盘空间。文件夹的路径是一个地址,它告诉操作系统如何才能找到该文件夹。

2. 文件夹的类型

(1) 标准文件夹

打开一个文件夹时,它是以窗口的形式呈现在屏幕上,关闭时,则收缩为一个图标。文件夹是标准的窗口,用来作为其他对象(如子文件夹、文件)的容器,且以图标的方式来显示目录中的内容。使用它,可以访问大部分应用程序和文档,很容易实现对象的拷贝、移动和删除。

(2) 特殊文件夹

Windows 还支持一种特殊的文件夹,它们不对应于磁盘上的某个目录。这种文件夹实际上是应用程序(如"控制面板""拨号网络""打印机"等),不能在这些文件夹中存储文件,但可以通过资源管理器来查看和管理其中的内容。

二、文件夹的属性

要查看文件夹较详细的信息,可在"资源管理器"或"我的计算机"窗口,选择"文件"菜单中的"属性"命令;或者用鼠标右键单击要查看信息的文件或文件夹图标,在弹出的快捷菜单中,选择"属性"命令,调出该文件或文件夹的"属性"对话框,从该对话框中查出该文件或文件夹的类型、位置、大小、打开方式、创建时间、修改时间、访问时间以及文件属性等信息(见图 1—51)。

文件夹与文件的属性不同的是有"共享"一项，在此项中，用户可以将文件夹与网络中的用户共享，并可以设定"名称""用户数限制"等内容（见图1—52）。

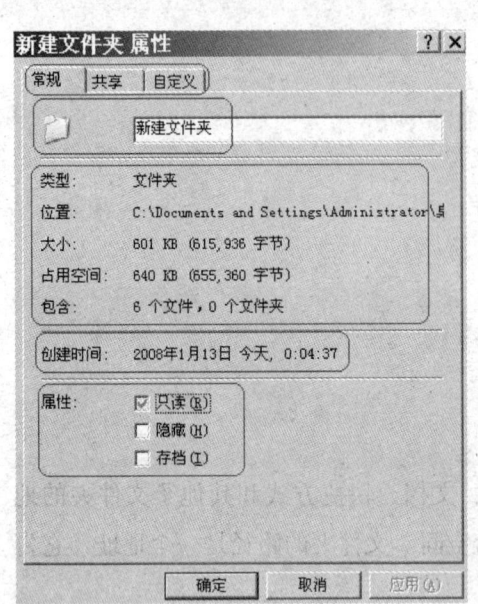

图1—51 文件夹属性　　　　　图1—52 文件夹共享

三、创建文件夹并进入文件夹

步骤1：先选择要建立新文件夹的位置。例如，要建立在C盘的根目录下面，那么就在资源管理器的左边点"C:"的盘符的图标。

步骤2：将鼠标移动到右边的空白处，单击鼠标右键，此时出现一个菜单，将鼠标移动到下面的"新建"上，此时又出现一个菜单，再从中选择"文件夹"（见图1—53）。

步骤3：给新建立的文件夹取名字，可以用英文，也可以用中文，如输入"小

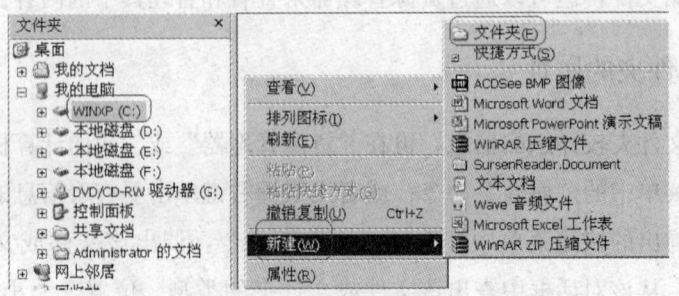

图1—53 新建文件夹

鱼儿"。名称输入后按回车键即可（见图1—54）。

步骤4：现在里面还没有任何东西。如果想把自己的文件都放在这个文件夹里，就可以把文件复制或者移动到这里。

注意：在文件夹里还可以再建立新的文件夹。

图1—54　命名

四、分类存储文件

如果把什么文件都放在一起，就会很乱。可以再建立几个不同的文件夹，然后把文件按类别放在不同的文件夹里，就不会显得乱了。

例如，在已建立的"小鱼儿"文件夹中再建立三个文件夹，名称分别为工作文件、工具文件和私人文件（见图1—55）。

图1—55　建立三个文件夹

步骤1：打开资源管理器，找到"小鱼儿"的文件夹。

步骤2：双击"小鱼儿"文件夹，进入文件夹。

步骤3：在资源管理器中的右侧窗口中新建三个文件夹，分别命名为"工作文件""工具文件"和"私人文件"（见图1—55）。

步骤4：单击资源管理器中左边的窗口，单击"小鱼儿"文件夹左边的加号方框，就会显示文件夹的树形结构（见图1—56）。

步骤5：将使用的文件按照不同的用途放进不同的文件夹中，可以很好地管理自己的文件。

图1—56　树形文件

1.5 病毒防治

1.5.1 网络杀毒软件

 学习目标

➢ 掌握网络杀毒软件的特点
➢ 能够安装杀毒软件

一、网络杀毒软件的特点

杀毒软件分为单机版杀毒软件和网络杀毒软件。

经过多年的发展,单机版反病毒技术已经比较成熟,具备了与国外同类产品竞争的实力。在国内单机版杀毒软件市场上,国产的瑞星、KV 系列占据了大部分市场份额。

随着因特网的普及和发展,网络病毒和黑客入侵越来越猖獗,网络杀毒产品逐渐成为市场的主流。网络杀毒软件的整体特点为:

1. 更加适应网络杀毒的需求

网络杀毒软件不仅要阻挡所有已知电子邮件病毒,对已知或未知的网页恶意脚本也应有很强的防范能力。

2. 及时升级病毒库

正确设置杀毒软件的各项功能,及时升级,以便充分发挥功效。

3. 防火墙的设置更加全面

防火墙需要对蠕虫和木马程序有更大克制作用。

4. 系统资源占有更低

将几乎所有的功能都放在后台模式下运行,最大限度节省空间。

5. 更新更加方便

更新文件非常小,网络杀毒软件对网络带宽的影响极其微小,能确保用户系统得到最为安全的保护。

二、安装杀毒软件

安装步骤分为服务器端和客户端。现以国内很常用的瑞星杀毒软件网络版（中小企业版）为例，分别介绍服务器端和客户端的安装。

1. 安装服务器端

服务器端的安装需要正版的安装盘，安装时需要提供服务器的 IP 地址和机器号，杀毒软件将程序与服务器绑定。然后按照提示和实际情况，选择网络的规模等信息，进入"下一步"安装。

步骤 1：单击光盘自动运行程序界面上的"安装瑞星杀毒软件网络版"，或运行光盘中的 Ravsetup.exe 安装程序（Ravsetup.exe 安装程序可脱离原有介质复制到本地计算机中运行），单击"安装瑞星杀毒软件服务器端"按钮，开始安装（见图 1—57 和图 1—58）。

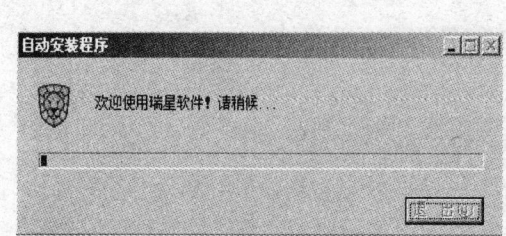

图 1—57　自动安装　　　　　　图 1—58　选择安装服务器端

步骤 2：进入安装程序欢迎界面，单击"下一步"继续安装。

步骤 3：弹出"最终用户许可协议"窗口，仔细阅读软件许可协议。如果接受，请选择"我接受"，单击"下一步"继续安装；如不接受该协议，选择"我不接受"退出安装程序。

步骤 4：进入"选择 IP 地址"界面，如图 1—59 所示，输入"本机的 IP 地址"，单击"下一步"继续安装。

步骤 5：进入如图 1—60 所示"网络参数设置"界面，指定系统中心 IP 地址，单击"测试"按钮，测试客户端与系统中心之间的连通性，单击"下一步"继续安装。

步骤 6：在"选择目标文件夹"界面中，选择安装瑞星软件的目标文件夹，单击"下一步"继续安装。

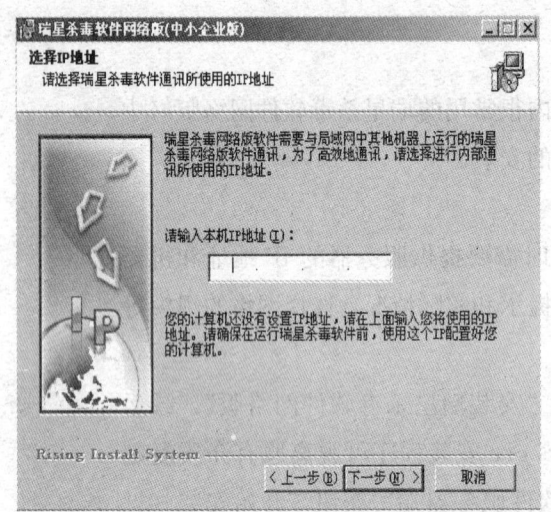

图1—59　许可协议　　　　　　　　　图1—60　选择IP地址

步骤7：在"选择开始菜单文件夹"界面中（见图1—61），输入您需要在开始菜单文件夹中创建的程序快捷方式名称，单击"下一步"继续安装。

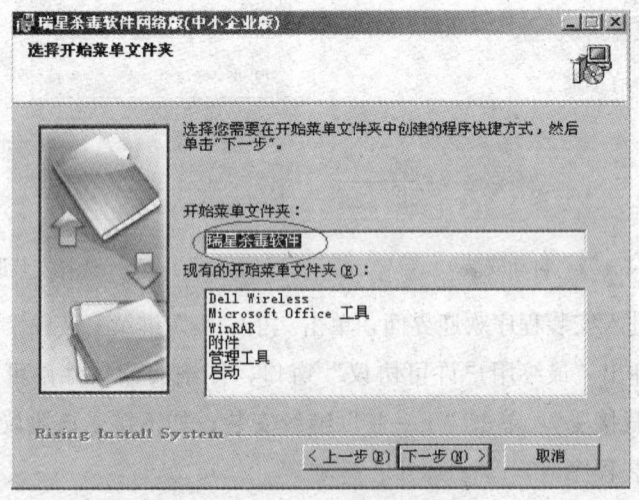

图1—61　开始菜单文件夹

步骤8：在"安装准备完成"界面中确认安装信息，单击"上一步"可进行修改，单击"下一步"继续安装；若不勾选"安装之前执行内存病毒扫描"，直接进入步骤10（见图1—62）。

步骤9：安装程序将进行安装前的系统内存查毒，单击"跳过"可直接开始复制文件，建议完成系统内存查毒操作后再开始复制文件，查毒完成后单击"下一步"继续。

步骤10：文件复制结束后，单击"完成"结束安装（见图1—63）。

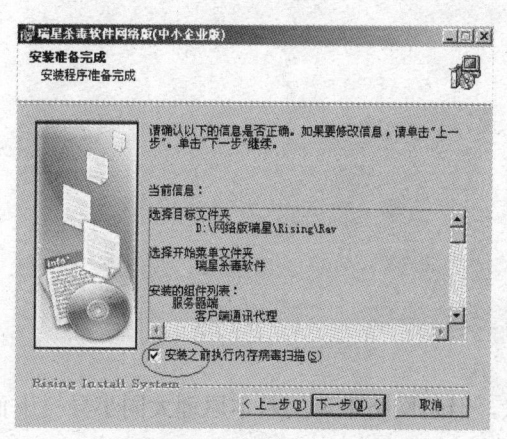

图1—62 安装准备完成

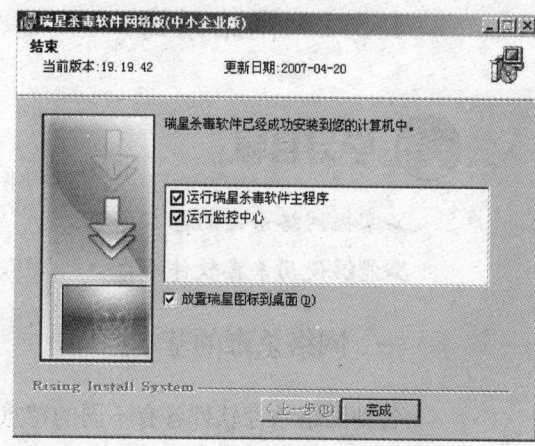

图1—63 结束

2. 客户端的安装

客户端的安装可以直接从局域网中安装。

（1）安装方法

步骤1：从局域网的FTP服务器下载安装程序，或单击本单位局域网中的"安装杀毒软件"。打开杀毒软件下载界面，单击"立即下载"进行软件下载。

步骤2：双击运行下载后的文件，出现安装界面。

步骤3：单击第二项"安装瑞星杀毒软件客户端"，出现最终用户许可协议，单击"我接受"。

步骤4：出现选择IP地址，继续"下一步"即可。

步骤5：出现选择"需要安装的组件"界面，单击"下一步"即可。

步骤6：在出现"网络参数设置"中，填写系统中心IP地址。此步骤非常重要，系统中心IP地址填写错误将不能升级杀毒软件。

步骤7：选择安装路径的界面，一般用默认目录即可，单击"下一步"进行程序的安装。

步骤8：按照提示单击"下一步"，最后单击"完成"。

（2）安装注意事项

1）瑞星网络版与卡巴斯基及其他杀毒软件有冲突，如已安装卡巴斯基及其他杀毒软件，请先完全卸载后再安装网络瑞星杀毒软件。

2）局域网瑞星杀毒软件只能在局域网IP范围内使用，请勿安装或使用于其他范围，否则不保证升级及正常使用。

1.5.2 网络杀毒

 学习目标

➢掌握网络杀毒的基本原理
➢能够使用杀毒软件杀毒

一、网络杀毒的基本原理

各种网络杀毒软件各有不同的特点，但是网络杀毒的基本原理大同小异。下面以瑞星杀毒软件网络版为例，说明网络杀毒的基本原理。

瑞星杀毒软件"网络版"整个防病毒体系是由四个相互关联的子系统组成。每一个子系统均包括若干不同的模块，除承担各自的任务外，还与另外子系统通信，协同工作，共同完成对网络的病毒防护工作。

1. 系统中心

系统中心是整个瑞星网络防病毒系统的信息管理和病毒防护的自动控制核心。它实时地记录防护体系内每台计算机上的病毒监控、检测和清除信息。

同时，根据控制台的设置，实现对整个防护系统的自动控制。其他子系统只有在系统中心工作后，才可实现各自的网络防护功能。它必须先于其他子系统安装到符合条件的服务器上。

2. 服务器端

服务器端是专门为网络服务器设计的防病毒子系统。它承担着对当前服务器上病毒的实时监控、检测和清除任务，同时自动向系统中心报告病毒监测情况。

3. 客户端

客户端是专门为网络工作站（客户机）设计的防病毒子系统。它承担着对当前工作站上病毒的实时监控、检测和清除任务，同时自动向瑞星系统中心报告病毒监测情况。

4. 控制台

控制台是为网络管理员专门设计，是整个瑞星网络防病毒系统设置、使用和控制的操作平台。它集中管理网络上所有已安装过瑞星网络版客户端的计算机，保障每个纳入瑞星防护网络的计算机时刻处于最佳的防病毒状态。

控制台又被称为"移动控制台",它既可以安装到服务器上也可以安装到客户机上,视网络管理员的需要自由安装,同时实现对系统中心的管理。

二、杀毒软件的使用

下面以瑞星杀毒软件网络版为例来说明如何检查和清除计算机中的病毒。

1. 主程序界面

瑞星杀毒软件主程序界面(见图1—64)是客户端的主要操作界面,此界面为客户提供了瑞星杀毒软件所有的控制选项。通过简单、易操作和友好的操作界面,客户无须掌握丰富的专业知识即可轻松的使用瑞星杀毒软件。瑞星杀毒软件主程序界面包括如下内容:

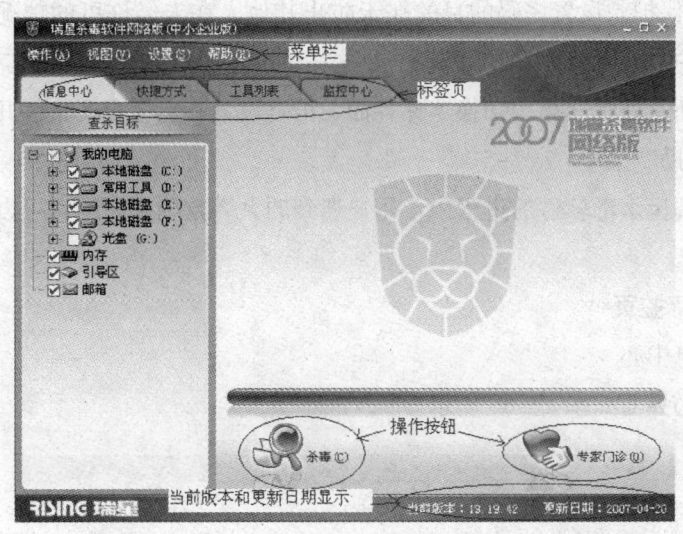

图1—64 主程序界面

(1)菜单栏用于进行菜单操作的窗口,包括"操作""视图""设置"和"帮助"四个菜单选项。

(2)在界面右下方,显示了软件的当前版本和更新日期。

(3)菜单栏的下面是信息中心、快捷方式、工具列表、监控中心四个标签页。

(4)在界面右下方有"杀毒"和"专家门诊"两个主要操作按钮。

2. 菜单栏

(1)"操作"菜单

1)杀毒。对当前查杀目标进行杀毒。

2)停止。结束本次查杀操作。按停止后,弹出"用户终止"对话框显示查杀结果。

3）历史记录。查看病毒查杀日志，还可以在日志中查找和导出日志。

4）退出。退出杀毒软件主程序。

（2）"视图"菜单

1）信息中心。切换至信息中心页面。

2）快捷方式。切换至快捷方式页面。

3）工具列表。切换至工具列表页面。

4）监控中心。切换至监控中心页面。

（3）"设置"菜单

1）详细设置。对查杀参数进行详细的设置。

2）密码保护。设置密码的目的在于防止其他人在未经许可的情况下，擅自关闭瑞星监控中心或者修改"详细设置"，这在单机多用户的情况下尤其有用。

此外，还有外观选择、切换迷你界面、语言设置和上报可疑文件几项内容。

（4）"帮助"菜单

在使用瑞星杀毒软件的过程中，用户遇到的大多数疑难问题，可以在使用帮助中寻找答案。

3．四个标签页

（1）信息中心

信息中心界面如图1—65所示。

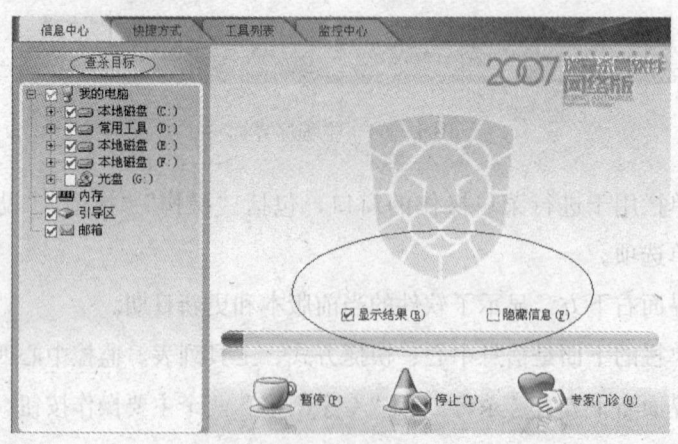

图1—65　信息中心

1）查杀目标栏。在"查杀目标"中显示有当前待扫描的目标。

2）在界面右侧中央区域。包括如下功能：

① 在未连接网络的情况下显示瑞星杀毒软件徽标。

② 在联网情况下此界面将自动连到瑞星反病毒资讯网，可浏览网络安全相关新闻、热点和相关资讯。

③ 在查杀病毒时，若发现病毒，将显示病毒列表。在下方还会显示扫描病毒的进度条。在进度条的上方，有两个选项：显示结果和隐藏信息。显示结果：选中此项，在杀毒结束后，将弹出杀毒结束或用户终止的对话框，提示杀毒结果；不选此项，则不弹出对话框；隐藏信息：选中此项，将隐藏查杀状态栏中的文件路径。

3）查毒状态栏。在此状态栏中显示出当前已查杀的文件数、病毒数和路径，结合进度条的显示，用户可以一目了然地掌握查杀病毒的进展情况。

4）病毒列表。若瑞星杀毒软件发现病毒，则会将文件名、所在文件夹、病毒名称和状态显示在此窗口中，每个文件名称前面有图标标明病毒类型。

（2）快捷方式

为方便用户快捷地进行病毒查杀，瑞星杀毒软件还提供了快捷方式功能（见图1—66）。

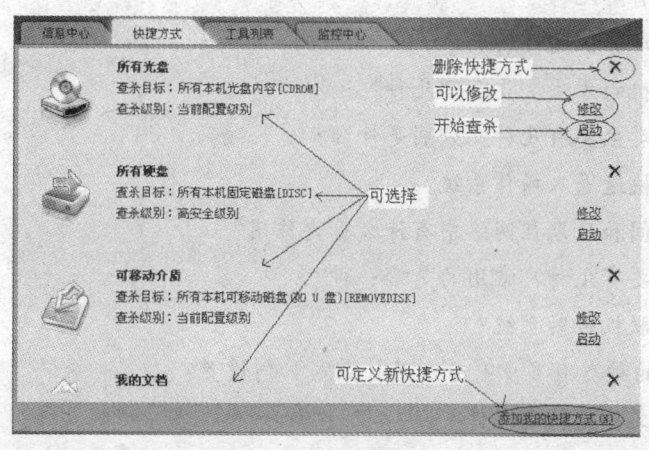

图1—66　快捷方式

1）用户可以从快捷方式中选择并进行查杀。

2）除使用默认的快捷方式外，用户也可以根据自己的需要，自定义新的快捷方式。

3）默认的快捷方式有："所有光盘""所有硬盘""可移动介质""我的文档"。

注意：默认的快捷方式不可以修改其名称和目标，删除之后不可恢复。

（3）工具列表

此界面包含病毒隔离系统等瑞星工具，能够显示工具名称、图标、简单介绍、大小、版本、更新时间等信息。

这些工具可以按照名称、大小、版本、更新时间进行排序。

(4) 监控中心

瑞星杀毒软件网络版主界面还包括"监控中心"界面，此界面显示了所有监控及其状态。

4. 使用瑞星杀毒软件网络版检查与清除病毒

步骤1：双击瑞星杀毒软件的图标或从"开始"→"程序"→"瑞星杀毒软件"进入，打开杀毒软件的主界面。

步骤2：在"查杀目标"中选择需要杀毒的盘符。

步骤3：单击"杀毒"，即可进行病毒的检查与清除。

本章思考题

1. 计算机硬件设备主要有哪几项？
2. 硬盘主要有哪几种？
3. 简述安装计算机硬件的顺序。
4. 打开计算机的方法主要有哪几种？
5. 关机的种类主要有几种？分别是什么？
6. 如何能够快速进入操作系统？
7. 系统的时间和日期在网络中有什么重要作用？
8. 格式化主要有几种？常用的是哪一种？
9. 如何使用联机帮助系统？
10. IP地址的种类有多少？分别是什么？如何设置？
11. ".txt"文件是什么文件？
12. 如何创建文件夹？
13. 为什么要分类存储文件？
14. 网络杀毒软件有什么特点？
15. 安装网络杀毒软件需要注意哪些事项？
16. 如何使用网络杀毒软件对计算机的病毒进行检查和清除？

第 2 章 机房环境维护

本章主要介绍线路电缆接头和连接方式、UPS 电源设备的安装与测试的方法、线路连接使用的电缆的区分、双绞线接头的制作步骤、使用双绞线连接网络的方法、检测供配电系统的方法、机房要求的环境、机房保洁、100 m^2 机房中空调的管理和维护、空调使用常识、空调系统常见故障的处理等技能（或知识）。

2.1 电源的管理与维护

2.1.1 机房电气系统与电源设备

 学习目标

➢了解机房电气系统的基本要求
➢掌握配电、电磁、静电及防雷接地等的基本要求
➢掌握电源设备的操作规程
➢能够对 UPS 电源设备进行安装与测试

一、电源设备的管理

随着计算机及网络的应用和发展，计算机已经与人类的政治、经济、生产、生

活等各类活动紧密地联系在一起。确保计算机设备不间断的正常运行,已经越来越被人们重视。计算机等设备依靠电源作为动力,一旦停电或电压不稳,造成计算机不能正常工作,将导致非常严重的后果。网络中的服务器和核心设备等都放置在机房,机房供电电源的质量(电压、频率和稳定性等)对计算机等设备起着至关重要的作用。另外,放置计算机的机房对其中的配电系统、电磁干扰、静电及接地等也都有着很严格的要求。

1. 机房电气系统的要求

机房的供电质量直接影响计算机的可靠性和使用寿命,为机房提供一个电压稳定、安全可靠的供电系统,使计算机设备具有良好的运行环境至关重要。

(1) 机房对交流电网的要求

供电电源应满足:频率(50±1)Hz;电压 380 V/220 V;变动幅度-15%～+10%;相数为三相五线制或三相四线制或单相三线制;波形失真率≤±10%。

采用地下电缆进线,电源进线应按现行国家标准《建筑物防雷设计规范》采取防雷措施;供电线路应避免高压浪涌干扰,不要与大功率的感性负载(如空调)电网并网运行,不要与大功率用电设备(如电焊机、电梯、机床)连接在一起。

电气系统应考虑计算机系统未来升级、扩散的可能性,预留备用容量,能提供足够的电力。电力负荷应按机器的启动电流而不是工作电流计算,因为一台计算机的启动电流可达 2.5 A 左右,而工作电流却只有 0.5～0.8 A,两者相差 5～7 倍。另外,还应注意三相供电时,单相负荷应均匀地分配在三相线路上,设备数量在 50 台以内时,计算机用电由二相电源供给,其他用电设备使用另一相电源;计算机数量在 50 台以上时,应该使用三相电源。

(2) 计算机设备供电系统

在目前使用的计算机设备中,其内部供电系统都装有高速欠压保护电路,其主要的作用是当电网欠压时,依靠滤波电容中的能量来维持工作(一般能够维持 10 ms 左右)。由于市电电网的供电质量达不到计算机系统对供电的要求,因此在大型的和比较重要的计算机机房,计算机设备的供电基本上都是由 UPS 供电,以保证计算机系统的正常运行。有的机房采用双供电系统,但是费用比较高。

UPS 的工作环境应该与计算机的工作环境相同。UPS 工作间的温度应控制在 5℃以上,22℃以下;相对湿度控制在 50%以下的范围,误差不超过 10%。所以,平时一定要重视 UPS 工作间的日常管理工作,使其达到所需要的工作环境。当然,和这些因素同样重要的还应保持 UPS 工作间的清洁、无灰尘、无污染、无有害气体,因为这些因素同样影响 UPS 的使用寿命和引发故障。

(3) 辅助供电设备供电系统

辅助供电设备主要是照明、空调、监控、维修及其他一些普通要求的供电设备。这部分的供电要求及日常管理只要满足 50 Hz 380 V/220 V 就够了，但是日常应注意完成以下的工作：

1) 最重要的工作是监测市电的供电质量。电压、频率的变化是否在计算机机房设计标准的允许范围内，在日常的值班记录中做好记录，有条件的最好能够有实时监控系统对市电的供电质量进行监控，在日常记录中有必要对整个机房的耗电量作分时段的统计，并与同时段的耗电量作对比，如果在设备数量没有增加的情况下，耗电量有大幅增加，则应查明具体原因，找出隐患；同时在巡检时要注意线路电缆连接点是否有松动或过热迹象。

2) 照明系统的管理。计算机机房的照明可分为：一般性质的照明、混合照明、事故照明、特殊照明、值班照明和警卫照明。

①一般性质的照明。国家《计算站场地技术条件》中的标准是：机房内在离地面 0.8 m 处照度不应低于 200 lx，日常管理工作中主要要求保证电源的稳定性、照度。因为计算机机房内照明不稳定会影响工作人员的精力和视力，特别是光源的晃动，同时也需要照明灯具保持良好的状况。一般情况下，灯具的不亮率要控制在全部灯具的 5% 以下。因此，巡检工作主要是检查灯具的损坏情况，做到灯具损坏随时更换。

②混合照明。在计算机机房内，混合照明主要用于维修间使用，除了要保证一般性质的照明外，还要根据工作需要另外增加照明设备。平时必须检查照明情况及灯具是否正常，以免在应急维修时出现照度不够的情况。

③事故照明。在计算机机房内，事故照明主要用于故障发生后，处理计算机机房内余留工作之需。对这类灯具的管理主要是在平时的维护工作中检查其转换是否正常，以及事故照明的灯具是否完好，从而保证正常照明发生故障后能够正常使用，当然在使用过程中也必须保证其照度。一般计算机机房的事故照明直接用 UPS 电源，UPS 的备用电源工作时，电感性的灯具对某些计算机有影响。因此，平时在应急灯具的维护和使用上，一般建议使用灯泡，以免对要求很高的计算机造成影响。

④特殊照明。主要是指不能移动的大型设备维修时有特殊要求的照明。在平时的日常管理中，要经常检查这些特殊照明的灯具和供电是否正常，以保证在设备故障时能够正常使用，不影响计算机机房的正常运行。

⑤值班和警卫照明。值班和警卫照明除正常照明外，还应有应急照明系统。其

维护工作与事故照明基本一样。

2. 配电、电磁、静电及防雷接地要求

一般机房的计算机数量都比较多,少者几十台,多者几百台。如何保障计算机系统的正常、稳定运行,延长计算机设备的使用寿命,减少故障提高工作效率是一个值得重视的问题。下面从计算机机房环境设计、机房的日常维护、网络技术维护等方面分别介绍有关要求。

(1) 场地的选择

计算机机房应避开有害气体来源以及存放腐蚀、易燃、易爆物品的地方,避开低洼、潮湿、落雷区和地震活动频繁的地方,避开强振动源和强噪声源,避开电磁干扰、电磁辐射,避免设在建筑物的高层或地下室,以及用水设备的下层或隔壁。

(2) 机房内部配电要求

要把计算机供电系统与空调和其他用电设备(如照明)的电源分开走线,不得平行走线,避免相互干扰。交叉时,应尽量以接近于垂直的角度交叉,并采取防燃措施。电源线及电源插座应遵守"左零、右火、中接地"的规则。

有条件的计算机系统应配备交流稳压电源,并选用净化交流稳压电源,50台以内的机房可选用1~2台单相净化交流稳压电源,50台以上的机房应选用三相净化稳压电源。另需配置单独的UPS不间断电源,以便在电网停电时为服务器延续工作提供电源,完成数据的保存工作。

选用UPS时应注意:"后备式UPS"并无稳压功能,它在电网供电正常时仅提供一个通道到输出端,只有电网停电后才由内部的蓄电池提供电源。

(3) 防静电

机房最好安装防静电地板,严禁使用地毯,特别是化纤、羊毛地毯,避免物体移动时产生的静电(可达几万伏)击穿设备中的集成电路芯片(抗静电电压仅200~2 000 V)。

(4) 防雷

建筑物防雷设计,是专业性很强的工作,应委托专业部门与当地气象部门在认真调研的基础上,详细研究防雷装置的形式及其布置,以国家标准《建筑物防雷设计规范》为依据专业设计,精心施工。

(5) 接地要求

机房接地是人身安全及计算机设备正常运行的基本安全要求,设计要严格,机房建好后,要为计算机机房单独埋设一个接地系统。

接地体可采用角铁或铜板为材料，一般用 0.4 mm×40 mm 的角铁 6~8 根，每根长约 2~2.5 m，在室外背阴处挖一深约 6~8 m 的长沟，每根间距 1 m 左右打入地下，顶端再用 0.4 mm×40 mm 的扁铁焊接在一起，从扁铁上引出一根 10~16 mm² 的铜芯电缆引线，长度足够引至机房内，接地电阻应小于 4 Ω。

机房里的机柜和计算机所用插座都应与接地线牢固连接，各设备的接地不能串联连接，要并联连接至主干接地线缆上。

二、电源设备的安装

现在计算机机房常常采用 UPS 供电。UPS（Uninterruptible Power System）即不间断电源，是一种含有储能装置，以逆变器为主要组成部分的恒压恒频的不间断电源。不仅在断电时可以延续供电时间，而且提高供电系统的供电质量（指在线式 UPS）。

1. UPS 的分类

UPS 大致可分成 3 种：离线式（Off Line）、在线式（On line）和在线交互式（Line interactive）不间断电源。

（1）离线式不间断电源

离线式（又称后备式）不间断电源正常时供电是通过旁路直接向负载供电。只有在停电时，才通过逆变器将电池能量转换为交流向负载提供电力。特点是机构简单、体积小、控制简单、成本低；当电网供电正常时对电源没有任何处理，对供电的噪声以及浪涌的抑制能力差，存在转换时间。

（2）在线式不间断电源

在线式不间断电源平常由逆变器输出向负载供电，只有当 UPS 发生故障、过载或过热时才会转为由旁路输出给负载。

在线式 UPS 的特点：输出的电力经过 UPS 的处理，对网电噪声以及浪涌的抑制能力最强，输出电源品质最高，无转换时间。但其结构复杂，成本较高。

（3）在线交互式 UPS

在线交互式 UPS 平常由旁路经变压器输出给负载，逆变器此时作为充电器；断电时逆变器则将电池能量转换为交流电输出给负载。

其特点：具双向性转换器设计，UPS 电池回充时间较短，存在转换时间，控制结构复杂，成本较高，保护性能介于在线式与离线式 UPS 之间，对网电噪声和浪涌的抑制能力较差。

2. UPS 电源设备安装要求

UPS 有很多种，生产厂商也有很多种，最常见的有山特（见图 2—1）、四通（见图 2—2）等品牌。

图 2—1 山特 UPS

图 2—2 四通小型 UPS

（1）设备场地环境要求

1）小功率 UPS 电源设备由于体积小、重量轻、放置较为方便，无需专用场地，与负载就近放置即可。而大、中型 UPS 就需有特殊场地放置，工作温度、存储温度、相对湿度具有具体要求。

①工作温度：0～40℃。

②存储温度：-40～+70℃（不带电池），-20～+55℃（带电池）。

③相对湿度：5%～95%，无凝露。

2）设备应选择水平硬质地面，如果安装防静电活动地板，则需考虑地板的承重，应根据设备重量来设置钢质托架。就位场地应能得到所有必要服务，尤其是光、电和良好的通风。多数大中型 UPS 标准机型的电缆为下进下出型。UPS 机柜的通风进气口位于机柜的正面或侧面，出气口在机柜的上部。为此，在安装 UPS 时，要求用户事先准备好电缆敷设地沟，其深度为 40 cm 左右。当用户采用桥架电缆敷设方法时，应选用电缆为上进上出型的机型。

3）就位场地应没有灰尘，尤其不应有导电性质的尘埃，否则可能会导致设备内部电路短路而影响 UPS 的可靠运行。场地也不应靠近热源，以确保电源设备规定的环境条件。

4）为了便于操作、设备维修和设备散热，应至少使设备机柜四周留有 50～100 cm、上部留有 100 cm 的空间。设计机房冷却通风系统时要考虑 UPS 设备产生的热量。

5）UPS 对工作环境温度要求在 0～35℃，最佳温度为 25℃左右。最佳湿度为 40%～60%。

(2) 拆箱就位

1) 大、中型 UPS 设备和配件包装均为木箱，拆箱时必须小心拆卸，及时检查设备和配件（电池等）是否在运输过程中有损坏。清除包装材料之前，要确保所有配件都已找到。如设备或配件损坏或与设备订货合同不符，应及时做现场记录，并立即与供货商联系。

2) 设备进入就位场地时应注意搬运安全，防止机柜倾斜、倒落，砸伤人员或造成设备损坏。

(3) 设备配电

1) 采用断路器使设备与市电隔离。在设备的输入进线前一级应加装一个同设备功率容量相适应的断路器，专为单独控制 UPS 输入电源通断。所以，UPS 输入断路器的下口不要再接其他的用电设备，以免影响 UPS 输入电源的正常通断。这里要说明一点，有些用户要求 UPS 在市电断电后，UPS 靠电池工作的时间很长，这样，UPS 所配的外接长延时电池容量会很大，为保证这部分外接电池能够有足够的充电电流，厂家会给 UPS 另外配一台外接长延时电池充电器，此充电器的交流输入电源要与 UPS 的输入电源同时通断，才能保证在有市电时，外接充电器对外接电池充电；市电断电时，电池向 UPS 逆变器放电。这种充电器的交流输入要与 UPS 的输入电源接在同一断路器的下口，UPS 电源输出端也应同样加设一个输出分电盘。

在为 UPS 选配输入输出断路器时，首先要求断路器标称的额定电压要符合 UPS 的额定输入输出电压，如单进单出的 UPS 选单极额定电压为 220 V 或 250 V 的断路器，三进三出 UPS 可选三极额定电压为 380 V 或 415 V 的断路器。断路器的额定分断能力，要符合 UPS 厂家的要求。

断路器的额定电流要大于 UPS 的最大输入电流和输出电流，一般 UPS 厂家会直接给出输入输出断路器的额定工作电流值或 UPS 最大输入输出电流值。

2) 而小型 UPS 一般距离负载较近，采用铜心绝缘电缆，导线截面必须符合安全标准，满足电压降和温升等要求。当距离较远时，重点考虑电压降，然后再校验温升，当距离较近时，电压降很小，主要考虑温升指标。

3) 接地要求。为了确保系统稳定可靠地工作，防止寄生电容耦合干扰，保护设备及人身安全，系统必须良好接地。接地系统以接地电阻表示接地的性能，接地电阻一般必须小于 5 Ω，对于一些精密电子仪器仪表、医疗仪器接地电阻甚至要求小于 1 Ω。

(4) UPS 电池的配置

根据 UPS 后备时间的不同，长延时机型需要外配不同容量的蓄电池，例如对于 10 kVA 的 UPS 标机内部配置了 40 节电池，分别采用两组 20 节电池串联后再并联而成。

1) 外接电池箱的具体连接如下：

步骤 1：将电池柜就位，先卸上盖板，再卸四周挡板。

步骤 2：将电池线在电池柜空开端接好，另一端在 UPS 的 "＋" "－" 端接好。

步骤 3：先安装最底层电池，再安装上面两层电池，注意电池串联连接极性，用连接线缆连接电池端子时应用绝缘胶布将另一端子包好，以免造成电池短路。接好后用力抽拉每根电池电缆的端子，检查其是否压紧，一定要保证可靠连接。

步骤 4：电池串联后接入电池柜空开，检查电池极性是否正确，电压是否正常。

步骤 5：合电池柜空开，由电池向 UPS 供电，如果系统自检提示故障，检查电池是否接反或接错。

2) 外接电池箱连接注意事项

①对于 1 kVA UPS（含长延时机型），建议将主机安装在靠近用电设备的桌面或地面上；对于 2/3/6/10 kVA UPS（含长延时机型），建议将主机安装在水平的地面上。

②2/3 kVA UPS 的后面板及侧板应与墙壁或相邻设备间保持 10 cm 以上的距离，6/10 kVA UPS 后面板及侧板应与墙壁或相邻设备间保持 20 cm 以上的距离，勿用物品遮盖前面板进风口，以免阻碍 UPS 风机排气孔的排气性能，UPS 底部也有进风口，同样应保证其通畅。

③保持 UPS 安装环境的通风良好，避免安装在过热或湿度过高的环境中，远离水、可燃性气体、腐蚀剂和发热源，避免阳光直射，尽量保持进/出风口无灰尘。

④避免在有粉尘、挥发性气体、盐分过高，有腐蚀性物质的环境中使用。

⑤2/3/6/10 kVA 的 UPS 具有电池接反保护功能，电池接反时 UPS 会显示电池故障报警。长延时机应先闭合电池箱开关，再闭合交流输入开关。电池接反保护电路在电池接入后起作用，检测到电池接反后关断充电器输出与电池的连接，此时即使充电器工作也不会造成事故，并报电池故障。

三、UPS 的测试

测试 UPS 的目的，主要是鉴定 UPS 的实际技术指标能否满足使用要求。UPS 的测试一般包括稳态测试和动态测试两类。

稳态测试是在空载、50%额定负载以及100%额定负载条件下，测试输入、输出端的各相电压、线电压、空载损耗、功率因数、效率、输出电压波形、失真度及输出电压的频率等。

动态测试一般是在负载突变（一般选择负载由0%～100%和100%～0%）时，测试UPS输出电压波形的变化，以检验UPS的动态特性和能量反馈通路。

1. 稳态测试

所谓稳态测试是指设备进入"系统正常"状态时的测试，一般可测波形、频率和电压。

（1）波形测试

一般是在空载和满载状态时，观测波形是否正常，用失真度测量仪，测量输出电压波形的失真度。在正常工作条件下，接电阻性负载，用失真度测量仪测量输出电压波形总谐波相对含量，应符合产品规定的要求，一般小于5%。

（2）频率测试

一般可用示波器观测输出电压的频率和用"电源扰动分析仪"进行测量。目前UPS的输出电压频率一般都能满足要求。但当UPS的频率电路，本机振荡器不够精确时，也有可能在市电频率不稳定时，UPS输出电压的频率也跟着变化。UPS输出频率的精度一般在与市电同步时，能达到±0.2%。

（3）输出电压测试

UPS的输出电压可以通过以下方法进行测试判断：

1）当输入电压为额定电压的90%，而输出负载为100%或输入电压为额定电压的110%，输出负载为0时，其输出电压应保持在额定值±3%的范围内。

2）当输入电压为额定电压的90%或110%时，输出电压一相为空载，另外两相为100%额定负载或者两相为空载；另一相为100%负载时，其输出电压应保持在额定值±3%的范围内，其相位差应保持在4°范围内。

3）在不平衡负载情况下，使负载电压的幅值和相位，保持在允许范围内，逆变器的设计就必须做到每相都能单独调整。在对每一相电压的幅值和相位分别控制的情况下，可以做到三相负载电压始终是对称的。有的UPS不是每相都能单独调整，所以，当接单相负载时，输出电压就会出现明显的不平衡。对于这类UPS，就不能进行此种测试，使用时，也必须使三相负载尽量平衡。

另外，上述的不平衡负载一相为空载，另外两相为额定负载或者两相为空载，另一相为额定负载的条件较为严酷，有的机器是在不平衡负载为两相额定负载，另一相为70%的额定负载或者一相为额定负载，另两相为70%的额定负载条件下来测试输出电压（各相电压，线电压）的稳压精度和三相输出不平衡度。

4）当UPS逆变器的输入直流电压变化±15%，输出负载为0%～100%变化时，其输出电压值应保持在额定电压值±3%范围内。这一指标表面上与前面所述指标重复，但实际上它比前面的指标要求更高。这是因为控制系统的输入信号在大范围内变化时，表现出明显的非线性特性，要使输出电压不超出允许范围，对电路要求就更高。

（4）效率计算

UPS的效率可以通过测量UPS的输出功率与输入功率求得。UPS的效率主要决定于逆变器的设计。大多数UPS只有在50%～100%负载时才有比较高的效率，当低于50%负载时，其效率就急剧下降。厂家提供的效率指标也多是在额定直流电压，额定负载（$\cos\varphi=0.8$）条件下的效率。用户选型时最好选取效率与输出功率的关系曲线和直流电压变化±15%时的效率。

效率等于输出有功功率比输入有功功率再乘以100%，输入功率不包含蓄电池的充电功率。测试是在正常条件下，负载为100%或50%的阻性负载情况下测量。从经济角度讲，机器的效率高，可以节省电费，选用容量时，其裕量系数也可以减小些。

2. 动态测试

（1）突加或突减负载测试

先用"电源扰动分析仪"测量空载、稳态时的相电压与频率，然后突加负载由0%至100%或突减负载由100%至0%，若UPS输出瞬变电压在−8%～+10%（可依具体机型的该项指标而定），且在20 ms内恢复到稳态，则此UPS该项指标合格；若UPS输出瞬变电压超出此范围时，就会产生较大的浪涌电流，无论对负载还是对UPS本身都是极为不利的，则该类型UPS不宜选用。

（2）转换特性测试

此项主要测试由逆变器供电转换到市电供电或由市电供电转换到逆变器供电时的转换特性。测试时需有存储示波器和能模拟市电变化的调压器。

转换试验要在100%负载下进行，特别是由市电转换到UPS上时，相当于UPS的逆变器突然加载，输出波形可能在1～2周期内有±10%的变化。切换时间就是负载的断电时间。此项测试是检测转换时供电有无断点，如有断点，且断点超过20 ms就会造成信号丢失。在线式UPS一般不会有断点，但其波形幅值会有瞬时变化，要求在半周期内消失。

另外，因为UPS在市电正常时，逆变器工作频率是跟踪市电频率的，一旦市电中断，逆变器频率完全由控制电路的本机振荡器来控制，这一突然变化是随机性的，它与市电中断前的瞬间状态和本机振荡器的状态有关，这种频率控制的瞬态变化，可能造成输出频率变化达30%，很多负载无法适应这一变化。

3. 其他常规测试

（1）过载测试

过载特性是用户极为关心，也是衡量 UPS 电源的一项重要指标。过载测试主要是检验 UPS 整机的过载能力，保证即使运行中出现过负荷现象时，UPS 也能维持一定时间而不损坏设备。过载试验必须按设备指标测试，并且要在 25℃ 以内的室温下进行。

（2）输入电压过压、欠压保护测试

按设备指标输入电压允许变化范围进行测试，一般 UPS 允许输入电压变化 ±10%，当输入电压超过此范围时应报警，并转换到蓄电池供电，整流器自动关闭，当输入电压恢复到额定允许范围内时，设备应自动恢复运行，即蓄电池自动解除，转为由市电运行。在蓄电池自动投入和解除的过程中，UPS 输出电源波形应无变化。

注意： 此项测试一定要保证接线正确，特别是相序必须接对。另外，有的 UPS 在市电超出 +10% 范围时，只有报警，而无蓄电池自动投入的性能，只有当市电低于正常值 10% 范围时，才有蓄电池自动投入的功能。而有的 UPS 则是在市电超出 ±10% 范围时，都有蓄电池自动投入的功能，测试时请注意这一点。

（3）放电测试

放电测试主要是检验蓄电池的性能。放电试验时，一是要记录放电时间；二是要观测放电时的输出电压波形及放电保护值；三是要检查是否有"落后"电池。

注意： 放电试验前必须对蓄电池作连续 24 h 的不间断充电。

4. 特殊测试

对于一台 UPS 来说，进行上述三项内容的测试就可以了，但真正的验机及大批生产或订货是远远不够的，还必须进行专项测试。专项测试可用抽样的方式进行，其内容有：

（1）观测 UPS 输出的稳压效果

在额定负载为超前及滞后两种情况下，观测 UPS 输出的稳压效果。

（2）小负载条件下的效率测试

在 25%～35% 的额定负载（滞后）条件下，质量好的 UPS，效率可超过

80%。

(3) 频繁操作试验

此项试验包括频繁启动与频繁转换。

1) 频繁启动试验。目的在于检验逆变器、锁相环、静态开关和滤波电容的动态稳定和热稳定。其方法是启动 UPS，当逆变器启动成功，有输出电压和电流，达到技术要求后，带负载运行。然后减去负载，停机，再启动 UPS，这样连续多次。

2) 频繁切换试验。主要是检测转换时供电有无断点，在线式 UPS 是不应该出现断点的。

① 充电器的启动试验。为了保护电池，避免充电器启动时对电网的冲击，一般 UPS 的充电器启动，均有限流启动功能，充电器由启动到正常运行的过渡过程，时间一般在 10 s 以上，电流一般限定在电池容量的 1/10。

② 不带电池加载试验。UPS 不带电池时，UPS 只具有稳压功能。在不带蓄电池情况下加负载，可以检验整流器的动态性能。一般要求在 20 ms 内保证输出电压恢复到 (100±1)% 以内。对于这一功能，不同 UPS 有不同的设计。

③ 高次谐波测试。一般 UPS 的高次谐波分量总和小于 5%，可用谐波分析仪来测试。良好的 UPS 能全部滤掉 11 次谐波以下的全部谐波，而且波形很稳。选用 UPS 也应尽量选用不含 11 次谐波以下谐波的 UPS。

④ 输出短路试验。此种试验一般不予进行，以防损坏 UPS 设备。这是因为有的 UPS 的输出短路保护功能不够完善。对于具有旁路电源的 UPS，进行输出短路测试时，必须在断开旁路电源的情况下进行。否则当输出短路时，UPS 会在限流的同时，将负载切入旁路电源，会烧断旁路电源熔断丝来进行保护。这样，既看不出输出短路保护的限流情况，还将烧毁旁路电源的熔断丝，是应该避免的。

UPS 的测试内容还可以列举一些，如温升保护性能试验、工作温度试验、振动试验、同步跟踪试验、耐压试验、蓄电池再充电试验、高温、高湿试验及可靠性试验、不同性质的负载试验等。作为一个产品正式生产，尤其是批量生产时，上述所有测试都有必要。但作为用户的鉴定和验收，则没有必要，也不可能做如此全面的测试。一般有静态测试、动态测试、放电测试就可以了。

5. UPS 的调试

对于已经安装完毕的 UPS 设备，必须在空载情况下，按照规定程序进行调试。

(1) UPS 的调试步骤

步骤1：断开负载，用万用表测量市电是否正常、零火线是否接反，对长延时机型还要检查外接电池电压是否正常，正负极性是否连接正确。

一切正常后，首先合上外接电池空开，再合上输入市电空开，观察面板指示。正常情况下应为旁路工作模式，用万用表测量 UPS 输出电压应为市电电压。

步骤2：按开机键约 1 s，面板显示应为市电逆变工作模式，用万用表测量输出电压应为 220 V 稳压稳频交流电。

步骤3：断开市电输入开关，此时风鸣器应有嘀嘀声，面板显示应为电池逆变状态，用万用表测量输出电压应为 220 V 稳压稳频交流电，此时说明市电断电后，由电池逆变供电。

步骤4：合上市电开关约 5 min，观察面板显示应为市电逆变供电模式。说明在电池逆变供电情况下，市电恢复正常后负载供电转为市电逆变供电。

步骤5：按关机键，观察面板显示市电旁路供电模式，测量输出电压应为市电电压。

步骤6：断开输入市电，此时 UPS 没有输出，面板无显示；按开机键，电池逆变供电。表明系统可以实现电池冷启动开机。

通过上述空载调试，可以验证 UPS 冷启动功能及工作模式间的切换，接下来必须进行带载调试。闭合外接电池输入空开，接入市电 UPS 旁路工作，逐渐切入负载，按开机键使 UPS 工作于市电逆变状态，向负载供电。

(2) UPS 的开机与关机

UPS 的开机与关机需要特别注意，要严格按照要求进行操作。

1）开机

① 检查交流输入的零火线、外接电池的电压（大小）、方向是否正确。

② 先合电池输入开关，再合市电输入开关，使 UPS 工作于旁路供电状态。

③ 在旁路供电情况下逐步切入负载。

④ 按开机键启动逆变器，UPS 处于逆变供电状态。

注意：UPS 安装完毕，向负载供电时，一定要按开机键使 UPS 处于逆变工作状态向负载供电，否则 UPS 旁路工作在市电断电后无法切换到电池逆变供电，从而造成负载供电中断。

2）关机

① 断开负载，按关机键使 UPS 处于旁路工作模式。

② 在旁路工作情况下，切断输入市电（关机）。

③ 断开外接电池箱输入开关。

四、UPS电源设备操作规程及注意事项

1. 通信电源设备操作流程

(1) 设备加电流程

步骤1：供电设备加电

闭合输出开关。

确认：供电输出电压正常。

步骤2：配电设备加电

配电设备输入开关闭合。

确认：配电设备配电开关输入电源正常。

配电设备输出开关闭合。

确认：配电设备配电开关输出电压正常。

步骤3：受电设备加电

受电设备输入开关闭合。

确认：受电设备配电部分指示灯显示正常，风扇、告警工作正常。

业务框电源模块开关闭合。

确认：电源模块电源指示灯显示正常。

单板插入业务框母板插槽（打开单板电源开关）。

确认：单板电源指示灯显示正常。

(2) 设备断电流程

设备断电应取得业主同意，并在业主指派的监督人指导下根据断电的需求断开对应设备的开关，业主侧电源设备空开切断应由业主或业主指派人完成，设备断电流程与加电流程相反。

步骤1：受电设备断电

单板电源开关断开。

确认：单板指示灯熄灭。

业务框电源模块开关断开。

确认：电源模块电源指示灯熄灭。

受电设备输入开关断开。

确认：受电设备配电部分指示灯熄灭，风扇、告警停止工作。

步骤2：配电设备断电

配电设备输出开关断开。

确认：配电设备配电开关输出电压为零。

配电设备输入开关断开。

确认：配电设备配电内部电压为零。

步骤3：供电设备断电

断开输出开关。

确认：供电设备开关无输出电压。

2. UPS 使用注意事项

(1) UPS 的功率问题

UPS 的输出功率与功率因素关系密切，在容性负载条件下，UPS 的输出功率可达到标称功率，在感性负载条件下，UPS 的输出功率则大大下降。UPS 的输出负载控制在 60% 左右最佳，可靠性最高。即使在功率因素为 0.8（感性）时，其输出功率也只能达到标称功率的 50%。

UPS 的负载，一般都是计算机负载，而计算机负载内部电源大都是开关电源，在开关电源负载条件下，瞬时功率很高，但平均实际功率却很小。故一般 UPS 在开关电源作负载时，其功率因素只能达到 0.65 左右，而 UPS 的负载功率因素指标，一般为 0.8，按此指标来带动开关电源负载，就有损坏 UPS 设备的可能。因此，选择 UPS 的功率时，一定要考虑负载的功率因素。

UPS 不宜带感性负载，如验收机器、大功率风机、空调机、日光灯等，以免损坏。

后备式方波输出的 UPS 不能带电感性负载，而且负载量在额定负载的 50% 左右最好。因为在这种负载条件下，可以消除 50 Hz 方波输出波形中的 3 次谐波（150 Hz 正弦波）分量，减轻开关电源中，流过直流滤波电容中的电流，防止滤波电容因长期过流工作而损坏。

后备式 UPS 在逆变器供电时，一般都设有过载和短路自动保护功能，但在市电供电时，一般就靠输入交流保险来完成过载保护的任务，所以用户不可轻易地加大市电输入熔断丝的容量。否则，一旦 UPS 输出发生短路事故时，有可能出现输入熔断烧不断，印制板上的印制线却被烧毁的危险现象。

(2) 蓄电池的使用问题

1) 严禁蓄电池过度深放电。蓄电池过度深放电的原因一般有：

①长时间的小电流放电。蓄电池所使用的容量与放电电流的大小关系密切，放电电流越小，实际放掉的容量就越多。一般来说，蓄电池的放电容量，必须控制在 80% 的额定容量以内。也就是说，当蓄电池放出额定容量的 80% 时，就不允许继

续放电。如果继续放电，就会造成蓄电池的深放电，如不及时采取补救措施，就可能造成蓄电池永久性的损坏。

②长时间的频繁放电。当市电停电比较频繁时，就可能造成蓄电池频繁放电。如果在蓄电池放完电后，没有足够的时间（一般在 10 h 以上）来进行充电，第二次又马上放电，这样的次数多了，就可能造成蓄电池的深放电。

③人为调低蓄电池最低保护值。UPS 都具有蓄电池最低电压保护值，但蓄电池的端电压与放电电流的大小关系甚密，放电电流小，其端电压就高，达到最低保护值时所放出的实际容量就越多。所以，轻载运行的 UPS，应尽量避免放电到最低保护值才关机的现象出现。而长延时的 UPS 则应适当提高放电下限电压保护值。

2）对于频繁停电，使蓄电池频繁放电的地区，要采取措施，保证蓄电池在每次放电后有足够的充电时间，防止蓄电池长期充电不足。

3）对于很少停电，蓄电池很少放电的 UPS，则要每隔 2~3 个月人为地断市电一次，让蓄电池放电一段时间，防止蓄电池"储存老化"。

4）要定期检查蓄电池的端电压和内阻，及时发现"落后"电池，进行个别处理。

(3) UPS 轻载运行问题

大多数 UPS 在 50%~100% 负载时，其效率最高，当负载低于 50% 时，其效率急剧下降，因此，当 UPS 过度轻载运行时，从经济角度讲是不合算的。另外，有的用户总认为，负载越轻，机器运行可靠性就越高，故障率也越低。其实，这种概念并不全面，因为负载轻，虽然可以降低末级功率管被损坏的概率，但对蓄电池却极其有害。因为过度轻载运行时，一旦市电停电以后，如果 UPS 没有深放电保护系统，就可能使得蓄电池过度深放电，造成蓄电池永久性地损坏。

(4) UPS 不宜带载开机和关机

没有延迟启动功能的 UPS，带载开机很容易在启动的瞬间，烧毁逆变器的末级驱动元件。因为刚开启时，控制电路的工作还未进入稳定状态，启动的瞬间又会产生较大的浪涌电流，末级驱动元件有可能承受不了。对于采用 MOS 管作为驱动元件的 UPS 来说，更是如此。当负载中包含有电感性负载时，带载关机也同样可能引起末级驱动元件的损坏。因此，不是紧急情况，不要带载开机和关机。

(5) UPS 逆变器正常运行时，禁止用示波器观察控制电路波形

UPS 的核心部件是逆变器，逆变器运行时，不能使用示波器及其他测试工具观察控制电路的波形。因为测试时很难避免表笔与临近点相碰，更难防止因表笔接上后引起电路工作状态的变化。一旦电路工作异常，就有导致末级驱动元件烧毁的危险。

在实际维修中，确实需要观察电路波形时，可采用如下措施：

1) 将机器置于"测试"状态来测试。测试状态与机器的实际工作状态相似，只要在测试状态下观察的波形正常，一般来说，在机器实际运行时也会正常。目前，大多数厂家生产的设备都有"测试"这一工作状态。

2) 人为断开末级驱动电路后再行测试。有的机器没有"测试"这种工作状态，对于这类机器就必须人为断开末级驱动电路后，再进行测试。但在末级驱动电路断开后，有一部分电路不能正常运行，这时就应根据实际机器的电路，人为制造运行条件，在末级驱动电路断开后，控制电路板中各点波形就均可观察到。

3) 将有关板子取下，利用专用测试台来进行测试。发现机器某板子有故障，或将故障板修复后，需要验证该板是否正常时，可用专用测试台来进行测试。只有在测试台上测试正常的，方可安装到机器上运行。

3. **日常维护要求**

虽说各企业配置的 UPS 供电系统设备型号及系统容量有所不同，但其原理和主要功能基本相同。在 UPS 电源类型选择上各站都选择了在线式，这是因为在线式 UPS 电源系统具有对各类供电的零时间切换，自身供电时间的长短可选，并具有稳压、稳频、净化的特点。

当 UPS 电源系统本身出现故障时有自动旁路功能，当需要检修时可采用手动旁路，使检修、供电互不影响。

(1) UPS 电源在正常使用情况下，主机的维护工作很少，主要是防尘和定期除尘。特别是气候干燥的地区，空气中的灰粒较多，机内的风机会将灰尘带入机内沉积，当遇空气潮湿时会引起主机控制紊乱造成主机工作失常，并发生不准确告警，大量灰尘也会造成器件散热不好。一般每季度应彻底清洁一次。其次就是在除尘时，检查各连接件和插接件有无松动和接触不牢的情况。

(2) 虽说储能电池组目前都采用了免维护电池，但这只是免除了以往的测比、配比、定时添加蒸馏水的工作。但外因工作状态对电池的影响并没有改变，不正常工作状态对电池造成的影响没有变，这部分的维护检修工作仍是非常重要的，UPS 电源系统的大量维修检修工作主要在电池部分。

1) 储能电池的工作全部是在浮充状态，在这种情况下至少应每年进行一次放电。放电前应先对电池组进行均衡充电，以达全组电池的均衡。要清楚放电前电池组已存在的落后电池。放电过程中如有一只达到放电终止电压时，应停止放电，继续放电先消除落后电池后再放。

2) 核对性放电，不是首先追求放出容量的百分之多少，而是要关注发现和处理落后电池，经对落后电池处理后再作核对性放电实验。这样可防止事故，以免放电中落后电池恶化为反极电池。

3) 平时每组电池至少应有 8 只电池作标示电池,作为了解全电池组工作情况的参考,对标示电池应定期测量并做好记录。

4) 日常维护中需经常检查的项目有:清洁并检测电池两端电压、温度;连接处有无松动、腐蚀现象,检测连接条压降;电池外观是否完好,有无壳变形和渗漏;极柱、安全阀周围是否有酸雾逸出;主机设备是否正常。

5) 免维护电池要维护,应从广义的维护立场出发,做到运行、日常管理的周到、细致和规范性,保证设备(包括主机设备)保持良好的运行状况,从而延长使用年限;保证直流母线经常保持合格的电压和电池的放电容量;保证电池运行和人员的安全可靠。

(3) 当 UPS 电池系统出现故障时,应先查明原因,分清是负载还是 UPS 电源系统;是主机还是电池组。虽说 UPS 主机有故障自检功能,但它对面而不对点,对更换配件很方便,但要维修故障点,仍需做大量的分析、检测工作。另外如自检部分发生故障,显示的故障内容则可能有误。

(4) 对主机出现击穿、断熔丝或烧毁器件的故障,一定要查明原因并排除故障后才能重新启动,否则会接连发生相同的故障。

(5) 当电池组中发现电压反极、压降大、压差大和酸雾泄漏现象的电池时,应及时采用相应的方法恢复和修复,对不能恢复和修复的要更换,但不能把不同容量、不同性能、不同厂家的电池连接在一起,否则可能会对整组电池带来不利影响。对寿命已过期的电池组要及时更换,以免影响到主机。

2.1.2 供配电系统检测方法

 学习目标

➢掌握供配电系统检测工具
➢掌握供配电系统检测方法
➢能够使用工具检测供配电系统

一、常用工具简介

1. 万用表

万用表作为日常维护工作中必备的测试工具之一,主要用于测试电压、电流、频率等相关参数，要求其分辨率至少要达到 $4\frac{1}{2}$ 位（10 000 字）。目前维护人员通常用到的是美国 FLUKE 公司的 F80、F180 系列的高精度数字万用表，这类万用表的分辨率可达到 $4\frac{4}{5}$ 位（50 000 字），完全能符合《规程》对测试精度的要求。同时，这类万用表具有良好的防摔、防烧、防磁、防溅射、智能告警等特点，非常适合维护现场使用。

2. 交/直流钳型表

交/直流钳型表也作为日常维护工作中必备的测试工具之一，主要用于测试电压、电流、频率等相关参数，要求其具有较高的测试分辨率、测试精度以及较多的测试功能。目前维护人员通常用到的是美国 FLUKE 公司的 F337 交/直流两用钳型表（真有效值），和硅谷通信生产的 SGT－11A 和 SGT－12B 单、双钳口钳型表，这类仪表具有钳口直径大、测试分辨率和精度高、精确的小电流、涌流测量等特点。同时此类钳表人性化的设计非常适合在空间狭小的场合使用。

（1）高低压试电笔

高低压试电笔主要用于检查带电母线的通电部位，目前维护人员通常用到的是美国 FLUKE 公司的 F1 LAC（低压）/ AC（高压）型感应式试电笔。这类试电笔由于采用感应式测试，无需物理接触，因此极大地保障了维护人员的人身安全。

（2）相序表

相序表主要用于测试交流电的相序，目前维护人员通常用到的是日本 HIOKI 公司 3126 相序表。这类相序表轻巧便携、测试简单，非常适合测试现场使用。

（3）数字兆欧表

数字兆欧表主要用于测试电力电缆的绝缘情况，目前维护人员通常用到的是日本 HIOKI 公司 3453 数字兆欧表。这类兆欧表具有智能化、测试范围大、数字及模拟双显示的特点，是维护工作的必备仪表之一。

3. 杂音计

杂音计主要用于测试整流设备及直流交换器输出电压中的脉动成分，即杂音电压。目前市场上杂音计主要有模拟式和数字式之分，模拟式杂音计主要有 JH5151，虽体积和质量较大，但测试指标多，而且精度高。数字杂音计主要有 FZY－120 及 FZY－120A，它具有轻巧便携、测试简单、直观显示等特点。

4. 电力质量分析仪

电力质量分析仪主要用于单相、三相功率测量、电压事件捕捉、谐波测量、三相不平衡度测量等方面。目前维护人员通常用到的是美国 FLUKE 公司的 F43B 电力质量分析仪或者是国产 PQ－2S、PQ－3 型电能质量分析仪。这类分析仪具有操作简单、功能齐全、测试精确等特点，非常适合基层的维护人员使用。

5. 示波器

示波器主要用于测量电压波形的正弦畸变率情况。目前维护人员通常用到的是美国 FLUKE 公司的 F123 或 F190 系列便携式双通道万用示波表。这类示波表具有测试精度高、即触即测、操作简单、人性化设计等特点，专门适用于通信电源系统的故障诊断、故障排除以及通信设备的现场维修等工作。

6. 绝缘电阻表

FLUKE 公司的 F1550B 和 F1520 数字绝缘电阻表可以帮助供电系统的客户对电压、电流互感器，避雷器，变压器，各种类型的开关，电容器，电感器等电力设备进行绝缘试验，以保证设备的安全运行。

二、常用检测方法简介

1. 交流电压的测量

平均值为零的周期电压，称为交流电压，用字母 u 表示。其单位为伏特。交流电压有峰值、峰－峰值、有效值、全波整流平均值之分。

（1）测量使用的仪表

万用表或交流电压表（不低于 1.5 级）、通用示波器。

（2）测量方法

目前现场维护中交流电压的测量方法主要有万用表、交流电压表直读测量法或示波器测量法。

2. 交流电流的测量

平均值为零的周期电流叫交流电流。交流电流的大小用电流强度"安培"表示。

（1）测试用仪表

交流电流表（不低于 1.5 级）或交流钳形电流表。

（2）测试方法

当要求测量精度较高且电流不大时，应用交流电流表串入被测电路中，从表上直接读出电流值。当测量精度要求不高且电流较大时，可用交流钳形表测量。

3. 频率的测量

交流电完成一次正负变化，叫做一周，完成一周所需的时间叫做周期，用符号

"T"来表示,单位是秒。交流电每秒完成的周期数叫频率,用符号"f"来表示,单位是赫兹,用符号 Hz 表示。周期与频率的数学关系为 $T=1/f$。

(1) 测量仪表

频率计或电力谐波分析仪、通用示波器。

(2) 频率的测量方法

频率计测量法和示波器测量法。

三、使用工具检测供配电系统

1. 交流电压测量方法

(1) 直读测量法

根据被测电路的状态,将万用表或电压表放在适当的交流电压量程上,直接并联在被测电路两端、从电压表的读数决定电压值的测量方法称为电压表的直读测量法。

1) 测试接线如图 2—3 所示。将交流电压表根据所需测量范围放在适当位置,按图 2—3 将仪表接入被测电路中,从表中直接读出被测电压值。所测得的电压为交流电压的有效值。

2) 测试注意事项

① 被测试的电信号必须在电压表可以使用的频率范围内和可以测量的电压范围内,当不明被测信号电压值的范围时,可将电压表的量程放在最大挡,待知道被测信号电压值的范围后,再把电压表的量程放在适当位置上进行测试,避免烧坏电压表或造成测量不准。

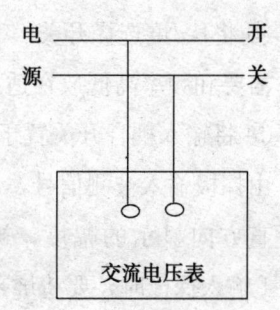

图 2—3 交流电压测试接线图

② 测量用的电压表要有足够大的输入电阻,避免电压表的接入,影响被测电路的工作状态。

③ 常用的交流电压表和万用表测量出的交流电压值,多为有效值。交流电压的有效值、全波整流平均值、峰值及峰—峰值之间彼此有一定的关系,在乘以适当系数后,可以把一种值转换为另一种值。

④ 交流电压的测量精度与选用的仪表、测量方法、测量的环境等有一定的关系。在通常情况下,电路做一般性测量调试时,精度要求并不太高,在1‰~3‰范围内即可。在要求精度高的测试中,要尽量选用精度高的测量仪表。指针式仪表的精度是按满度相对误差分成 0.05、0.1、0.2、0.5、1.5、2.5、5.0 等几个等级,1.5 级精度的仪表,其满度相对误差为±1.5%。在要求精度高的测量时,应选用

高于 0.5 级的电压表或电流表。

⑤ 在测量中，表笔和被测电路要牢靠接触，尽量减小接触误差，同时要防止短路烧坏电路或仪表。

(2) 示波器测量法

用示波器测量电压，不但能测量到电压值的大小，同时也能观察到电压的波形，尤其能正确的测定波形的峰值及波形各部分的大小。对于测量某些非正弦波形的峰值或波形某部分的大小，示波器测量法就是必不可少的。

1) 测试步骤

① 插好示波器的电源线，打开电源开关，电源指示灯亮，待出现扫描线后，调节亮度到适当的位置，调节聚焦控制，使扫描线最细。

② 调节基线旋钮，使扫描线与水平刻度线平行。

③ 将微调/扩展控制开关旋钮顺时针旋到校准位置，为了避免测量误差，在测量前应将探极进行检查和校正。校正方法是：将探极接到示波器的校正方波输出端、调整探级上校正孔的补偿电容，直到屏幕上显示的方波为平顶。

④ 将伏/度选择开关、工作方式开关、扫描时间选择开关，根据被测信号的大小、需要和频率高低放在适当位置上。

⑤ 将输入耦合开关置于"GND"位置，确定零电平的位置。再置于"AC"位置，由探极输入被测信号，调节同步开关旋钮，使波形稳定，观察屏幕上信号波形在垂直方向显示的幅度，被测信号电压力 V/DIV 与显示度数的乘积；当使用 10∶1 输入探极时，要将屏幕显示幅度值×10。

2) 测试注意事项

① 不要在附近有强磁场的地方使用仪表。

② 被测信号的幅度不能超过示波器各输入端规定的耐压值，防止烧坏示波器的放大器。

③ 测试时，示波器的机壳应悬浮，避免造成短路。

④ 用示波器测出的交流电压值为峰—峰值。

⑤ 测试线要尽量短，探极要靠近被测点，否则有可能引起波形畸变。

2. 交流电流的测量方法

(1) 当要求测量精度较高且电流不大时，应用交流电流表串入被测电路中，从表上直接读出电流值。

(2) 当测量精度要求不高且电流较大时，可用交流钳形表测量。

3. 交流输出频率及频率稳定精度的测量

（1）频率计测量法

1）打开频率计的电源开关，预热后进行校准。

2）将频率计的量程开关放在适当位置上，按图 2—4 连接仪表，从表上直接读出被测频率的最大值和最小值。

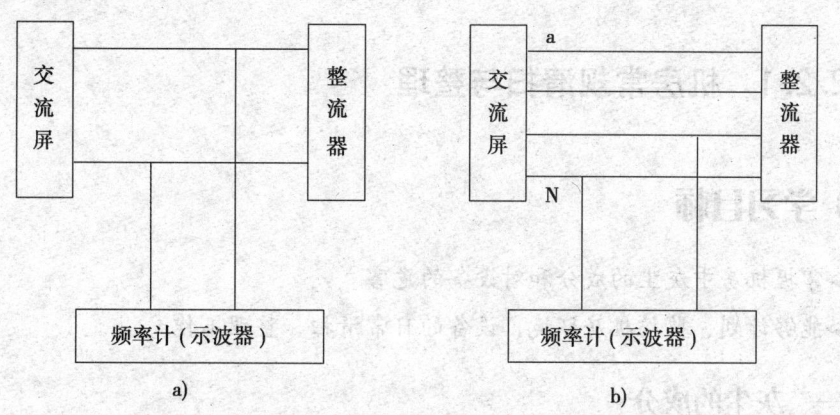

图 2—4　交流电压频率测试接线图

a）单相供电接线图　b）三相供电接线图

3）频率稳定精度 δf 按下式计算：

$$\delta f = (f - f_H)/f_H \times 100\%$$

式中　f——所测频率的最大值或最小值；

f_H——额定频率值。

（2）示波器测量法

用示波器测量频率的方法有多种，如扫速定度法，李沙育图形法，亮度调节法等，但在电源设备的维护中最常用的方法为扫速定度法，现就如何用扫速定度法测量交流电的频率进行说明：

示波器的扫描范围开关具有时间定度（即给出示波管荧光屏上标尺线的每一横格与时间的关系毫秒/格，则可利用示波器显示出的被测信号波形，读测该信号的各种时间参数，如信号的周期等于荧光屏上波形一个周期的水平距离（格数）乘以扫描范围开关所在位置的毫秒/格。

信号的频率是周期的倒数，可由已求得的周期计算出频率，即频率 $f = 1/$周期。例如，荧光屏上被测信号波形一个周期的水平距离为 10 格，扫描范围开关所在位置为 1 毫秒/格，周期数值 $= 10 \times 1$ ms $= 10$ ms，则被测信号的频率 $f = 1$ s/ 10 ms $= 100$ ms/10 ms $= 100$ Hz。当扩展旋钮被拉出时，上述计算的周期值应除以 10。

2.2 机房保洁

2.2.1 机房常规清扫与整理

 学习目标

➢ 掌握机房中灰尘的成分和对设备的危害
➢ 能够计划、监控机房环境、设备的日常清扫、整理工作

一、灰尘的成分

灰尘的成分包括：漂浮状尘埃、尘虫及排泄物、纤维、病菌、化学烟雾等。它们时常漂浮在室内空气中并被大量吸入或附着在干物表面。空气中含有直径在 10 μm 以上的灰尘称为降尘，它在空气中以加速度下降，在空气中停留的时间很短；直径为 0.1～10 μm 的灰尘称为浮尘，它在静止空气中缓慢下降；直径在 0.01～1 μm 的灰尘称为烟雾，在静止的空气中呈布朗运动而缓慢沉降。

空气中 99% 的灰尘粒子直径在 1 μm 以下，而粒子直径在 0.5 μm 以下的约占 90%，因此不仅会对人体健康产生危害，而且会削减室内电子设备的使用寿命。

二、机房灰尘的来源与危害

1. 灰尘的来源

机房灰尘的主要来源有：机房工作人员自身及出入机房时；机房门窗密封不严，在机房无正压时由缝隙侵入；空调系统及补充的新风；机房的墙壁、天棚、地板等脱落物形成的灰尘等。

2. 灰尘对机房中设备的危害

（1）空气中灰尘很大时，灰尘落在磁盘上将擦伤磁头和磁层。磁头和磁层间隙理论值为 2～3 μm，而实际的盘面并不是绝对水平，转动时也存在摆动，硬盘转速一般为 7 200 r/mim（转/分钟），磁盘与磁头间的实际缝隙很小，转动时一般在 0.8～1 μm。当磁盘自身净化设备不良时，容易受到大于 1 μm 的尘埃的侵害。如

果磁盘和磁头上的灰尘太多，轻则造成读、写错误，重则造成划盘。灰尘对触点的接触阻抗也有影响，它将造成键盘不能进行正常的输入操作，还特别容易破坏磁盘的磁记录表面。磁盘表面上的指纹污点、烟粒或一点灰尘，足以引起磁头的磨损，丢失数据，并可损坏磁盘。当然，磁头也会因灰尘的侵蚀而提早损坏。

（2）集成电路上吸附尘埃过多时，将会使元器件散热能力降低，如主板芯片的散热片，造成芯片过热烧毁。

（3）影响各板卡之间的接触，极有可能造成电路板的腐蚀，出现如显示器的黑屏，键盘、鼠标滑鼠失常等现象。

（4）发射机进风口、计算机外设机机箱电源等具有通风过滤的设备，当灰尘量太大时，容易堵塞过滤器，使机器内部温度过高，影响机器正常运行。

（5）由于显示器内部具有高达 20~30 kV 的高压，这样高的电压极易吸引空气中的尘埃粒子。另外，灰尘也会吸收水分，腐蚀显示器内部的电子线路，造成一些莫名其妙的短路问题。所以灰尘体积虽小，但对显示器的危害不可低估。大量的维修实践证实，在灰尘比较大的环境中工作，由于 PCB（印刷电路板）会吸附灰尘，而灰尘的沉积会影响电子元器件的热量散发，这将导致元件温度上升，进而出现热稳定性下降甚至产生漏电，严重时导致烧毁。在正常情况下操作的计算机系统，灰尘的沉积会在电子元件与空气之间形成绝缘层，阻碍元件产生的热量散发到空气中，使得元件的温度上升到超过额定值烧毁，很多芯片的损坏大部分是由这个原因引起的。

（6）灰尘过多还会造成打印机的打印头不能正常工作。打印机和磁盘驱动器等电机机械设备比电子电路的设备更容易发生故障，原因是打印机和磁盘驱动器含有机械运动的元件，容易因污染造成温度过高而损坏。仔细检查打印机内部，将发现包括纸屑灰尘在内的大量脏东西，这些东西阻碍了正常情况下打印机所产生的热量有效地散发。

三、机房环境的常规清扫

1. 防灰尘的措施

（1）机房分区控制。对于大型机房，条件允许的情况下应进行区域化管理，将易受灰尘干扰的设备尽量与进入机房的人员分开，减少其与灰尘接触的机会。如将机房分为三个区域，服务器主机区、控制区、数据处理终端区，并设置专门的参观通道，通道与主机区用玻璃幕墙隔开。进入机房的人员应换上专用工作服和工作鞋，或戴上鞋套。尽量减少进入机房人员穿着纤维类或其他容易产生静电附着灰尘的服装进入。

（2）机房室内的门、窗应为双层密封式，保持空气正压值，防止外界污染空气侵入，同时补充新风来维持正压所增加的风量。定期检查机房密封性。定期检查机房的门窗、清洗空调过滤系统，封堵与外界接触的缝隙，杜绝灰尘的来源，维持机房空气清洁。

（3）在空调系统中安装空气过滤器，收集进入机房和回风中的尘埃，及时清理风网，防止空气污染。维持机房环境湿度。严格控制机房空气湿度，即要保证减少扬尘，同时还要避免空气湿度过大使设备产生锈蚀和短路。

（4）建筑、装饰材料尽量选择不吸尘、不起尘的材料，地面不能涂附着力强的漆，最好铺水磨石和瓷砖或安装活动地板，保持表面光洁、不起尘。

（5）做好表面清洁除污工作，可用干净柔软湿布擦拭设备，对于难以清除的污渍可用中性清洁剂或计算机专用清洁剂加以去除，然后用湿布抹净晾干。清洁时应在关机状态下进行，注意湿布不能过湿，以免水渗入机器，腐蚀电路或造成短路等故障。

（6）提高机房压力。有条件的机房采用正压防灰尘，即通过一个类似打气筒的设备向机房内部持续输入新鲜、过滤好的空气，加大机房内部的气压。由于机房内外的压差，使机房内的空气通过密闭不严的窗户、门等的缝隙向外泄气，从而达到防尘的效果。

2. 合理安排机房清扫计划

（1）设定合理的除尘周期

根据机房的具体情况设定合理的除尘周期，并按照机房内部、机房外部、机房设备内部三部分分别进行清洁。以一个中等校园机房为例，机房内部卫生应每三天清理一次，每半个月进行一次彻底清洁；机房外部卫生应每天清洁，每周对设备吸附尘土情况进行检查，对有必要清洁的设备每月进行一次清洁；每两年根据实际使用情况对机房设备和机房进行中修；每五年对机房及设备进行大修。

（2）谨防静电危害

拆机清理设备时，首先要避免人员带电对设备造成损害。在清理前应当先穿好防静电服，佩戴除静电环等设备。避免带电拆机，必须在完全断电、服务器接地良好的情况下进行，即使是支持热插拔的设备也是如此，以防止静电对设备造成损坏。对于显示器等设备应首先做放电处理。

（3）了解设备结构

由于机房设备来自不同厂商，各自设计并不相同，特别是许多品牌服务器机箱的设计比较特殊,需要特殊的工具才能打开,在卸机箱盖的时候,需要仔细阅读说明书,不要强行拆卸。

(4) 正确选择清洁工具

设备的清洁不需要很复杂的工具,一般的除尘维护只需要准备十字旋具、平口旋具、油漆刷或者油画笔就可以了。电吹风、无水酒精、散热硅油、脱脂棉球、钟表起子、镊子、皮老虎也是必备的工具。如需简单维护,还需要尖嘴钳、试电笔、万用表等工具。

提示:不要使用普通毛笔等容易脱毛的笔刷。尤其要注意电源的除尘。

四、清洁机房设备

1. 擦拭显示器

由于静电的作用,显示器屏幕十分容易附着灰尘,需要经常清除。在清洁过程中一定注意不要使用硬物擦拭,最好使用比较柔软的纸巾,有条件的话还可以采用专业镜头纸。其次,由于使用的显示器主要是CTR(阴极射线管)显示器,容易被磁化,因此不要将磁源靠近显示器,以免影响其显示性能。

2. 清洗软盘驱动器

软盘驱动器是计算机中故障率较高的部件,灰尘附着在磁头上会划伤盘片,也会影响磁头正确读写数据,所以需要定期对磁头进行清洗。清洗软盘驱动器可使用专用的清洗盘,或者手工清洗。另外,尽量不要使用有物理损伤、受潮、磁层脱落的软盘,在软盘驱动器读取数据时(软盘驱动器工作指示灯亮)不要强行取出软盘,以免损坏磁头。

3. 清洁鼠标

鼠标是计算机配件中经常移动的输入设备,所以要保持桌面的平整和清洁,建议使用专用鼠标垫。对于机械鼠标,如果滚动球不干净,可取出来用温水或肥皂水清洗,然后用干布擦干或晾干。取出滚动球后,可用工具轻轻地刮去鼠标内部两根转轴和一个转轮上的污物,同时应避免污物落入鼠标内部。如果经上述处理后鼠标移动还是迟钝,特别是某一方向鼠标指针移动不灵时,很可能是光电检测器被污物挡住所致。此时需打开鼠标上盖,用棉签清理光电检测器中间的污物。

4. 清洁主板

作为整个设备的基础硬件,主板堆积灰尘最容易引起问题,主板也最容易聚集大量灰尘。

清洁主板时,首先要取下所有的插接件,拔下的设备要进行编号,以防弄混。

图2—5 吹尘器

然后，拆除固定主板的螺钉，取下主板，用羊毛刷子刷去各部分的积尘。操作时，力量一定要适中，以防碰掉主板表面的贴片元件或造成元件的松动以致虚焊。灰尘过多处可用无水酒精进行清洁。对于主板上的测温元件（热敏电阻）要进行特殊保护，如提前用遮挡物对其进行遮挡，避免这些元件损坏而引发主板出现保护性故障。主板上的插槽如果灰尘过多可用吹尘器（也称皮老虎，见图2—5）或吹风机进行清洁。

如果出现氧化现象，可以用具备一定硬度的纸张，插入槽内来回擦拭（表面光滑面向外）。

5. 处理插接件

插接件表面可以用与清理主板相同的方法清理，插接部分出现氧化现象的，可以用橡皮仔细把金手指擦干净，插回到主板后，在插槽两侧用热熔胶填避缝隙，防止在使用过程中灰尘的进入和氧化情况出现。

6. 清洁风扇

风扇的叶片内、外通常也会堆积大量积灰，可以用手抵住叶片逐一用毛刷掸去叶片上的积灰，然后用湿布将风扇及风扇框架内侧擦净。

还可以在其转轴中加一些润滑油以改善其性能并降低噪声。具体加油方法是：揭开油挡即可看到风扇转轴，用手转动叶片并向转轴中滴入少许润滑油使其充分渗透，加油不宜过多以免吸附更多的灰尘贴上油挡。

对于风扇与散热片可分离的结构，可以拆下散热片彻底用水清洗，灰尘少的可以用软毛刷加吹气球的方法清理，对于不可分离的散热片，可以用硬质毛刷清理缝隙中的灰尘，同时辅以吹风机吹尘。清洗后的散热片一定要彻底干燥后再装回，重新安装散热片时建议抹上适量导热硅脂增强热传导性。

7. 清洁箱体表面

对于机箱内表面上的积尘，可以用拧干的湿布进行擦拭。注意湿布应尽量干，避免残留水渍，擦拭完毕应该用电吹风吹干。

8. 清洁外围插头、插座

对于这些外围插座，一般先用毛刷清除浮土，再用电吹风清洁。如果有油污，可用脱脂棉球蘸无水酒精去除。

注意：清洁时一定要使用挥发性好的中性清洁剂，因为酸性物质会对设备有腐蚀作用。

9. 清除电源的灰尘

电源是非常容易积灰的设备,而且受温度影响严重。拆解电源时一定要注意内部高压,如果没有一定的专业知识,不要强行私自拆开。可以用吹风机强挡对着电源进风口吹出尘土,并用硬毛刷隔着风扇滤网清洁一下风扇叶片。

注意: 某些设备不允许用户自行拆卸,否则厂商将不予保修,拆卸前要联系设备生产商进行确认。各部件要轻拿轻放,尤其是硬盘,切不可磕碰;上螺钉时应松紧适中,在需要部位垫上绝缘片;除尘维护后重新将硬件装入机箱,接上电缆和电源,在不盖机箱的情况下先试运行一下系统,查看各风扇运转是否正常,以及是否有插接不牢或异响。

五、机房中设备的整理要求

1. 日常维护的主要工作

(1) 开机前检查机器运行的环境条件是否满足要求。

(2) 电源电压是否正常。

(3) 机器设备的开关、连线,插头插座等是否正常,有无错位、松动。

(4) 开机后检查设备的各种指示和运行状况是否正常。

(5) 做好设备清洁工作。

2. 周维护的主要工作

(1) 清除设备表面灰尘和机内卫生。

(2) 检查设备主要性能,发现问题及时解决或通知维修部门解决。

(3) 清理磁盘空间,删除过期文件。

3. 月维护的主要工作

(1) 运行诊断程序或用仪表对设备进行全面、认真检查,调整机器有关参数和指标。

(2) 用吸尘器清洁机内灰尘。

(3) 对电源、空调系统、接地系统等运行环境进行系统检修。

4. 年维护的主要工作

(1) 清除工作间地板下和走槽里的灰尘,检查线缆的完好性和隔离性,更换老化、变质和绝缘不好的线缆。

(2) 检查机房内的防火、防水、防盗等设施和安全警报装置。

(3) 全面检查电源、空调、接地等系统并进行全面检修。

(4) 对设备的软、硬件性能进行全面测试,调整有关参数,并按上级统一要求进行系统参数的调整。

(5) 校正各种设备仪表等。

2.2.2 机房带电清洁

 学习目标

➢掌握带电清洁的内容、优点和必要性
➢掌握带电清洁的注意事项和安全保障
➢了解带电清洁剂的一些性能要求
➢能够进行带电清洁
➢能够监控、验收带电清洁工作

一、带电清洁工作概述

1. 带电清洁的概念

带电清洁是指应用特制的专用清洁剂配合相应的设备及检测仪器，在各种精密电子设备、电力机械设备等正常运行的情况下对其直接喷洗，迅速去除因各种原因黏附在这些设备内部和表面的综合污染（如灰尘、油烟、潮气、盐分、累积静电及各种带电粒子等），消除由于综合污染所引起的"软性故障"，提高这些设备的运行安全可靠性，使它们恢复到最佳的工作状态，并延长设备的使用寿命（见图2—6）。

图2—6 带电清洁

2. 带电清洁的必要性

精密电子设备在长期的连续运行过程中，因大气中漂浮的各种尘垢、金属盐类、油污等综合污染物，通过物理的吸附作用，微粒的重力沉降作用淀积于精密电子设备表面，而造成精密电子设备的严重污染，使精密电子设备的散热能力下降，影响其运行质量和运行可靠性。这些污染物还对设备内的电路形成附加的"微电路效应"，导致"缓慢腐蚀"作用，不同程度地引起精密电子设备的接触不良、阻抗降低、漏电、短路、误码、坏板等现象，造成线路能量损耗、传输信号减弱、传输速率和质量的不稳定等软性故障率的升高。

计算机若不进行定期的清洗和养护，极易导致运算速度下降，运行失常，数据传输紊乱，甚至频繁死机，尤其对网络影响更大。事实证明，许多故障根本无须维修，只需进行彻底清洗即可排除。

许多控制设备由于发热量大，一般都采用风扇送风强制冷却，这势必导致空气中大量的尘埃随着气流带到器件表面，被强烈的静电吸附在器件上，长时间运行，器件上覆盖的尘污越来越厚，严重影响器件的性能及灵敏度，导致电器无法正常运作，甚至烧毁。在设备受到污染而无法正常运转又不能停电时，应用安全带电清洗可消除或减弱静电，提高绝缘性能，清除有害物质，有效改善电触点的接触效果，避免故障，使设备处在最佳运作状态，延长设备的使用寿命。

带电清洁剂的原料是根据污染物质的性质来确定的，污染物质分为：极性水溶性残留物、非极性水溶性残留物、非极性非水溶性残留物。使用含有极性和非极性的溶剂，对极性水溶性、非极性水溶性、非极性非水溶性的各类污染物都能很好地溶解，使清洗达到满意的效果。

3. 带电清洁的优点

（1）带电清洗技术可在不断电、免拆卸情况下，对各类电子仪器设备进行高效、彻底的清洁维护，提高仪器工作效率、改善仪器运行环境。

（2）能够降低用电量15%～35%，有效节省电费，大大降低故障率，减少维修费用，预防火灾爆炸事故。

（3）能够延长使用寿命至少2～5年。

（4）对电子仪器设备无任何损害。操作方便快捷，强效去除尘埃、油污、带电粒子、盐分等。清洗后电路板和元器件洁净如新，恢复最佳运行状态。

二、带电清洁安全保障

带电清洁的安全保障工作要求见表2—1。

表2—1　　　　带电清洁的安全保障工作要求

序号	项目	要求	备注
1	人员资质	具备连续两年安全作业记录	
2	清洗工具	不形成磁电干扰，安全实用	
3	现场勘察	现场勘察详细记录，资料检索	
4	作业方案	具体到位，逐板进行清洗，如有拔板应注意主备倒换	
5	严密组织	现场配合有序，分工合理	

续表

序号	项目	要求	备注
6	开工准备	设备检测，数据备份，应急措施落实	
7	施工流程	严格执行方案，人员不得携带金属或产生电磁干扰的物品进入机房	
8	清洁剂	1. 带电清洁剂具有高绝缘（5.5×10^7 Ω），不影响电器工作，满足带电清洗要求，耐高压（22 kV），不导电，不短路，不降低元器件特性 2. 对各种材料诸如橡胶、塑料、金属和其他饰面均无腐蚀。对人体无毒害，并已获得省级环保证书；无污染，pH 值为 7（中性，符合国家环保规定）	
9	协调分工	施工及监护人员，主备倒换，预防静电	
10	过程监控	监测设备正常运行或告警，作业温度异常	
11	应急措施	准备好易耗电路板及模块等抢修器材	
12	作业现场	井然有序，施工完毕主要机房清理整洁	

三、带电清洁剂性能要求

带电清洁剂性能要求见表 2—2。

表 2—2　　　　　　　　　带电清洁剂性能要求

序号	性能		要求	备注
1	安全性能	闪点	无闪点：60℃以下未检测到闪点	
		燃烧性	不燃烧	
		凝露	清洗时温度变化无凝露现象产生	
		冰晶效应	清洗时无冰晶效应	
2	电性能	耐压强度	25～35 kV 绝缘电阻	
		绝缘电阻	$1\sim10^{13}$ Ω	
		动态绝缘值	对设备连续喷射 5 s 绝缘值应在 1 MΩ 以上	
3	腐蚀性能		①对所有的金属无锈蚀 ②对塑料均无异常变化 ③残留量：0.000 00 ④pH 值：中性	
4	清洗能力		对各种极性、非极性物质都有很好的清洗能力。KB 值>68	
5	环保性能		①联合国环境规划署指定的关于消耗臭氧层物质：无 ②清洗剂在大气中的寿命：<10 年 ③臭氧耗减潜能值（ODP）≤0.03 ④全球变暖潜能值（GWP）≤0.1	

四、常用带电清洁方式和方法

1. 常用的带电清洁方式

（1）脱机清洗

按规定程序将电路板和单元件脱开设备，对其进行全方位清洗。用此法清洗最为彻底，可达到 A 级洗净度。

（2）部分脱机部分在线清洗

对具有主、备份的部分，根据具体情况可采用倒换方法进行脱机清洗，其余部分在线清洗。

（3）在线清洗

全部采用在线清洗。此法对清洁剂难以喷到的部位，会降低洗净度。

2. 清洗方法

根据设备污染程度不同和结构不同，可运用以下方法：

（1）先雾状喷洗再柱状喷洗

此法适用于污垢较厚时，先用雾状喷洗法，让清洁剂充分浸润污垢，使污垢微粒间相互绝缘，悬浮灰尘不再飞起，再以柱状喷洗方法彻底清洗。

（2）自上而下清洗

此法适用于轻度污染状况的清洗。

（3）自下而上清洗

此法适用于中度和重度污染状况下的清洗，可避免污染物自上而下的堆积。

（4）层间和底部回收法

此法用于在线清洗全过程，在机柜的机框层间和机柜底部插入防静电回收纸，将每一层清洗的污染物落入其上，最后抽走。

（5）窄缝隙清洗法

当设备面板缝隙在 3～5 mm 时，采用专用喷枪延伸管或手持喷压罐及细延伸管进入电路板间，进行双向侧面喷洗。

（6）无缝隙清洗法

当设备面板无缝隙时，可将专用喷枪延伸管自机柜机框层间缝隙或自机柜背面适当空间进入电路板间，进行双向侧面喷洗。

3. 带电清洁的注意事项

（1）清洗设备的现场，要注意通风换气。

（2）对异常发热及有严重污垢的部件，不宜带电清洗。

(3) 带电清洗时,要保证清洗机及手压喷壶内无丝毫水分。

(4) 不要将橡胶和塑料部件长时间浸泡在 HR-888 中。

(5) 废液可助燃,应小心排放,空罐勿投入火中。

(6) 环境湿度大、设备表面潮湿或漏电请停电清洗。

(7) 将清洗液存放在 40℃ 以下的地方。

(8) 大规模作业时,请注意通风,冠心病、高血压患者不宜长时间在清洗现场。

清洁过程如图 2—7 所示。

图 2—7 清洁过程

五、清洗对象安全监控

通信设备机房的环境参数是与带电清洗密切相关的重要参数。在制定清洗方案前,必须对设备和机房的如下参数和状况进行测试:

1. 机房温度和相对湿度

采用标准温湿度表测试,根据此参数确定在线清洗时的清洗温差范围 Δt,应符合控制标准。

(1) 温度

机房的环境温度要控制在 $10\sim 30℃$,有条件的学校应给微机房配备空调,并且注意保持机房内空气的流通。

(2) 湿度

湿度对计算机设备的影响也同样明显。

1) 当相对湿度较高时,水蒸气在电子元器件或电介质材料表面形成水膜,容易引起电子元器件之间形成通路,或使设备内部焊点及接插件等电阻值增大,造成接触不良。

2) 当相对湿度过低时,容易产生较高的静电电压。试验表明:在计算机机房中,如相对湿度为 30%,静电电压可达 5 000 V;相对湿度为 20%,静电电压可达 10 000 V;相对湿度为 5% 时,静电电压可达 20 000 V,而高达上万伏的静电电压对计算机设备的影响是显而易见的。

2. 设备局部最高温度

采用激光对准红外测温仪，可准确找出设备局部的最高温度及部位，以此作为清洗温差范围 Δt 的调整参数，并能在清洗前发现设备局部温度超标的部位，以便采取必要措施。

3. 静电分布

采用数字静电电压表测试设备表面和机房环境的静电分布，为干洗工艺提供依据。

4. 表面阻抗

采用表面阻抗仪测试设备表面和机房地面及家具的表面阻抗，以确定清洗对象的抗静电能力。

5. 污染度

采用取样（电路板）清洗法和图像对比法，确定清洗对象的污染度。

通过对通信设备较为全面的清洗，不仅可有效地消除因"综合污染"引起的软性故障，恢复正常的散热能力，降低"障碍率"和"误码率"，提高"话务接通率"，也完成了对通信设备快捷而有效的"健康维护"，使其在最佳状态工作。

六、验收带电清洁结果

1. 自检

（1）所有因清洗需要临时拆卸或打开的机架、电路板、插件平台、散热风机、过滤网、机规门等单元，以及插头（座）、连接线、接线柱、螺钉等附件必须正确复位，相应标识清晰、正确。

（2）设备表面、电路板、元器件、裸露接插件、电缆、走线槽、机架顶部、机架横梁等所有被清洗表面，均应无明显的附着污垢。

（3）清洁工作现场和机房地面。

清洁之后的机柜如图2—8所示。

2. 用户验收

（1）全部清洗过程安全、可靠，清洗工作对设备无干扰，无功能紊乱。

（2）所有被清洗表面、电路板、元器件、电缆、接插件等均无腐蚀、无损伤。

（3）洗净度 Q 应全部达到 A 级。

（4）累积静电消除率 $K \geqslant 98\%$。

图2—8 清洁之后的机柜

(5) 软行故障消除率 $R>70\%$。
(6) 坏板率 H 降低 50% 以上。
(7) 不合格项现场整改。
(8) 填写《精密电子设备清洗工程报告》，在用户签署意见后，双方各执一份存档。

3. 检测设备的带电清洁程度

设备进行带电清洁给定以下结果，表明带电清洁成功。
(1) 带电清洗后对系统正常运行无影响。
(2) 带电清洗后通信设备清洁度有明显改善。
(3) 清洗后对提高设备散热效率、降低设备意外故障率、预防安全事故具有积极的效果。

2.3 空调的管理与维护

2.3.1 空调系统的维护管理

 学习目标

➢ 掌握空调基本管理、保养、维护方法
➢ 掌握空调基本维护的内容
➢ 能够管理和维护 100 m^2 机房的空调

一、空调简介

机房内必须保持一定的湿度和温度，并有良好的通风条件。为此，机房应配备专业空调及抽风机，以满足计算机及其他设备正常工作时对温度、湿度的要求。

机房精密空调系统是保证良好机房环境的最重要设备，应采用恒温恒湿精密空调系统。机房精密空调系统的任务就是保证机房设备能够连续、稳定、可靠地运行，需要排出机房内设备及其他热源所散发的热量，维持机房内恒温恒湿状态，并控制机房的空气含尘量。

机房专用空调对创建环境机房，及设备具有更高的可靠性和稳定性至关重要。对它的设计和解决方案的实施，都应以机房里运行的设备为核心。具体采用几台机房专用空调还要全面考虑设备的发热量、发热特点、机房面积等因素。中小型机房中使用的专用空调如图2—9所示。

图2—9 中小型机房中使用的专用空调

二、空调的基本管理

（1）空调设备一般应有专用的供电线路。供电电压波动范围不应超过设备标称值的±10%，当电压超过时，应安装自动调（稳）压装置。三相电压不平衡度≤4%。

（2）空调设备应有良好的保护接地，接地电阻值≤10 Ω。

（3）建立健全各项必要而简明的规章制度，并认真组织落实，如岗位责任制，设备使用操作制，交接班制等，这些制度是使设备正常运行的必要手段，如果缺乏，就会造成管理混乱，导致设备寿命大大缩短。

（4）建立设备预修计划制度，编制修理计划，修理卡片，设备修理工艺及内容，组织易损备件的供应等，都应纳入管理的范畴。

（5）加强测试手段，在空调设备运行一定时期后，技术性能及各项技术指标要发生变化，因此定期对设备进行性能实测很有必要。要有对空调装置进行测试的必要仪器和检测手段，通过实测及运行时间的测算，确定维修时间及维修内容。

三、空调的保养

1. 使用期的保养

（1）定期清洁过滤网，一般两星期一次，在多尘地区应更频繁。如空调器配有除臭、除尘过滤网，应按说明书提示定期清洗、更换。

（2）如本地区电压长期不稳定（表现为日光灯启动困难，风扇转速变慢等），会影响到空调器的正常使用和寿命，用户最好能自配稳压器。

（3）空调器内机附近不可有热源，否则即可能影响空调性能，又会使内机塑料件发生变形，影响美观的同时也增大了噪声。

（4）空调器表面的除尘应在切断电源的情况下，用干布抹，切不可用水冲洗。

2. 停用期的保养

（1）长期停用之前，应开通风挡，把室内机中的水分吹干。

（2）拔掉电源插头，取出遥控器内的电池。

（3）有条件时，用罩子把内、外机罩起来，以保持室内、外换热器的清洁。在使用季节到来之前，要对空调作番检查。首先拿掉盖在内、外机上的罩子，把室内、外的进风口、出风口上的障碍物移走，再装上遥控器电池，接通空调器电源，开机后观察空调运行是否正常。

四、空调的基本维护

精密的电气设备需要合理使用，精心维护。这就要求机房的专用空调要为机房营造一个适宜的机房环境，保证设备长寿命、高可靠地运行，为机房其他设备起到提供良好环境的作用。

机房内必须保持一定的湿度和温度，并有良好的通风条件。为此，机房应配备专业空调及抽风机，以满足计算机及其他设备正常工作时对温度、湿度的要求。现在很多设备供应商都会在手册上标注最适合运行的温湿度，通常情况一般都是在22℃以及50%的湿度。

空调的构成除了最主要的压缩机、冷凝器、膨胀阀和蒸发器之外，还包括风机、空气过滤器、加湿器、加热器、排水器等。因此，在日常的机房管理工作中应加强对空调的管理和维护。

1. 空调基本维护的内容

（1）机房环境检查。

（2）电器部分的检查。

（3）控制系统的维护。

（4）压缩机的巡回检查及维护。

（5）冷凝器的巡回检查及维护。

（6）蒸发器、膨胀阀的巡回检查及维护。

（7）加湿系统的巡回检查及维护。

（8）空气处理部分。

2. 100 m^2 机房空调的管理和维护方法

100 m^2 机房空间可选用两台机房专用空调如图 2—10 所示。在夏天特别热的时候开两台空调，平时把一台空调作为备份机，机房常年保持22℃左右的温度。

空调选用风冷去湿型，实现机房温度夏季 20～24℃，冬季 18～22℃，湿度

45%～65%，温度变化率＜5℃/h，而且不结露，制冷量约为 40 kW，整机电功率约为 12 kW。

(1) 机房环境的检查

1) 检查回风状况，比较回风与机房内的温、湿度。

2) 检查漏风洞口并及时封堵。

3) 测量地板下送风状况，避免送风受阻。

4) 检查地板下排水管有无堵塞、溢水。

图 2—10　选用的两台机房专用空调

5) 检查机房间内是否保持在正压，以保证房间内的清洁。

(2) 电器部分的检查

1) 检测供电电源的稳定性。

2) 检查接地线，接地电阻不大于 10 Ω。

3) 检查温湿度及其他设定是否符合要求。

4) 查看报警记录及现有报警，观察温湿度运行曲线。

5) 检查显示面板各显示灯是否正常。

6) 检查温、湿度传感器是否清洁。（可以将其从支架上取下，用软毛刷或用压缩空气吹净）。

(3) 控制系统的维护

1) 从空调系统的显示屏上检查空调系统的各项功能及参数是否正常。

2) 如有报警，要检查报警记录，并分析报警原因。

3) 检查温度、湿度传感器的工作状态是否正常。

4) 对压缩机和加湿器的运行参数要做到心中有数，特别是每天早上第一次巡检时，要把前一天晚上压缩机的运行参数和以前同一时段的参数进行对比，看是否有大的变化，根据参数的变化可以判断计算机机房中的设备运行状况是否有变化，以便合理地调配空调系统的运行台次和调整空调的运行参数。

(4) 压缩机的巡回检查及维护

1) 听。用听声音的方法，能较正确的判断出压缩机的运转情况。因为压缩机运转时，它的响声应是均匀而有节奏的。如果出现不均匀噪声，即表示压缩机的内部机件或汽缸工作情况有了不正常的变化。

2) 摸。用手摸的方法，可知压缩机的发热程度，能够大概判断是否在超过了规定压力、规定温度的情况下运行。

3) 看。主要是从视镜观察制冷剂的液面，看是否缺少制冷剂。

4)量。主要是测量在压缩机运行时的电流及吸、排气压力,能够比较准确判断压缩机的运行状况。

对压缩机还需要检查高、低压保护开关、干燥过滤器等其他附件。

(5) 冷凝器的巡回检查及维护

1) 对专业空调冷凝器的维护即相当于对空调室外机的维护。需要检查冷凝器的固定情况,即查看冷凝器的固定件是否有松动的迹象,以免对冷媒管线及室外机造成损坏。

2) 检查冷媒管线有无破损的情况(当然从压缩机的工作状况及其他的一些性能参数也能够判断冷媒管线是否破损),检查冷媒管线的保温状况,特别是在北方地区的冬天,这是一件比较重要的工作,如果环境温度太低而冷媒管线的保温状况又不好的话,对空调系统的正常运转有一定的影响。

3) 检查风扇的运行状况。主要检查风扇的轴承、底座、电动机等的工作情况,在风扇运行时是否有异常振动,风扇的扇叶在转动时是否在同一个平面上。

4) 检查冷凝器下面是否有杂物影响风道的畅通,从而影响冷凝器的冷凝效果;检查冷凝器的翅片有无破损。

5) 检查冷凝器工作时的电流是否正常,从工作电流也能够进一步判断风扇的工作情况是否正常。

6) 检查调速开关是否正常,一般的空调冷凝器都有两个调速开关,分为温度和压力调速。比较新的控制技术采用双压力调速控制,检查调速开关时主要是看在规定的压力范围内,调速开关能否正常控制风扇的启动和停止。

(6) 蒸发器、膨胀阀的巡回检查及维护

蒸发器、膨胀阀的维护主要是检查蒸发器盘管是否清洁,是否有结霜的现象出现,以及蒸发器排水托盘排水是否畅通。

如蒸发器盘管上有比较严重的结霜现象或在压缩机运转时盘管上的温度较高(通常状况下,蒸发器盘管的温度应该比环境温度低10℃左右),应当检查压缩机的高、低压,如果压力正常,就应考虑膨胀阀的开启量是否合适。

出现结霜现象或在压缩机运转时盘管上的温度较高也有可能是其他环境原因引起的,比如空调的制冷量不够、风机故障引起风速过慢等。

(7) 加湿系统的巡检及维护

1) 由于各个地方的空气环境不同,对加湿器的使用和影响也不一样,但在日常的维护工作中同样要做的事情是观察加湿罐内是否有沉淀物质,如有就要及时冲洗。因为现在空调的加湿罐一般都是电极式的,如沉淀物过多而又不及时冲洗的话，就容易在电极上结垢，从而影响加湿罐的使用寿命。现在有些加湿罐的电极是可以更换的。

2）检查上水和排水电磁阀的工作情况是否正常。在加湿系统工作的过程中，有一种情况经常出现，但又不容易判断，即在空调系统正常工作时，由于某种原因出现了一段时间的停水，后又恢复供水，而恢复供水后加湿罐不能够正常上水。出现这种现象的原因有多种，并且大多数情况下直接对加湿系统复位通常不能够解决问题；根据多年来的维护来看，引起这种现象的主要原因是停水后的空气进到进水电磁阀前端，对进水电磁阀的正常开启造成了一定的影响。解决这种问题有两种比较有用的办法，一是卸开进水口，排掉空气；二是关掉加湿系统的电源，重新给电磁阀上电。

3）检查加湿罐排水管道是否畅通，以便在需要排水和对加湿罐进行维修时顺利进行。

4）检查蒸汽管道是否畅通，保证加湿系统的水蒸气能够正常为计算机设备加湿。

5）检查漏水探测器是否正常，这对加湿系统来说是比较重要的一环，因为排水管道如果不畅通的话就容易出现漏水的情况，如漏水探测器不正常的话，就易出现事故。对一般的空调系统而言，漏水探测器是选件，如空调系统未配有漏水探测器，那么更要注意监测排水管道是否畅通，同时也要做好机房防水墙的维护工作。

(8) 空气处理部分

对空气循环系统主要是考虑空调系统的过滤器、风机、隔风栅及到计算机设备的风道等因素。

1）计算机机房经常有设备移动的现象，在设备移动后应及时检查机房内的气流状况，看是否有气流短路的现象发生，同时在新设备的位置是否存在送风阻力过大的情况。如有上述现象应及时调整，如果实在调整不过来，应建议设备移到新的合适的位置。

2）检查风机的运行状况。主要是检查以下内容：风机各部件的紧固情况及平衡，检查轴承、传动带、共振等情况。

对风机的检查应该特别仔细，因为蒸发器的热交换过程主要是由在风机的作用下使快速流动的气流经过低温的蒸发器盘管来完成的，从而使空调达到制冷的效果，所以风机是否正常运行反映着空调系统是否正常运行。

对风机而言最重要的就是电动机了，因此在日常维护中首先应查看其传动带的状况、主从动轮是否在同一面上等；传动带调整的松紧程度要合适，太松容易打滑，太紧对传动带的磨损太快，传动带的松紧跟外部对静压的需求也有比较大的关系，当然这种调整是在空调系统控制的范围之内进行的；现在部分比较先进的空调系统采用了一体化的风机，就解决了传动带调整的问题。

3）测量电动机运转电流，看是否在规定的范围内，根据测得的参数也能够判断电动机是否正常运转。

4）测量温、湿度值，与面板上显示的值进行比较，如有较大的误差，应进行温度、湿度的校正，如误差过大应分析原因。出现上述情况有两种原因：一是控制板出现故障，二是温度、湿度探头出现故障，均需要更换。

5）检查蒸发器是否结霜或脏污。因为结霜或脏污的蒸发器其换热效率将导致制冷量严重衰减，增加设备的工作运行时间。

6）检查空气过滤网，视情况定期清洗或更换。空气滤网脏堵会造成风量不足，严重时产生无气流报警，导致设备停机。而一般情况下脏堵的严重程度是逐渐增加的，因此，在产生无气流报警之前，设备将会有一些不正常的反应，如蒸发器结霜；设备长时间运行却很难维持设定的温度、湿度等；不符合要求的过滤网其过滤效果难以保证，直接危及蒸发器，从而影响其换热效率。温湿度传感器在滤网下部，也会受到不同程度的污染，使其所感应的温、湿度误差较大，以至造成损坏。

7）检查隔风栅的关闭情况是针对已经停机的空调而言的，这也是在日常维护工作中比较容易遗漏的一个环节，但也是一个比较重要的环节。因为一台空调停止运行，如果隔风栅未关闭，其温度、湿度探头检测到的是其他空调的出口的温度和湿度，在空调下一次开启时控制系统就会根据其先前检测到的参数而对空调系统的运行情况做出控制，这时空调控制系统就会对压缩机、加湿、除湿系统地运行情况做出错误的指令。现在大多数空调设计时都没有考虑这种状况对空调系统的影响，因为这种影响的时间较短，在较短的时间内系统会根据新的信息达到正常的运行状况，所以没有设计隔风栅。这种影响虽然较小，但在要求很高的计算机机房中最好不要让系统出现一段时间的错误运行，可以为空调系统人为地增加隔风栅。

8）检查计算机及其他需要制冷的设备进风侧的风压是否正常。随着计算机设备的搬迁和增加，地板下面的线缆的增加有可能影响空调系统的风压，从而造成计算机及其他设备跟前的静压不够，这就需要设备维护和管理人员对空调系统的风道做出相应的调整或增加空调设备。

（9）注意事项

1）散热器或者风扇用来保证空调设备在它允许的温度下运行。温度的变化率很高，或者忽高忽低都会影响设备的使用寿命；湿度过高会产生冷凝水造成短路，湿度过低会造成静电过高。

2) 静电被称为"电子元件的杀手"。美国曾做过统计，电子元件的故障最大的危害来自静电，这一比例高达47%。因此，保持机房湿度的平衡以减轻静电危害非常重要。

2.3.2 空调系统常见故障的排除

 学习目标

➢掌握空调系统常见的故障现象
➢能够排除空调系统常见故障

一、常见故障现象

1. 漏

(1) 制冷剂泄漏。
(2) 电气（线路、机体）绝缘破损引起的漏电等。

2. 堵

(1) 制冷系统的脏堵与冰堵。
(2) 空气过滤器堵塞。
(3) 进风口、出风口被障碍物堵塞等。

3. 断

(1) 电气线路断线。
(2) 熔断器熔断。
(3) 由于过热或电流过大引起过载保护器的触点断开。
(4) 由于制冷系统压力不正常引起压力继电器的触点断开等。

4. 烧

(1) 压缩机电动机的绕组被烧毁。
(2) 风扇电动机的绕组被烧毁。
(3) 电磁阀线圈、继电器线圈和触点等被烧毁。

5. 卡

压缩机卡住、风扇卡住、运动部件的轴承卡住。

6. 破损

压缩机阀片破损、活塞拉毛、风扇扇叶断裂以及各种部件破损。

二、空调故障判断的基本方法

1. 看

仔细观察空调器各部件的工作情况，重点观察制冷系统、电气系统、通风系统三部分，判断它们工作是否正常。

（1）制冷系统

1）观察制冷系统各管路有无裂缝、破损、结霜与结露等情况。

2）制冷管路之间、管路与壳体等有无相碰或摩擦。

3）特别注意制冷剂管路焊接处，接头连接处有无泄漏，凡是泄漏处就会有油污（制冷系统中有一定量的冷冻机油），也可用干净的软布、软纸擦拭管路焊接处与接头连接处，观察有无油污，以判断是否出现泄漏。

（2）电气系统

观察电气系统熔丝是否熔断，电气导线的绝缘是否完整无损，电路板有无断裂，连接处有无松脱等。特别要观察电气连接是否接触良好，因接线螺钉、插接件极易松脱造成接触不良。

（3）通风系统

1）观察空气过滤网、热交换器盘管和翅片是否积尘过多。

2）观察进风口、出风口是否畅通，风机与扇叶运转是否正常。

3）观察风力大小是否正常等。

2. 听

通电开机细听空调器压缩机运转声音是否正常，有无异常声音，风扇运转有无杂音，噪声是否过大等。空调器在运行中，振动轻微、噪声较小为正常，一般在50 dB以下。如果振动和噪声过大，可能原因如下：

（1）如支架尺寸与机组不符、固定不紧或未加减振橡胶、泡沫塑料垫等，均可使空调器在运转时振动加剧、噪声变大。尤其在刚启动和停机时表现得最为显著。

（2）压缩机不正常振动。底座安装不良，支脚不水平，防振橡胶或防振弹簧安装不良或防振效果不佳等。如果压缩机内部发生故障，如阀片破碎、液击等也会发出异常声音。

（3）风扇碰击。风扇叶片安装不良或变形会引起碰撞声。风扇可能与壁壳、底盘相碰，风扇的轴心窜动，叶片失去动平衡，风扇内有异物，叶片与之相碰都会发生撞击声。

3. 摸

用手摸空调器有关部位感受其冷热、振颤等情况，有助于判断故障性质与部位。正常情况下，冷凝器的温度是自上而下逐渐下降，下部的温度稍高于环境温度。

若整个冷凝器不热或上部稍有温热，或虽较热但上下相邻两根管道温度有明显差异，均属不正常。蒸发器在正常情况下，将蘸有水的手指放在蒸发器表面，会有冰冷粘住的感觉。

干燥器、出口处毛细管在正常情况下应有温热感（比环境温度稍高，与冷凝器末段管道温度基本相同），如感到比环境温度低或表面有露珠凝结及毛细管各段有温差等均不正常。正常情况下，距压缩机 200 mm 处的吸气管，其温度应与环境温度差不多。

4. 测

为了准确判断故障的性质与部位，常常要用仪器、仪表检查测量空调器的性能参数和状态。如用检漏仪检查有无制冷剂泄漏；用万用表测量电源电压、各接线端对地电压及运转电流是否符合要求，由计算机控制的空调器，还应测量各控制点的电位是否正常等。

5. 析

经过上述几种检查手段所获得的结果，大多只能反映某种局部状态。空调器各部分之间是彼此联系、互相影响的，一种故障现象可能有多种原因，而一种原因也可能产生多种故障。

因此，对局部因素要进行综合比较分析，从而全面准确地确定故障的性质与部位。如制冷系统发生泄漏或堵塞，都会引起制冷系统压力不正常，造成制冷（制热）量下降。但泄漏必然引起制冷剂不足，使高压和低压的压力都降低；而堵塞发生在高压部分，则会出现高压升高、低压降低现象，可根据故障现象加以区别，从而判断是漏还是堵。

注意：与噪声大小相关的循环风量，是一个容易被消费者忽略的问题。循环风量，就是指空调在一定时间内从入风口吸入并从出风口排出的空气体积，一般以 m^3/s 或 m^3/h 为单位。在空调压缩机制冷（热）量相同的情况下，循环风量越大的空调，对房间温度的调节能力越强。但是循环风量的增大需要室内机风扇转速加大，扇叶半径更大，这样噪声值就上去了。因此，有些空调的低噪声值是以降低循环风量、牺牲制冷（热）能力为代价的，消费者在购买时要比较一下循环风量的大小。

三、空调系统常见故障的排除方法

1. 空调的出风量变小，冷气输出不足

故障原因1：进气孔未关闭或系统中制冷剂不充足。

排除方法：关闭进气孔，添加制冷剂。

故障原因2：冷凝器线圈与散热片不清洁或鼓风机通道阻塞、进气滤芯阻塞、蒸发器阻塞。

排除方法：清洁冷凝器线圈与散热片，清通鼓风机通道、进气滤芯和蒸发器。

2. 无冷气，不能制冷

故障原因1：压缩机驱动皮带松动或断裂。

排除方法：拉紧或更换压缩机驱动皮带。

故障原因2：熔丝或熔丝连接导线断开。

排除方法：连接熔丝或熔丝连接导线。

故障原因3：冷凝管路和压缩机油封泄漏。

排除方法：密封冷凝管路和压缩机油封。

3. 压缩机长时间运行而不能自停

故障原因1：制冷剂量不足，制冷剂全部或部分泄漏。

排除方法：查出泄漏部位，补漏，将制冷系统重新抽真空，加入制冷剂等。

故障原因2：过滤器堵塞。

排除方法：更换过滤器，制冷系统重新抽真空、加入制冷剂等。

4. 压缩机不能运行

故障原因1：电源故障。

排除方法：用万用表、电笔逐项检查排除故障。熔丝坏则更换熔丝，电线断则更换电线。

故障原因2：电源电压太低。

排除方法：用万用表测量电压值，必要时配用电源稳压装置。

故障原因3：电线连接松脱或断路。

排除方法：检查电线连接部位，松脱的接插件应重新插牢、插紧。

5. 风机不能运行

故障原因1：主控开关接触不良。

排除方法：用万用表测量主控开关触点电阻，电阻太大或为零时，应作修复或

更换处理。

故障原因2：风扇电机线圈损坏。

排除方法：用万用表检查，更换相同规格、相同转速的风扇电动机。

故障原因3：风机的电机与风叶间紧定螺钉松脱。

排除方法：拧紧螺钉。

故障原因4：风扇电容器断路或短路。

排除方法：检查电容器，更换相同规格的电容器。

6. 压缩机起动与停止频繁

故障原因1：室温控制值设置不当。

排除方法：适当增大室内控制温度与原室温之间的差值。

故障原因2：环境温度过高。

排除方法：改善工作环境，如设置遮栅，避免阳光直晒，将空调器安装在通风良好的环境中。

故障原因3：冷凝器太脏。

排除方法：清洗冷凝器，去除冷凝器外表面的尘埃。

7. 冷暖型空调器制冷制热调节失灵

故障原因1：电磁换向阀线圈故障。

排除方法：用万用表测量电磁换向阀线圈，若属线圈短路或烧毁，应更换新的同规格电磁阀。

故障原因2：电加热装置故障。

排除方法：用万用表检查，更换相同规格的电加热丝或温度保护器。

故障原因3：温度控制器失灵。

排除方法：用万用表检查温控器，对触点作除锈污处理后如依然无效，则应更换相同规格的温度控制器。

8. 空调器噪声和振动较大

故障原因1：固定螺钉松动或脱落。

排除方法：检查螺钉松动的地方，并将其拧紧。

故障原因2：压缩机管路相碰。

排除方法：用手适当调整高、低压管的开头或者在易相碰的管子上套上橡皮管，以免相碰时发出异常噪声。

9. 漏水

故障原因1：窗式空调器安装水平倾斜角度不够。

排除方法：将窗式空调器重新按正确方法安装。

故障原因2：排水管堵塞。

排除方法：排除堵塞脏物。

故障原因3：室内机安装不水平。

排除方法：重新正确安装室内机。

本章思考题

1. 机房的环境有哪些要求？
2. 如何测试安装UPS？
3. 如何清洁机房中的设备？
4. 带电清洁有什么要点？
5. 带电清洁的安全保障是什么？
6. 带电清洁后，如何验收？
7. 机房空调的作用是什么？
8. 如何排除空调不能制冷等问题？

第3章

网络线路运行维护

本章主要介绍网络线路的运行,包括常用局域网线缆的基本参数;常用局域网接口类型与特点;检查局域网中的常用线缆;检查配线设备的状态;网络线路维护;接入线路的运行包;路由器和防火墙的检查。

3.1 局域网线路运行维护

3.1.1 局域网线路运行

 学习目标

- ➢掌握常用局域网中线缆的基本参数,包括双绞线、同轴电缆和光纤
- ➢掌握常用线缆的接口类型与特点
- ➢掌握检查双绞线等常用电缆状态的方法
- ➢掌握检查配线架状态的方法

一、常用的局域网线缆

网络线缆(Network Cable)就是网络连接线,是从一个网络设备(例如计算

机）连接到另外一个网络设备的传递信息的介质，是网络的基本构件。常用局域网中的网线具有多种类型，如双绞线、同轴电缆、光纤。网络信息还可以利用无线电系统、微波无线系统和红外技术传输。

在通常情况下，一个典型的局域网一般是不会使用多种不同种类的网线来连接网络设备的。在大型网络或者广域网中为了把不同类型的网络连接在一起就会使用不同种类的网线。在众多种类的网线中，具体使用哪一种网线要根据网络的拓扑结构，网络结构标准和传输速度来进行选择。

对于正确的设计和建设网络，了解网线的种类和特征是很重要的，下面主要介绍网络工程中最常用的有线线缆：双绞线、同轴电缆和光缆。

1. 双绞线

（1）概述

双绞线（TP：Twisted Pairwire）是综合布线工程中最常用的一种传输介质。双绞线由两根具有绝缘保护层的铜导线组成，把两根绝缘的铜导线按一定密度互相绞在一起，可降低信号干扰的程度，每一根导线在传输中辐射的电波会被另一根线上发出的电波抵消。

双绞线一般由两根 22～26 号绝缘铜导线相互缠绕而成，将一对或多对双绞线放在一个绝缘套管中便成了双绞线电缆。电缆护套外皮有非阻燃（CMR）、阻燃（CMP）和低烟无卤（LSZH）3 种材料。线缆的外套如果含有卤素，则不易燃烧（阻燃），在燃烧过程中会释放有毒气体。电缆的护套如果不含卤素，则易燃烧（非阻燃），但在燃烧过程中释放的有毒气体少。应根据建筑物的防火等级，选择适合的双绞线的护套类型。

在双绞线电缆（也称双扭线电缆）内，不同线对具有不同的扭绞长度，一般地说，扭绞长度在 38.1 cm 至 14 cm 内，按逆时针方向扭绞，相临线对的扭绞长度在 12.7 cm 以上。与其他传输介质相比，双绞线在传输距离、信道宽度和数据传输速度等方面均受到一定限制，但价格较为低廉。

目前，双绞线按结构可分为非屏蔽双绞线（UTP：Unshilded Twisted Pair）和屏蔽双绞线（STP：Shielded Twisted Pair）。

虽然双绞线主要用来传输模拟声音信息，但同样适用于数字信号的传输，特别适用于较短距离的信息传输。且传输期间，信号的衰减比较大，并且产生波形畸变。采用双绞线的局域网的带宽取决于所用导线的质量、长度及传输技术。只要精心选择和安装双绞线，就可以在有限距离内达到每秒几百万位的可靠传输率。当距离很短，并且采用特殊的电子传输技术时，传输率可达 100～155 Mbps。由于利用双绞线传输信息时要向周围辐射，信息很容易被窃听，因此要花费额外的代价加以屏蔽。屏蔽双绞线电缆的外层由铝箔包裹，以减小辐射，但并不能完全消除辐射。屏蔽双绞线价格相对较高，安装时要比非屏蔽双绞线电缆困难。类似于同轴电缆，它必须配有支持屏蔽功能的特殊连接器和相应的安装技术。但它有较高的传输速率，100 m 内可达到 155 Mbps。

按美国线缆标准（AWG），双绞线的线芯有 22、24 和 26 等规格，常用 5 类和超 5 类非屏蔽双绞线是 24AWG，直径约为 0.51 mm，加上绝缘层的铜导线直径约为 0.92 mm。典型的加上塑料外部护套的超 5 类非屏蔽双绞线电缆直径约 5.3 mm。

双绞线电缆外部护套上每隔两英尺会印刷上一些标识。包括双绞线类型、NEC/UL 防火测试和级别、CSA 防火测试、长度标志、生产日期、双绞线的生产商和产品号码等信息。

如"AVAYA－C SYSTEIMAX 1061C＋ 4/24AWG CM VERIFIEDUL CAT5E 31086FEET 09745.0 METERS"。其中，各标识所代表的含义如下。

AVAYA－C SYSTEIMAX 为双绞线的生产商；1061C＋为该双绞线的产品号；4/24AWG 为由 4 对 24AWG 电线的线对组成；CM 为通用通信线缆；VERIFIED UL 为双绞线满足 UL 标准要求；CAT5E 为达到超 5 类标准；31086FEET 09745.0 METERS 为双绞线的长度。

（2）双绞线的型号

双绞线的型号有 1 类线、2 类线、3 类线、4 类线、5 类线、超 5 类线，以及最新的 6 类线。常见的有 3 类线、5 类线、超 5 类线、6 类线，前者线径细，后者线径粗。

1 类线主要用于传输语音（一类标准主要用于 20 世纪 80 年代初之前的电话线缆），不同于数据传输。

2 类线传输频率为 1 MHz，用于语音传输和最高传输速率 4 Mbps 的数据传输，常见于使用 4 Mbps 规范令牌传递协议的旧的令牌网。

3 类线是指目前在 ANSI 和 EIA/TIA568 标准中指定的电缆，该电缆的传输频率 16 MHz，用于语音传输及最高传输速率为 10 Mbps 的数据传输（主要用于 10 BASE—T）。

4 类线的传输频率为 20 MHz，用于语音传输和最高传输速率 16 Mbps 的数据传输（主要用于基于令牌的局域网和 10BASE－T/100BASE－T）。

5 类线增加了绕线密度，外套一种高质量的绝缘材料，传输率为 100 MHz，用于语音传输和最高传输速率为 10 Mbps 的数据传输（主要用于 100BASE－T 和

10BASE-T 网络），这是最常用的以太网电缆。

超 5 类线具有衰减小，串扰少，并且具有更高的衰减与串扰的比值（ACR）和信噪比（Structural Return Loss）、更小的时延误差，性能得到很大提高。超 5 类线主要用于千兆位以太网（1 000 Mbps）（见图 3—1）。

6 类线的传输频率为 1～250 MHz，六类布线系统在 200 MHz 时综合衰减串扰比（PS-ACR）应该有较大的余量，它提供 2 倍于超 5 类的带宽。6 类布线的传输性能远远高于超五类标准，最适用于传输速率高于 1 Gbps 的应用。

6 类与超 5 类线的一个重要的不同点在于：改善了在串扰以及回波损耗方面的性能，对于新一代全双工的高速网络应用而言，优良的回波损耗性能是极重要的。

6 类标准中取消了基本链路模型，布线标准采用星形的拓扑结构，要求的布线距离为：永久链路的长度不能超过 90 m，信道长度不能超过 100 m（见图 3—2）。

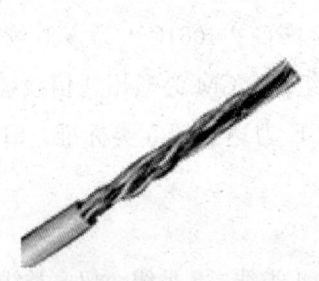
图 3—1　超 5 类双绞线

图 3—2　6 类双绞线

（3）性能指标

双绞线主要的性能指标为衰减、分布电容、直流电阻、直流电阻偏差值、阻抗特性、返回损耗、近端串扰等。

1）衰减。衰减（Attenuation）是沿链路的信号损失度量。衰减与线缆的长度有关系，随着长度的增加，信号衰减也随之增加。衰减用"dB"作单位，表示源传送端信号到接收端信号强度的比率。由于衰减随频率而变化，因此，应测量在应用范围内的全部频率上的衰减。

2）近端串扰。串扰分近端串扰和远端串扰（FEXT），测试仪主要是测量 NEXT，由于存在线路损耗，因此 FEXT 的量值的影响较小。近端串扰（NEXT）损耗是测量一条 UTP 链路中从一对线到另一对线的信号耦合。对于 UTP 链路，NEXT 是一个关键的性能指标，也是最难精确测量的一个指标。随着信号频率的增加，其测量难度将加大。

NEXT 并不表示在近端点所产生的串扰值,它只是表示在近端点所测量到的串扰值。这个量值会随电缆长度不同而变,电缆越长,其值变得越小。同时发送端的信号也会衰减,对其他线对的串扰也相对变小。实验证明,只有在 40 m 内测量得到的 NEXT 才是较真实的。如果另一端是远于 40 m 的信息插座,那么它会产生一定程度的串扰,但测试仪可能无法测量到这个串扰值。因此,最好在两个端点都进行 NEXT 测量。现在的测试仪都配有相应设备,使得在链路一端就能测量出两端的 NEXT 值。NEXT 测试的结果参照表 3—1 和表 3—2。

表 3—1　　　各种连接为最大长度时的各种频率下的衰减极限

频率（MHz）	最大率减 20℃					
	信道（100 m）			链路（90 m）		
	3 类	4 类	5 类	3 类	4 类	5 类
1	4.2	2.6	2.5	3.2	2.2	2.1
4	7.3	4.8	4.5	6.1	4.3	4.0
8	10.2	6.7	6.3	8.8	6	5.7
10	11.5	7.5	7.0	10	6.8	6.3
16	14.9	9.9	9.2	13.2	8.8	8.2
20		11	10.3		9.9	9.2
25			11.4			10.3
31.25			12.8			11.5
62.5			18.5			16.7
100			24			21.6

表 3—2　　　特定频率下的 NEXT 衰减极限

频率（MHz）	最大率减 20℃					
	信道（100 m）			链路（90 m）		
	3 类	4 类	5 类	3 类	4 类	5 类
1	39.1	53.3	60.0	40.1	54.7	60.0
4	29.3	43.3	50.6	30.7	45.1	51.8
8	24.3	38.2	45.6	25.9	40.2	47.1
10	22.7	36.6	44.0	24.3	38.6	45.5
16	19.3	33.1	40.6	21	35.3	42.3
20		31.4	39.0		33.7	40.7
25			37.4			39.1
31.25			35.7			37.6
62.5			30.6			32.7
100			27.1			29.3

3) 直流电阻。TSB67 无此参数。直流环路电阻会消耗一部分信号,并将其转变成热量。它是指一对导线电阻的和,11801 规格的双绞线的直流电阻不得大于 19.2 Ω。每对间的差异不能太大（小于 0.1 Ω）,否则表示接触不良,必须检查连接点。

4) 特性阻抗。与环路直流电阻不同,特性阻抗包括电阻及频率为 1～100 MHz 的电感阻抗及电容阻抗,它与一对电线之间的距离及绝缘体的电气性能有关。各种电缆有不同的特性阻抗,而双绞线电缆则有 100 Ω、120 Ω 及 150 Ω 几种。

5) 衰减串扰比（ACR）。在某些频率范围,串扰与衰减量的比例关系是反映电缆性能的另一个重要参数。ACR 有时也以信噪比（SNR：Signal－Noice ratio）表示,它由最差的衰减量与 NEXT 量值的差值计算。ACR 值较大,表示抗干扰的能力更强。一般系统要求至少大于 10 dB。

6) 电缆特性。通信信道的品质是由它的电缆特性描述的。SNR 是在考虑到干扰信号的情况下,对数据信号强度的一个度量。如果 SNR 过低,将导致数据信号在被接收时,接收器不能分辨数据信号和噪声信号,最终引起数据错误。因此,为了将数据错误限制在一定范围内,必须定义一个最小的可接收的 SNR。

双绞线中最常用的是 3 类、4 类和 5 类线,标准测试数据见表 3—3。

表 3—3　　　　　　　　双绞线的标准测试数据

类型	3 类	4 类	5 类
率减（单位 dB）	<2.320 sqrt (f) ＋0.238 (f)	<2.050 sqrt (f) ＋0.1 (f)	<1.926 7 sqrt (f) ＋0.075 (f)
分布电容（以 1 kHz 计量）	<330 pf/100 m	<330 pf/100 m	<330 pf/100 m
直流电阻 20℃ 测量校正值	<9.38 Ω/100 m	<9.38 Ω/100 m	<9.38 Ω/100 m
直流电阻偏差值 20℃时测量校正值	5%	5%	5%
阻抗特性（1 MHz 至最高的参考频率值）	100 (1＋15%) Ω	100 (1＋15%) Ω	100 (1＋15)%
返回损耗（测量长度>100 m）	12 dB	12 dB	23 dB
近端串扰（测量长度>100 m）	43 dB	58 dB	64 dB

(4) 非屏蔽双绞线（UTP 电缆）

常见的普通非屏蔽双绞线如图 3—3 所示。一般是 4 对 8 根的结构。4 个线对分别是橙色、绿色、蓝色和棕色。每一对线中，又分为全色线和加白色线，即一般的线的颜色有：橙色、橙白色、绿色、绿白色、蓝色、蓝白色、棕色和棕白色。非屏蔽双绞线内其中还有一条不导电的棉线，叫做"撕剥线"，使用时，可以拉住撕剥线，向下拉，电缆的外皮就可以很容易被撕开。

1) 优点。非屏蔽双绞线电缆最常用，具有以下优点：无屏蔽外套，直径小，节省所占用的空间；重量轻，易弯曲，易安装；将串扰减至最小或加以消除；具有阻燃性；具有独立性和灵活性，适用于结构化综合布线。

图3—3　非屏蔽双绞线

2) 常见UTP电缆型号。常用的双绞线电缆封装有4对双绞线，其他还有25对、50对和100对等大对数的双绞线电缆。常见UTP电缆型号（当然也是7类，而且特指非屏蔽双绞线）：1类双绞线－CAT1、2类双绞线－CAT2、4类双绞线－CAT4、5类双绞线－CAT5、超5类双绞线－CAT 5e、6类双绞线－CAT 6、7类双绞线－CAT 7（见表3—4）。

表3—4　　　　　　　　非屏蔽双绞线的型号与性能

序号	型号	性能	备注
1	1类双绞线－CAT1	最高频率带宽是750 kHz，用于报警系统，或只适用于语音系统	
2	2类双绞线－CAT2	最高频率带宽是1 MHz，用于语音、EIA－232	
3	3类双绞线－CAT3	频率带宽最高为16 MHz，主要应用于语音、10 Mbps的以太网和4 Mbps令牌环，最大网段长为100 m，采用RJ形式的连接器，目前已淡出市场	
4	4类双绞线－CAT4	最高频率带宽为20 MHz，最高数据传输速率为20 Mbps。主要应用于语音、10 Mbps的以太网和16 Mbps令牌环，最大网段长为100 m，采用RJ形式的连接器	未被广泛采用
5	5类双绞线－CAT5	增加了绕线密度，外套为高质量的绝缘材料	
6	超5类双绞线－CAT 5e	是增强型的5类双绞线，缆线最高频率带宽为100 MHz，与CAT 5类相比，更好地支持100 Mbps的传输。比起普通5类双绞线，超5类系统在100 MHz的频率下运行时，可提供8 dB近端串扰的余量，用户的设备受到的干扰只有普通5类线系统的1/4，使系统具有更强的独立性和可靠性。近端串扰、串扰总和、衰减和RL这4个参数是超5类缆非常重要的参数	
7	6类双绞线－CAT 6	性能超过CAT 5e，缆线频率带宽为250 MHz以上，6类电缆的绞距比5类更密，线对间的相互影响更小，从而提高了串扰的性能	
8	7类双绞线－CAT 7	频率带宽为600 MHz以上，可以同时传送独立的视频、语音和数据信号	

在双绞线电缆内，不同线对具有不同的绞距长度。一般地说，4对双绞线绞距周期在38.1 mm长度内，按逆时针方向扭绞，一对线对的扭绞长度在12.7 mm以内。缆线最高频率带宽为100 MHz，主要应用于语音、100 Mbps的快速以太网，最大网段长为100 m，采用RJ形式的连接器。

注意：常见的双绞线有1对、2对、4对、25对（见图3—4）、50对（见图3—5）和100对（见图3—6），等多对数双绞线。其中，线缆对数超过4对的，称为大对数线缆。

图3—4　25对双绞线　　　　　　　图3—5　50对双绞线

综合布线中最常用的5类双绞线电缆有以下种类：5类4对24AWG非屏蔽软线、5类4对24AWG100 Ω屏蔽电缆。

①5类4对24AWG非屏蔽软线。它由4对线组成，用于高速数据传输，适合于扩展传输距离，应用于互连或跳接线。传输速率达100 MHz。导线色彩编码是：白蓝、蓝、白橙、橙、白绿、绿、白棕、棕，它的物理结构如图3—7所示。

 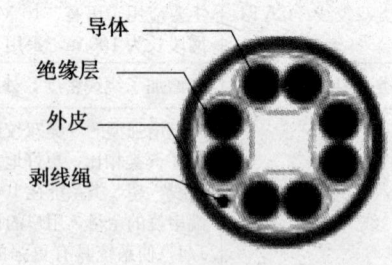

图3—6　100对双绞线　　　　　图3—7　5类4对24WAG100非屏蔽软线

②5类4对24AWG100 Ω屏蔽电缆。它是美国线规（美国线缆标准）为24的裸铜导体，以氟化乙烯做绝缘材料，内有一24AWG TPG漏电线。传输频率达100 MHz，导线组成（导线色彩编码）见表3—5，物理结构如图3—8所示。

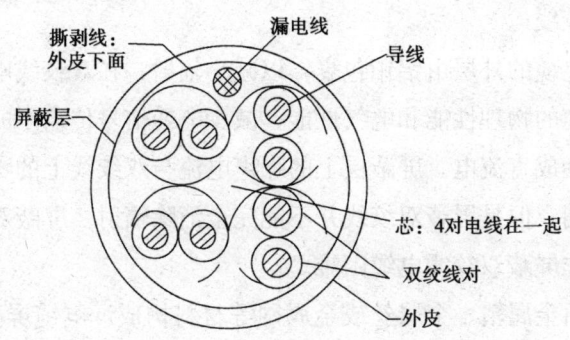

图 3—8　5类4对 24AWG100 Ω 屏蔽电缆

表 3—5　　　　　　　　　导线色彩编码

线对	色彩码	屏　蔽
1	白/蓝//蓝	
2	白/橙//橙	0.002 [0.051] 铝/聚脂带最小交叠@20°及一根 24AWG TPC 漏电线
3	白/绿//绿	
4	白/棕//棕	

6类双绞线—CAT 6 有两种结构。一种是采用紧凑的圆形设计及中心平行隔离带技术，它可以获得较好的电气性能（见图 3—9）。另一种是采用中心扭十字技术，电缆采用十字分隔器，线对之间的分隔可以阻止线对间的串扰（见图 3—10）。

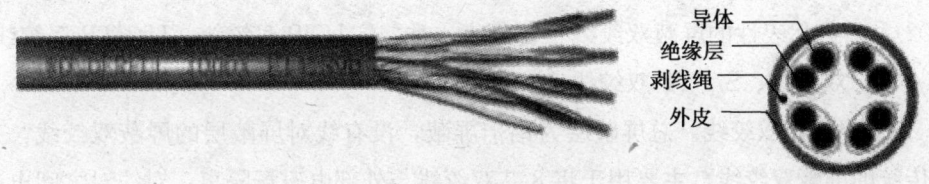

图 3—9　采用中心平行隔离带技术的 6 类 UTP 线缆

图 3—10　采用中心扭十字技术的 6 类 UTP 线缆

（5）屏蔽双绞线

屏蔽双绞线电缆的外层由铝铂包裹，以减小辐射，在双绞线电缆中增加屏蔽层就是为了提高电缆的物理性能和电气性能，减少电缆信号传输中的电磁干扰。该屏蔽层能将噪声转变成直流电。屏蔽层上的噪声电流与双绞线上的噪声电流相反，因而两者可相互抵消。但是屏蔽双绞线并不能完全消除辐射。屏蔽双绞线价格相对较高，安装时要比非屏蔽双绞线电缆困难。

电缆屏蔽层由金属箔、金属丝或金属网等材料构成，电缆屏蔽层的设计形式：屏蔽整个电缆（见图3—11a）、屏蔽电缆中的线对（见图3—11b）、屏蔽电缆中的单根导线。

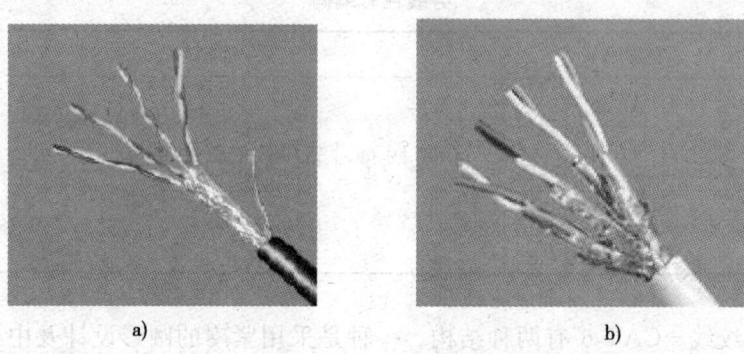

图3—11 屏蔽双绞线
a）屏蔽整个电缆 b）屏蔽线对

1）屏蔽双绞线的分类。屏蔽双绞线有许多种，依据国际布线标准（ISO 11801—2002），具有代表性的屏蔽双绞线主要分为4类：F/UTP双绞线、U/FTP双绞线、SF/UTP双绞线、S/FTP双绞线。

①F/UTP双绞线。总屏蔽层为铝箔屏蔽，没有线对屏蔽层的屏蔽双绞线，是最传统的屏蔽双绞线，主要用于将8芯双绞线与外部电磁场隔离，对线对之间电磁干扰没有作用。F/UTP双绞线在8芯双绞线外层包裹了一层铝箔。即在8根芯线外、护套内有一层铝箔，在铝箔的导电面上铺设了一根接地导线。F/UTP双绞线主要用于5类、超5类，在6类中也有应用。

②U/FTP双绞线。没有总屏蔽层，线对屏蔽为铝箔屏蔽的屏蔽双绞线。与F/UTP双绞线所不同的是：铝箔层分有4张，分别包裹4个线对，切断了每个线对之间电磁干扰途径。因此它除了可以抵御外来的电磁干扰外，还可以对抗线对之间的电磁干扰（串扰）。U/FTP线对屏蔽双绞线来自7类双绞线，目前主要用于六类屏蔽双绞线，也可以用于超5类屏蔽双绞线。

③SF/UTP双绞线。总屏蔽层为丝网+铝箔的双重屏蔽，线对没有屏蔽的双重屏蔽双绞线，因此不需要接地导线作为引流线。铜丝网具有很好的韧性，不易折断，因此它本身就可以作为铝箔层的引流线，万一铝箔层断裂，丝网将起到将铝箔层继续连接的作用。SF/UTP双绞线在4个双绞线的线对上，没有各自的屏蔽层。因此它属于只有综屏蔽层的屏蔽双绞线。F/UTP双绞线主要用于五类、超五类，在六类屏蔽双绞线中也有应用。

④S/FTP双绞线。总屏蔽层为丝网，线对屏蔽为铝箔屏蔽的双重屏蔽双绞线。S/FTP屏蔽双绞线属于双重屏蔽双绞线，是应用于7类屏蔽双绞线的线缆产品，也用于6类屏蔽双绞线。

屏蔽双绞线除以上种类外，还有丝网总屏蔽双绞线（STP）、双层铝箔双绞线（F2TP）、双层铝箔线对屏蔽双绞线（F/FTP）、双重总屏蔽+线对屏蔽双绞线（SF/FTP）等。由于这些双绞线没有列入国际布线标准（ISO 11801－2002），且工作原理有前述四种屏蔽双绞线演变产生，因此不作介绍。

此外，双绞线还分100 Ω电缆，双体电缆，150 Ω屏蔽电缆等。100 Ω电缆接头如图3—12所示。

双体电缆：24AWG非屏蔽4/4对、24AWG非屏蔽/屏蔽4/4对、24/22AWG非屏蔽/屏蔽4/2、24AWG非屏蔽2/2对不同的类型。

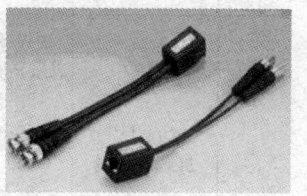

图3—12　100 Ω电缆的接头

150 Ω屏蔽电缆：又分为1A型、6A型和9A型。

2）屏蔽双绞线的工程特点。屏蔽双绞线的工程特点见表3—6。

表3—6　　　　　　　　　　屏蔽双绞线的工程特点

序号	屏蔽双绞线	工程特点	施工注意事项
1	F/UTP屏蔽双绞线	1. 双绞线外径大于同等级的非屏蔽双绞线 2. 铝箔两面并非都是导电层，通常只有一面为导电层（即与接地导线连接的一面） 3. 铝箔层在有缺口时容易被撕裂	1. 铝箔层要与接地导线一起端接到屏蔽模块的屏蔽层上 2. 为了不留下电磁波可以侵入的缝隙，应尽量将铝箔层展开，与模块的屏蔽层之间形成360°的全方位接触 3. 当屏蔽层的导电面在里层时，应将铝箔层翻过来覆盖在双绞线的护套外，用屏蔽模块附带的尼龙扎带将双绞线与模块后部的金属托架固定成一体。这样，在罩上屏蔽壳后，无论是屏蔽壳与屏蔽层之间，还是屏蔽层与护套之间都没有留下电磁波可以侵入的缝隙 4. 不要在屏蔽层上留下缺口

续表

序号	屏蔽双绞线	工程特点	施工注意事项
2	U/FTP 屏蔽双绞线	1. 双绞线外径大于同等级的非屏蔽双绞线 2. 铝箔两面并非都是导电层，通常只有一面为导电层（即与接地导线连接的一面） 3. 铝箔层在有缺口时容易被撕裂	1. 铝箔层要与接地导线一起端接到屏蔽模块的屏蔽层上 2. 屏蔽层应与模块的屏蔽层之间形成360°的全方位接触 3. 为防止双绞线中的芯线和屏蔽层受力，应在双绞线的护套部位，用屏蔽模块附带的尼龙扎带将双绞线与模块后部的金属托架固定成一体 4. 不要在屏蔽层上留下缺口
3	SF/UTP 屏蔽双绞线	1. 双绞线外径大于同等级的F/UTP屏蔽双绞线 2. 铝箔两面并非都是导电层，通常只有一面为导电层（即与丝网接触的一面） 3. 丝网中的铜丝容易脱离丝网，引起信号线短路 4. 铝箔层在有缺口时容易被撕裂	1. 丝网层要端接到屏蔽模块的屏蔽层上 2. 铝箔层可以剪去，不参加端接 3. 为了防止丝网中的铜丝逸出形成芯线短路，在端接时应特别注意观察，不要让任何铜丝有向着模块端接点的机会 4. 将丝网层翻过来覆盖在双绞线的护套外，用屏蔽模块附带的尼龙扎带将双绞线与模块后部的金属托架固定成一体
4	S/FTP 屏蔽双绞线	1. 双绞线外径大于同等级的F/UTP屏蔽双绞线 2. 铝箔两面并非都是导电层，通常只有一面为导电层（即与丝网接触的一面） 3. 丝网中的铜丝容易脱离丝网，引起信号线短路 4. 铝箔层在有缺口时容易被撕裂	这样，在罩上屏蔽壳后，无论是屏蔽壳与屏蔽层之间，还是屏蔽层与护套之间都没有留下电磁波可以侵入的缝隙 5. 不要在屏蔽层上留下缺口

3）屏蔽布线系统施工。屏蔽布线系统与非屏蔽布线系统一样，其基本组成在8芯双绞线的两端安装RJ45模块，再用跳线连接到两端的设备（如网络设备和计算机网卡、电话交换机和电话机等）中，形成信息传输的通道。

其中，双绞线铺设在墙、地板和天花中，而模块则安装在面板、配线架（空架）里。因此屏蔽布线系统的基本工程手法与非屏蔽布线系统的工程手法非常相近，具体见表3—7。

2. 同轴电缆

同轴电缆（COARIAL CABLE）也是局域网中最常见的传输介质之一，是由一根空心的外圆柱导体和一根位于中心轴线的内导线组成。内导线和圆柱导体及外界之间用绝缘材料隔开。由于外层导体和中心轴芯线的圆心在同一个轴心上，所以叫做同轴电缆。电磁场封闭在内外导体之间，辐射损耗小，受外界干扰影响小，常用于传送多路电话和电视。同轴电缆如图3—13所示。

表 3—7　　屏蔽布线系统与非屏蔽布线系统工程手法的异同

工程手法的相近之处	工程手法的不同之处	备注
1. 穿线。根据设计图将双绞线从面板处铺设到电信间（也称为弱电间、配线间等），途中通过穿管、安放桥架（或线槽）将让双绞线不受力的"平躺"在管子里和桥架中；在垂直部分，则用绑扎方式防止双绞线的上端受力造成损坏。 2. 端接。在面板和配线架旁，施工人员将线头中的 8 根芯线剥出，按照模块上印刷的线对颜色，依次将 8 芯线安放到模块的打线端子内，并用打线刀（或免工具盖板）将芯线压入 V 型槽内，利用 V 型槽刺破芯线外的绝缘层，实现线路导通	1. 屏蔽布线系统同时使用屏蔽双绞线和屏蔽模块。屏蔽布线系统只有形成了全程屏蔽才能充分发挥其抗干扰的效果，因此在屏蔽布线系统中，从双绞线、模块到跳线，以致网络设备中的 RJ45 端口都是屏蔽产品。因此必须屏蔽布线系统同时采用屏蔽双绞线和屏蔽模块 2. 屏蔽双绞线在 8 芯线外有屏蔽层，在施工时要连接到两端的模块屏蔽层上。全程屏蔽意味着系统内各部件（双绞线、模块、跳线）的屏蔽层布线连接，形成完整的屏蔽链路。因此屏蔽双绞线中的屏蔽层需要与两端模块上的屏蔽层连接。跳线则直接通过屏蔽 RJ45 头外的屏蔽层与模块连接。 3. 屏蔽双绞线与屏蔽模块连接时，根据欧洲布线系统的施工标准，有以下两个要求： （1）对于铝箔屏蔽双绞线，要将屏蔽层和双绞线中的接地导线同时端接到两端模块的屏蔽层上 （2）对于丝网+铝箔屏蔽的双绞线，只要将丝网层端接到两端模块的屏蔽层上即可	屏蔽布线系统需要接地。为了将屏蔽层内感应到的电磁信号泄放掉，屏蔽层必须接地。因此在屏蔽配线架上，有一个接地桩用于接地。施工时应使用接地导线，一端固定在屏蔽配线架的接地桩上，另一端则固定在机柜、电信间接地铜排上，通过接地铜排连接到建筑物的接地体，形成完整的接地回路

（1）同轴电缆的分类

1）按直径的不同，同轴电缆可分为粗缆和细缆两种。

①粗缆。粗缆适用于较大局域网的网络干线，布线距离较长，可靠性较好。用户通常采用外部收发器与网络干线连接。粗缆局域网中每段长度

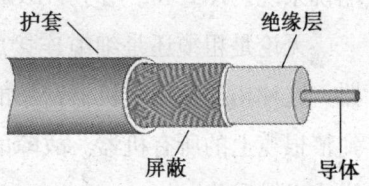

图 3—13　同轴电缆

可达 500 m，采用 4 个中继器连接 5 个网段后最大可达 2 500 m。用粗缆组网如直接与网卡相连，网卡必须带有 AUI 接口（15 针 D 型接口）。由于安装时不需要切断电缆，因此可以根据需要灵活调整计算机的入网位置，用粗缆组建局域网虽然各项性能较高，具有较大的传输距离。但粗缆网络必须安装收发器电缆，安装难度大，所以总体造价高。

②细缆。细缆近年来发展较快，所以计算机局域网中一般如无特殊要求都使用细缆组网。细缆一般用于总线型网布线连接。利用 T 型 BNC 接口连接器连接 BNC 接口网卡，两端头需安装终端电阻器。细缆网络每段干线长度最大为 185 m，每段

干线最多接入 30 个用户。如要拓宽网络范围，需使用中继器，如采用 4 个中继器连接 5 个网段，使网络最大距离达到 925 m。细同轴电缆如图 3—14 所示。

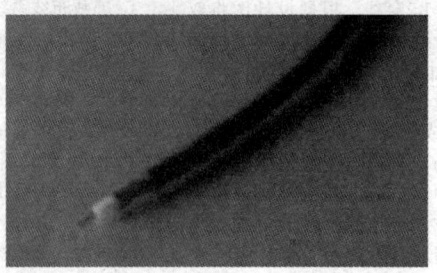

图 3—14　细同轴电缆

与粗缆相比，细缆安装则比较简单，造价低。但由于安装过程要切断电缆，两头须装上基本网络连接头（BNC），然后接在 T 型连接器两端，所以当接头多时容易产生不良的隐患，这是目前运行中的以太网所发生的最常见故障之一。

为了保持同轴电缆的正确电气特性，电缆屏蔽层必须接地。同时两头要有终端器来削弱信号反射作用。

最常用的同轴电缆有：RG—8 或 RG—11，50 Ω；RG—58，50 Ω；RG—59，75 Ω；RG—62，93 Ω。

计算机网络一般选用 RG—8 以太网粗缆和 RG—58 以太网细缆。RG—59 用于电视系统。RG—62 用于 ARCnet 网络和 IBM3270 网络。

无论是粗缆还是细缆连接成的网络均为总线拓扑结构，即一根缆上接多部机器，这种拓扑适用于机器密集的环境，但是当一触点发生故障时，故障会串联影响到整根缆上的所有机器。故障的诊断和修复都很麻烦，因此，将逐步被非屏蔽双绞线或光缆取代。

2）根据传输频带的不同，同轴电缆可分为基带同轴电缆和宽带同轴电缆两种类型。目前基带常用的电缆，其屏蔽线是用铜做成的网状的，特征阻抗为 50 Ω（如 RG—8、RG—58 等）；宽带同轴电缆常用的电缆的屏蔽层通常是用铝冲压成的，特征阻抗为 75 Ω（如 RG—59 等）。

①基带同轴电缆。同轴电缆以硬铜线为芯，外包一层绝缘材料。这层绝缘材料用密织的网状导体环绕，网外又覆盖一层保护性材料。有两种广泛使用的同轴电缆。一种是 50 Ω 电缆，用于数字传输，由于多用于基带传输，也叫基带同轴电缆；另一种是 75 Ω 电缆，用于模拟传输，即宽带同轴电缆。这种区别是由历史原因造成的，而不是由于技术原因或生产厂家。同轴电缆的这种结构，使它具有高带宽和极好的噪声

抑制特性。同轴电缆的带宽取决于电缆长度。1 km 的电缆可以达到 1～2 Gbps 的数据传输速率。还可以使用更长的电缆，但是传输率要降低或使用中间放大器。目前，同轴电缆大量被光纤取代，但仍广泛应用于有线电视和某些局域网。

②宽带同轴电缆。使用有限电视电缆进行模拟信号传输的同轴电缆系统被称为宽带同轴电缆。"宽带"这个词来源于电话业，指比 4 kHz 宽的频带。然而在计算机网络中，"宽带电缆"却指任何使用模拟信号进行传输的电缆网。由于宽带网使用标准的有线电视技术，可使用的频带高达 300 MHz（常常到 450 MHz）；由于使用模拟信号，需要在接口处安放一个电子设备，用以把进入网络的比特流转换为模拟信号，并把网络输出的信号再转换成比特流。

宽带系统又分为多个信道，电视广播通常占用 6 MHz 信道。每个信道可用于模拟电视、CD 质量声音（1.4 Mbps）或 3 Mbps 的数字比特流。电视和数据可在一条电缆上混合传输。

宽带系统和基带系统的一个主要区别是：宽带系统由于覆盖的区域广，因此，需要模拟放大器周期性地加强信号。这些放大器仅能单向传输信号，因此，如果计算机间有放大器，则报文分组就不能在计算机间逆向传输。为了解决这个问题，人们已经开发了两种类型的宽带系统：双缆系统和单缆系统（见表 3—8）。

表 3—8　　　　　　　　　　双缆系统和单缆系统

双缆系统	单缆系统
双缆系统有两条并排铺设的完全相同的电缆。为了传输数据，计算机通过电缆 1 将数据传输到电缆数根部的设备，即顶端器（head-end），随后顶端器通过电缆 2 将信号沿电缆数往下传输。所有的计算机都通过电缆 1 发送，通过电缆 2 接收	单缆系统是在每根电缆上为内、外通信分配不同的频段。低频段用于计算机到顶端器的通信，顶端器收到的信号移到高频段，向计算机广播。在子分段（subsplit）系统中，5～30 MHz 频段用于内向通信，40～300 MHz 频段用于外向通信。在中分（midsplit）系统中，内向频段是 5～116 MHz，而外向频段为 168～300 MHz

宽带系统有很多种使用方式。在一对计算机间可以分配专用的永久性信道；另一些计算机可以通过控制信道，申请建立一个临时信道，然后切换到申请到的信道频率；还可以让所有的计算机共用一条或一组信道。从技术上讲，宽带电缆在发送数字数据上比基带（即单一信道）电缆差，它的优点是已被广泛安装。

(2) 同轴电缆网络

1) 类型。同轴电缆网络一般可分为两类：主干网、次主干网。

①主干网。主干线路在直径和衰减方面与其他线路不同，前者通常由有防护层的电缆构成。

②次主干网。次主干电缆的直径比主干电缆小。当在不同建筑物的层次上使用

次主干电缆时，要采用高增益的分布式放大器，并要考虑电缆与用户出口的接口。

注意： 同轴电缆不可铰接，各部分是通过低损耗的连接器连接的。连结器在物理性能上与电缆相匹配。中间接头和耦合器用线管包住，以防不慎接地。若希望电缆埋在光照射不到的地方，那么最好把电缆埋在冰点以下的地层里。如果不想把电缆埋在地下，则最好采用电杆来架设。同轴电缆每隔100 m设一个标记，以便于维修。必要时每隔20 m要对电缆进行支撑。在建筑物内部安装时，要考虑便于维修和扩展，在必要的地方还需提供管道，保护电缆。

2) 同轴电缆一般安装在设备与设备之间。在每一个用户位置上都装备有一个连接器，为用户提供接口。接口的安装方法如下：

①细缆。将细缆切断，两头装上BNC头，然后接在T型连接器两端。

②粗缆。粗缆一般采用一种类似夹板的Tap装置进行安装，它利用Tap上的引导针穿透电缆的绝缘层，直接与导体相连。电缆两端头设有终端器，以削弱信号的反射作用。

(3) 参数指标

1) 主要电气参数

①同轴电缆的特性阻抗　同轴电缆的平均特性阻抗为 (50±2) Ω，沿单根同轴电缆的阻抗的周期性变化为正弦波，中心平均值±3 Ω，其长度小于2 m。

②同轴电缆的衰减　一般指500 m长的电缆段的衰减值。当用10 MHz的正弦波进行测量时，它的值不超过8.5 dB (17 dB/km)；而用5 MHz的正弦波进行测量时，它的值不超过6.0 dB (12 dB/km)。

③同轴电缆的传播速度　需要的最低传播速度为0.77C (C为光速)。

④同轴电缆直流回路电阻　电缆的中心导体的电阻与屏蔽层的电阻之和不超过10 mΩ/m (在20℃下测量)。

2) 同轴电缆的物理参数。同轴电缆是由中心导体、绝缘材料层、网状织物构成的屏蔽层以及外部隔离材料层组成，其连接结构如图3—15所示。

①同轴电缆具有足够的可柔性，能支持254 mm (10 in) 的弯曲半径。

②中心导体是直径为 (2.17±0.013 mm) 的实心铜线。

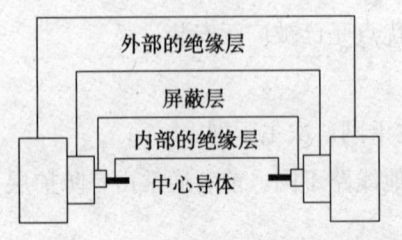

图3—15　同轴电缆连接结构示意图

③绝缘材料必须满足同轴电缆电气参数。

④屏蔽层是由满足传输阻抗和ECM规范说明的金属带或薄片组成，屏蔽层的内径为

6.15 mm，外径为 8.28 mm。

⑤外部隔离材料一般选用聚氯乙烯（如 PVC）或类似材料。

3）测试参数。对电缆进行测试的主要参数有：

①导体或屏蔽层的开路情况。

②导体和屏蔽层之间的短路情况。

③导体接地情况。

④在各屏蔽接头之间的短路情况。

（4）布线结构

在计算机网络布线系统中，对同轴电缆的粗缆和细缆有三种不同的构造方式，即细缆结构、粗缆结构和粗/细缆混合结构（见表 3—9）。

表 3—9　　　　　　　　　　同轴电缆的布线结构

项目	细缆结构	粗缆结构	粗/细缆混合结构
硬件配置	1. 网络接口适配器。网络中每个结点需要一块提供 BNC 接口的以太网卡、便携式适配器或 PCMCIA 卡 2. BNC—T 型连接器。细缆 Ethernet 上的每个结点通过 T 型连接器与网络进行连接，它水平方向的两个插头用于连接两段细缆，与之垂直的插口与网络接口适配器上的 BNC 连接器相连 3. 电缆系统 （1）细缆（RG-58 A/U）：直径为 5 mm，特征阻抗为 50 Ω 的细同轴电缆 （2）BNC 连接器插头：安装在细缆段的两端。 （3）BNC 筒型连接器：用于连接两段细缆 （4）BNC 终端匹配器：BNC 50 Ω 的终端匹配器安装在干线段的两端，用于防止电子信号的反射，干线段电缆两端的终端匹配器必须有一个接地 4. 中继器。对于使用细缆的以太网，每个干线段的长度不能超过 185 m，可以用中继器连接两个干线段，以扩充主干电缆的长度。每个以太网中最多可以使用四个中继器，连接五个干线段电缆	1. 网络接口适配器。网络中每个结点需要一块提供 AUI 接口的以太网卡、便提式适配器或 PCMCIA 卡 2. 收发器（Transceiver）。粗缆以太网上的每个结点通过安装在干线电缆上的外部收发器与网络进行连接。在连接粗缆以太网时，用户可以选择任何一种标准的以太网（IEEE802.3）类型的外部收发器 3. 收发器电缆。用于连接结点和外部收发器，通常称为 AUI 电缆 4. 电缆系统。连接粗缆以太网的电缆系统包括： （1）粗缆（RG-11 A/U）：直径为 10 mm，特征阻抗为 50 Ω 的粗同轴电缆，每隔 2.5 m 有一个标记 （2）N-系列连接器插头：安装在粗缆段的两端 （3）系列筒型连接器：用于连接两段粗缆 （4）匹配器：N-系列 50 Ω 的终端匹配器安装在干线电缆段的两端，用于防止电子信号的反射。干线电缆段两端的终端匹配器必须有一个接地 5. 中继器。对于使用粗缆的以太网，每个干线段的长度不超过 500 m，可以用中继器连接两个干线段，以扩充主干电缆的长度。每个以太网中最多可以使用四个中继器，连接五段干线段电缆	在建立一个粗/细混合缆以太网时，除需要使用与粗缆以太网和细缆以太网相同的硬件外，还必须提供粗缆和细缆之间的连接硬件。连接硬件包括： 1. N-系列插口到 BNC 插口连接器 2. N-系列插头到 BNC 插口连接器

续表

项目	细缆结构	粗缆结构	粗/细缆混合结构
技术参数	1. 最大网络干线电缆长度：925 m 2. 每条干线段支持的最大结点数：30 3. BNC－T 型连接器之间的最小距离：0.5 m 4. 最大的干线段长度：185 m	1. 最大干线段长度：500 m 2. 最大网络干线电缆长度：2 500 m 3. 每条干线段支持的最大结点数：100 4. 收发器之间最小距离：2.5 m 5. 收发器电缆的最大长度：50 m	1. 最大的干线长度：大于 185 m，小于 500 m 2. 最大网络干线电缆长度：大于 925 m，小于 2 500 m 为了降低系统的造价，在保证一条混合干线段所能达到的最大长度的情况下，应尽可能使用细缆。可以用下面的公式计算在一条混合的干线段中能够使用的细缆的最大长度 $t = (500-L)/3.28$，其中：L 为要构造的干线段长度，t 为可以使用的细缆最大长度。例如，若要构造一条 400 m 的干线段，能够使用的细缆的最大长度为：$(500-400)/3.28 = 30$ (m)
特点	1. 容易安装 2. 造价较低 3. 网络抗干扰能力强 4. 网络维护和扩展比较困难 5. 电缆系统的断点较多，影响网络系统的可靠性	1. 具有较高的可靠性，网络抗干扰能力强 2. 具有较大的地理覆盖范围，最长距离可达 2 500 m 3. 网络安装、维护和扩展比较困难 4. 造价高	1. 造价合理 2. 网络抗干扰能力强 3. 系统复杂 4. 网络维护和扩展比较困难 5. 增加了电缆系统的断点数，影响网络的可靠性

3. 光缆

光缆是由一组光导纤维组成的用来传播光束的、细小而柔韧的传输介质。与其他传输介质相比较，光缆的电磁绝缘性能好，信号衰变小，频带较宽，传输距离较大。光缆主要是在要求传输距离较长，布线条件特殊的情况下用于主干网的连接。

光缆通信由光发送机产生光束，将电信号转变为光信号，再把光信号导入光纤，在光缆的另一端由光接收机接收光纤上传输来的光信号，并将它转变成电信号，经解码后再处理。光缆的最大传输距离远、传输速度快，是局域网中传输介质的佼佼者。光缆的安装和连接需由专业技术人员完成。

（1）光纤的基本原理

光纤（Fiber Optic Cable）为光导纤维的简称。光纤以光脉冲的形式来传输信号，因此材质也以玻璃或有机玻璃为主。它由纤芯、包层和保护套或涂敷层组成（见图3—16）。

光纤最大的特点就是传导的是光信号，因此不受外界电磁信号的干扰，信号的衰减速度很慢，所以信号的传输距离比以上传送电信号的各种网线要远得多，并且特别适用于电磁环境恶劣的地方。由于

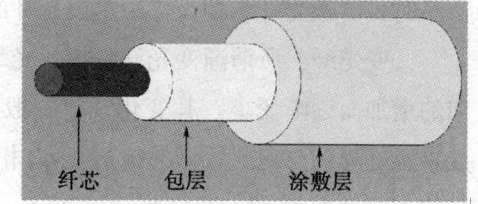

图3—16 光纤

光纤的光学反射特性，一根光纤内部可以同时传送多路信号，所以光纤的传输速度可以非常的高，目前1 Gbps，1 000 Mbps的光纤网络已经成为主流高速网络，理论上光纤网络最高可达到50 000 Gbps，50 Tbps的速度。光纤由于其传输方式的巨大不同，具有自己的一套网络模型，那就是10 BaseF，100 BaseF，1 000 BaseF局域网标准，单段最大长度可达2 000 m。

光纤结构和同轴电缆很类似，也是中心为一根由玻璃或透明塑料制成的光导纤维，周围包裹着保护材料，根据需要还可以多根光纤并在一根光缆里面。

光纤网络由于需要把光信号转变为计算机的电信号，因此在接头上更加复杂，除了具有连接光导纤维的多种类型接头，如SMA、SC、ST、FC光纤接头以外，还需要专用的光纤转发器等设备，负责把光信号转变为计算机电信号，并且把光信号继续向其他网络设备发送。

光纤是前景非常看好的网络传输介质。但由于目前价格较贵，因此小型的办公用局域网没有必要选它。目前，光纤的主要应用是在大型的局域网中用作主干线路。但随着成本的降低，在不远的未来，光纤到楼、到户，甚至会延伸到桌面，带来全新的高速体验。

（2）光纤的分类

目前，光纤的种类繁多，但就其分类方法而言大致有四种，即按光纤剖面折射率分布分类，按传播模式分类、按工作波长分类和按套塑类型分类等。此外，按光纤的组成成分分类，除目前最常应用的石英光纤之外，还有含氟光纤与塑料光纤等。

1）按折射率分布分类——阶跃光纤与渐变光纤

①跃光纤。所谓阶跃光纤是指：在纤芯与包层区域内，其折射率分布分别是均匀的，其值分别为n1与n2，但在纤芯与包层的分界处，其折射率的变化是阶跃的。阶跃光纤是早期光纤的结构方式，后来在多模光纤中逐渐被渐变光纤所取代（因渐变光纤能大大降低多模光纤所特有的模式色散），但用它来解释光波在光纤中

的传播还是比较形象的。而现在当单模光纤逐渐取代多模光纤成为当前光纤的主流产品时，阶跃光纤结构又作为单模光纤的结构形式之一。

②变光纤。所谓渐变光纤是指：光纤轴心处的折射率最大（n1），而沿剖面径向的增加而逐渐变小，其变化规律一般符合抛物线规律，到了纤芯与包层的分界处，正好降到与包层区域的折射率n2相等的数值；在包层区域中其折射率的分布是均匀的，即为n2。

2) 按传播模式分类——多模光纤与单模光纤

①多模光纤（见图3—17）。当光纤的几何尺寸（主要是纤芯直径d1）远远大于光波波长时（约1 μm），光纤中会存在着几十种乃至几百种传播模式。不同的传播模式会具有不同的传播速度与相位，因此经过长距离的传输之后会产生时延，导致光脉冲变宽。这种现象叫做光纤的模式色散（又叫模间色散）。模式色散会使多模光纤的带宽变窄，降低了其传输容量，因此多模光纤仅适用于较小容量的光纤通信。多模光纤的折射率分布大都为抛物线分布，即渐变折射率分布。其纤芯直径d1，大约在50 μm左右。

②单模光纤（见图3—18）。根据电磁场理论与求解麦氏方程组发现，当光纤的几何尺寸（主要是芯径）可以与光波长相比拟时，如芯径d1在5～10 μm范围，光纤只允许一种模式（基模HE11）在其中传播，其余的高次模全部截止，这样的光纤叫做单模光纤。由于它只允许一种模式在其中传播，从而避免了模式色散的问题，故单模光纤具有极宽的带宽，特别适用于大容量的光纤通信。由于单模光纤的纤芯直径非常细小，所以对其制造工艺提出了更苛刻的要求。

图3—17 多模光缆

图3—18 单模光缆

3) 按工作波长分类——短波长光纤与长波长光纤

①短波长光纤。在光纤通信发展的初期，人们使用的光波之波长在0.6～0.9 μm范围内（典型值为0.85 μm），习惯上把在此波长范围内呈现低衰耗的光纤称作短波长光纤。短波长光纤属早期产品，目前很少采用。

②长波长光纤。随着研究工作的不断深入，人们发现在波长1.31 μm和1.55 μm附近，石英光纤的衰耗急剧下降。不仅如此，而且在此波长范围内石英光

纤的材料色散也大大减小。因此人们的研究工作又迅速转移，并研制出在此波长范围衰耗更低、带宽更宽的光纤，习惯上把工作在 1.0～2.0 μm 波长范围的光纤称之为长波长光纤。长波长光纤因具有衰耗低、带宽宽等优点，特别适用于长距离、大容量的光纤通信。

4) 按套塑类型分类——紧套光纤与松套光纤

①紧套光纤。所谓紧套光纤是指二次、三次涂敷层与予涂敷层及光纤的纤芯，包层等紧密地结合在一起的光纤。目前此类光纤居多。未经套塑的光纤，其衰耗——温度特性本是十分优良的，但经过套塑之后其温度特性下降。这是因为套塑材料的膨胀系数比石英高得多，在低温时收缩较厉害，压迫光纤发生微弯曲，增加了光纤的衰耗。

②松套光纤。所谓松套光纤是指，经过予涂敷后的光纤松散地放置在一塑料管之内，不再进行二次、三次涂敷。松套光纤的制造工艺简单，其衰耗——温度特性与机械性能也比紧套光纤好，因此越来越受到人们的重视。

二、常用局域网接口类型与特点

1. RJ-45 接头

(1) RJ-45 接头的概念

RJ-45 连接器是一种只能沿固定方向插入并自动防止脱落的塑料接头，俗称"水晶头"，专业术语为 RJ-45 连接器（RJ-45 是一种网络接口规范，类似的还有 RJ-11 接口，就是平常所用的"电话接口"，用来连接电话线）。之所以把它称之为"水晶头"，是因为它的外表晶莹透亮的原因。双绞线的两端必须都安装这种 RJ-45 插头，以便插在网卡（NIC）、集线器（Hub）或交换机（Switch）的 RJ-45 接口上，进行网络通信。

(2) RJ-45 接头（水晶头）的结构

水晶头的正面前端有金属连接片，接入水晶头的双绞线就是和这些金属片连接，称为可以传输电信号的整体（见图 3—19）。水晶头的中间有一个小的凹槽，这是将双绞线的 8 根细线平整地放在各自的位置上。后面比较高的地方，可以放进双绞线的外层护套，这是制作双绞线连接器时，用压线钳压进去的地方，能够将双绞线牢牢地卡住。如果双绞线的外层保护套剥掉得太长，则只有 8 根细线在此处被压住，牢固的效果不很好，造成水晶头制作不结实，在使用时，

图 3—19 水晶头的结构

很容易在多次插拔后松动，导致水晶头连接不同，引起不能联入网络的结果。这时就要剪掉这个水晶头，再重新制作一个。

（3）RJ—45 接头（水晶头）的结构

RJ—45 连接器按照连接线缆的类型不同，型号也不尽相同。常见的有 5 类非屏蔽水晶头、超 5 类非屏蔽水晶头、6 类非屏蔽水晶头、屏蔽 RJ—45 连接器等（见图 3—20）。

图 3—20 水晶头

a) 5 类或超 5 类水晶头　b) 超 5 类屏蔽水晶头　c) 6 类水晶头

（4）RJ—45 接头（水晶头）的选购

1) 标识。名牌产品在所料弹片上都有厂商的标注。

2) 透明度。好产品晶莹透亮。

3) 可塑性。用线钳压制时可塑性差的水晶头会发生碎裂等现象。

4) 弹片弹性。质量好的水晶头用手指拨动弹片会听到"铮铮"的声音，将弹片向前拨动到 90°也不会折断，而且会恢复原状其弹性不会改变！将做好的水晶头插入集线设备或者网卡中的时候能听到清脆的"咔"的响声。

2. BNC 接头

现代网络综合布线工程中，会使用到同轴电缆。同轴电缆主要分为细同轴电缆和粗同轴电缆两类，工程中常用的同轴电缆是细同轴电缆，细同轴电缆的接头称为 BNC 接头（见图 3—21）。BNC 全称为英国海军连接器（British Naval Connector），它使总线型网络中不同粗细的同轴线缆可以连接在一起，每一台主机都通过网卡和 T 型连接器连接到网络上。需要注意的是，在总线型网络的末端必须使用一个阻抗为 50 Ω 的终结器吸收废弃的数据包，保证整个网络的完整性。

根据使用的双绞线的类型不同 BNC 接头而有所不同。一般在网络中使用细同轴电缆，是 50 Ω，而有线电视（CATV）使用的也是同轴电缆，但是它的阻抗却是 75 Ω。细同轴电缆对应的所有的连接器都是 50 Ω 的。

图 3—21　BNC 接头

一根细同轴电缆的两端都要连接 BNC 接头，制作好的 BNC 连接线的结构如图 3—22 所示。

在连接细同轴电缆的过程中，如果要将两根细缆相连，则可以使用筒形连接器（见图 3—23）。

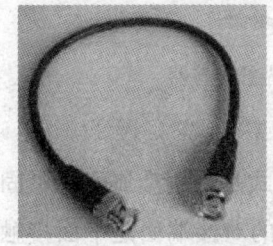 

图 3—22　BNC 连接线　　　　　　　　图 3—23　筒形连接器

计算机接入细同轴电缆的时候，要使用具有 BNC 端口的网卡。细同轴电缆的接头使用专用 T 型连接器（T 型头）连接计算机（见图 3—24）。T 型头的两端分别连接细同轴电缆（见图 3—25）。

图 3—24　T 型连接器　　　　　　　　图 3—25　T 型头的连接

使用细同轴电缆连接网络时，终端要连接终端电阻，防止电信号的反射，形成自己干扰自己的情况。终端电阻如图 3—26 所示。

3. AUI 接头

粗同轴电缆在现代的网络布线中，已经不常使用了，取代它的是光缆。计算机与粗缆连接采用的是收发器（transceiver）。每台计算机需要一个收发器和网络相连。收发器连接在以太网上，计算机再用一根电缆连接到收发器上，这根电缆被称为连接单元接口（Attachment Unit Interface，AUI）电缆。计算机网络接口卡和收发器上的连接器则被称为 AUI 连接器。也叫 AUI 接头。

4. 光纤接头

光纤在工程中的广泛使用，使得光纤发展更快。光纤连接器在光纤的发展中，性能逐渐加强。光纤连接器如图 3—27 所示。

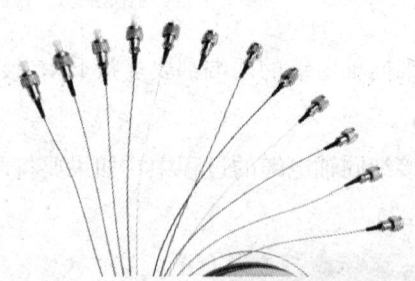

图 3—26　终端电阻　　　　　　图 3—27　光纤连接器

（1）FC 型光纤连接器

FC 是 Ferrule Connector 的缩写，表明其外部加强方式是采用金属套，紧固方式为螺丝扣。最早，FC 类型的连接器，采用的陶瓷插针的对接端面是平面接触方式（FC）。此类连接器结构简单，操作方便，制作容易，但光纤端面对微尘较为敏感，且容易产生菲涅尔反射，提高回波损耗性能较为困难。后来，对该类型连接器做了改进，采用对接端面呈球面的插针（PC），而外部结构没有改变，使得插入损耗和回波损耗性能有了较大幅度的提高（见图 3—28）。

图 3—28　FC 接头

（2）SC 型光纤连接器

SC 型光纤连接器外壳呈矩形，所采用的插针与耦合套筒的结构尺寸与 FC 型完全相同，其中插针的端面多采用 PC 型或 APC 型研磨方式；紧固方式是采用插拔销闩式，无须旋转。此类连接器价格低廉，插拔操作方便，介入损耗波动小，抗压强度较高，安装密度高。SC 型光纤连接器如图 3—29 所示。

图 3—29　SC 型光纤连接器

（3）ST 型光纤连接器

ST 型光纤连接器外壳呈圆形，所采用的插针与耦合套筒的结构尺寸与 FC 型完全相同，其中插针的端面多采用 PC 型或 APC 型研磨方式；紧固方式为螺丝扣。此类连接器适用于各种光纤网络，操作简便，且具有良好的互换性。ST 型光纤连接器如图 3—30 所示。

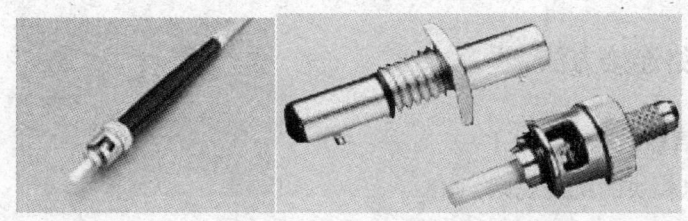

图 3—30　ST 型光纤连接器

（4）MT－RJ 型光纤连接器

MT－RJ 带有与 RJ－45 型 LAN 电连接器相同的闩锁机构，通过安装于小型套管两侧的导向销对准光纤，为便于与光信号收发机相连，连接器端面光纤为双芯（间隔 0.75 mm）排列设计，是主要用于数据传输的高密度光连接器。MT－RJ 型光纤连接器如图 3—31 所示。

（5）LC 型光纤连接器

LC 型光纤连接器是著名的 Bell 研究所研究开发出来的，采用操作方便的模块化插孔（RJ）闩锁机理制成。该连接器所采用的插针和套筒的尺寸是普通 SC、FC 等所用尺寸的一半，为 1.25 m，提高了光配线架中光纤连接器的密度。目前，在单模 SFF 方面，LC 类型的连接器实际已经占据了主导地位，在多模方面的应用也增长迅速。LC 型光纤连接器如图 3—32 所示。

（6）MU 型光纤连接器

MU（Miniature unit Coupling）光纤连接器是以 SC 型连接器为基础研发的世界上最小的单芯光纤连接器。该连接器采用 1.25 mm 直径的套管和自保持机构，其优势在于能实现高密度安装。MU 连接器系列包括用于光缆连接的插座型光连接器（MU－A 系列）、具有自保持机构的底板连接器（MU－B 系列）以及用于连接 LD/PD 模块与插头的简化插座（MU－SR 系列）等。随着光纤网络向更大带宽、更大容量方向的迅速发展和 DWDM 技术的广泛应用，社会对刚型连接器的需求也将迅速增长。MU 型光纤连接器如图 3—33 所示。

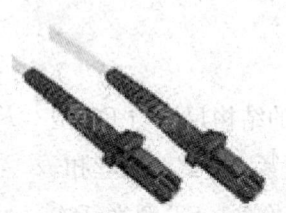 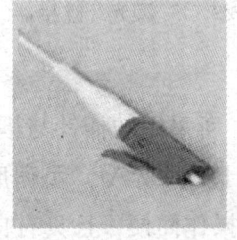 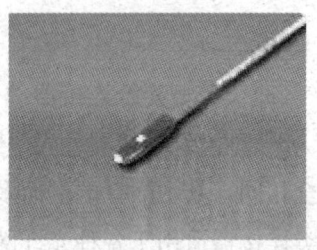

图 3—31　MT－RJ 型光纤连接器　　图 3—32　LC 型光纤连接器　　图 3—33　MU 型光纤连接器

三、网络连接方法

1. 制作信息模块

（1）信息模块的跳线规则

在企业网络中通常不是直接利用网线的水晶头插到集线器或交换机上，而是先把来自集线器或交换机的网线与信息模块连在一起埋在墙上，所以这就涉及到信息模块芯线排列顺序问题，也即跳线规则。

交换机或集线器到网络模块之间的网线接线方法是按市线 EIA/TIA 568 的标准进行的，但因其有 A、B 两种端接方式（IBM 公司的产品通常用端接方式 A，AAT&T 公司的产品通常用端接方式 B，端接方式的主要区别为下述的 T568A 模块和 T568B 模块的内部固定联线方式）。

虽然从集线器或交换机到工作站的网线可以是不经任何跳线的直连线，但为了保证网络的高性能，最好同一网络采取同一种端接方式，包括信息模块和网线水晶头。水晶头和信息模块各引脚的对应顺序如图 3—34 的左、右图所示。因为在信息模块各线槽中都有相应的颜色标注，只需要选择相应的端接方式，然后按模块上的

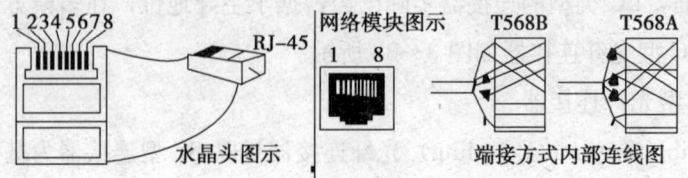

图 3—34　水晶头的连接方式

颜色标注把相应的芯线卡入相应的线槽中即可。

注意：图 3—34 中的 1、2、3、4、5、6、7、8 顺序不是随便定的，它是在把水晶头有金属弹片的一面向上，塑料扣片向下，插入 RJ—45 座的一头向外，从左到右依次为 1、2、3、4、5、6、7、8 脚。

（2）信息模块的制作步骤

步骤 1：剥线

用剥线工具在离双绞线一端 130 mm 长度左右把双绞线的外包皮剥去（见图 3—35）。

步骤 2：嵌入打线装置

如果有信息模块打线保护装置，则可将信息模块嵌入在保护装置上（见图 3—36）。

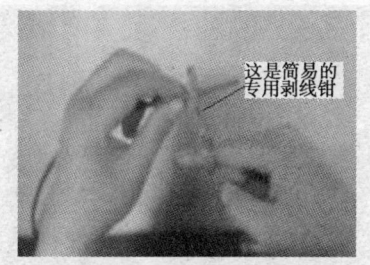

图 3—35　剥离双绞线

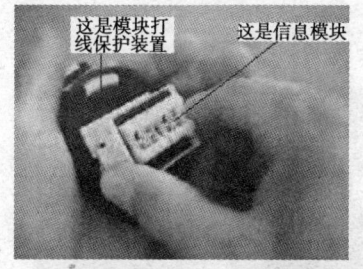

图 3—36　嵌入打线装置

步骤 3：把剥开的 4 对双绞线芯线分开，但为了便于区分，此时最好不要拆开各芯线线对，只是在卡相应芯线时才拆开。按照信息模块上所指示的芯线颜色线序，两手平拉上一小段对应的芯线，稍稍用力将导线一一置入相应的线槽内，如图 3—37 所示。

步骤 4：全部芯线都嵌入好后即可用打线钳再一根根把芯线进一步压入线槽中（也可在第 3 步操作中完成一根即用打线钳压入一根，但效率低些），确保接触良好，如图 3—38 所示。然后剪掉模块外多余的线。

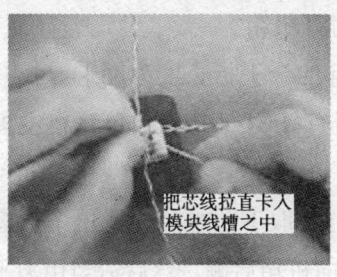

图 3—37　压线

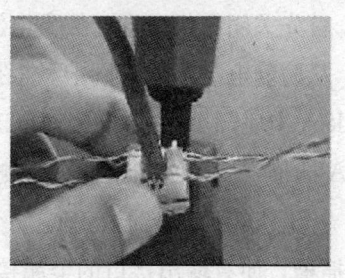

图 3—38　剪线

注意：通常情况下，信息模块上会同时标记有 TIA 568—A 和 TIA 568—B 两种芯线颜色线序，应当根据布线设计时的规定，与其他连接和设备采用相同的线序。

步骤 5：将信息模块的塑料防尘片沿缺口穿入双绞线，并固定于信息模块上，如图 3—39 所示，压紧后即可完成模块的制作全过程。然后再把制作好的信息模块放入信息插座中。

信息模块制作好后当然也可以测试一下连接是否良好，此时可用万用表进行测量。把万用表的挡位定到×10 的电阻挡，把万用表的一个表针与网线的另一端相应芯线接触，另一万用表笔接触信息模块上卡入相应颜色芯线的卡线槽边缘（注意不是接触芯线），如果阻值很小，则证明信息模块连接良好，否则再用打线钳压一下相应芯线，直到通畅为止。做好的信息模块如图 3—40 所示。

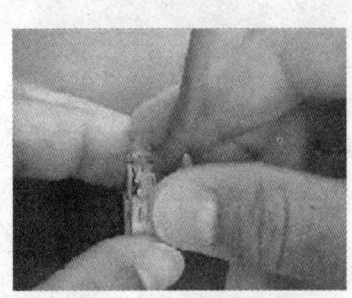 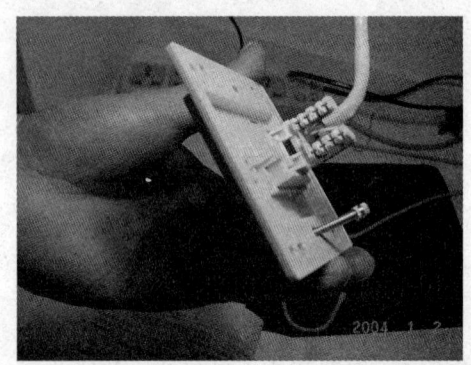

图 3—39　插线放入信息插座　　　　图 3—40　做好的信息模块

2. 安装网卡

网卡是网络的重要组成器件之一，网卡的好坏直接影响网络的运行状态。安装网卡包括网卡的硬件安装、连接网络线、网卡工作状态设置和网卡设备驱动程序的安装。

（1）网卡的安装步骤

1）首先关闭主机电源，拔下电源插头，打开机箱。

2）从防静电袋中取出网卡，根据网卡底部的金手指长度为网卡寻找一合适的插槽（ISA 卡底部金手指略长于 PCI 卡金手指）；PCI 插槽（白色）在主板后侧中部，ISA 插槽（黑色）在主板右后侧。

3）拧下机箱后部挡板上固定防尘片的螺钉，取下防尘片，露出条形窗口；将卡对准插槽，使有输出接口的金属接口挡板面向机箱后侧，然后适当用力平稳地将卡向下压入槽中。

4) 将卡的金属挡板用螺钉固定在条形窗口顶部的螺钉孔上。这个小螺钉既固定了卡,又能有效地防止短路和接触不良,还连通了网卡与计算机主板之间的公共地线。

(2) 连接网络线

星形网络用双绞线连接网卡至集线器,将双绞线两端水晶头像插电话插头一样插入网卡和集线器的 RJ-45 接口中即可。

用双绞线连接集线器和网卡的网络,接通主机和集线器电源之后,每间隔一定时间(如 16 ms)集线器和网卡之间就有一脉冲信号,如果观察到集线器和网卡上的 LED 发光二极管间断闪烁,说明网卡能正常工作。

安装双口网卡后暂时不连接电缆线,接通计算机电源,如果网卡上两个 LED 指示灯都亮,则网卡的接口方式为 BNC 状态;如果只有一个 LED 指示灯亮,则网卡的接口方式为 UPT (RJ-45) 状态,如果网卡当前接口状态不是需要的状态,请运行网卡程序软盘中的设置程序进行设置。

(3) 网卡工作状态设置

网卡工作状态设置主要指 IRQ 中断设置、I/O 地址设置,对有些双口网卡还需要设置接口连接方式。以下以较为常见的 NE2000PnP 兼容网卡为例,讨论如何设置网卡的工作状态。

NE2000PnP 双口网卡附有一张程序软盘,盘上有网卡的设置、诊断程序和用户手册。NE2000PnP 双口网卡出厂时网卡设置为非 PnP 模式、IRQ 设定为 3,I/O 地址设定为 300H,接口连接方式为 BNC。设置更改网卡的工作状态,需运行随网程序软盘中的程序 SETUP.EXE。操作步骤如下:

步骤 1:进入设置主菜单

在 DOS 状态下,将安装软盘插入软驱 A,键入 SETUP 进入设置主菜单。

步骤 2:进入设置菜单

在主菜单"SETUP Main Menu"中选择"Adapter Configuration"选项,进入设置菜单。

步骤 3:进入更改设置对话框

在菜单"Adapter Configuration Menu"中选择"Change Configuration"选项进入更改设置对话框。

步骤 4:进行设置

在更改设置对话框中,"Operation Mode"栏有三个选项,如果选择"Jumperles"(跳线模式),可自行设置 IRQ 和 I/O 地址,如果选择"Plug & Play"(即插即用）或"AutoSense"（自动检测）模式，由系统自动选择 IRQ 和 I/O 地址。

提示：

◆大多数网卡支持即插即用，如果操作系统（如 Windows 9X）、主板 BIOS 和网卡均能非常好的支持即插即用，建议选择"Plug & Play"（即插即用）模式，系统能自动设置 IRQ 中断和 I/O 地址设置。

◆如果主板 BIOS 不支持即插即用，如 486 主板，必须选择"Jumperles"（跳线模式）自行设置网卡的工作状态；有些主板 BIOS 和操作系统（包括 Windows 9X）对即插即用支持不好，当无法安装网卡驱动程序或发生资源冲突时，可以选择"Jumperles"（跳线模式）自行设置网卡的工作状态。

步骤5：储存

设置完毕，系统会提示是否储存，如选择"YES（是）"，系统会将设置内容储存在网卡上的 EEPROM 中。

步骤6：测试

退回上一级"Adapter Configuration Menu"菜单后，可选择"Run Diagnostics"选项，对网卡的设置内容进行测试，若不能通过测试请重新设置。

在 NE2000PnP 网卡程序软盘根目录下，MOD9008.EXE 可用于更改网卡的"Jumperles"（跳线模式）、"Plug & Play"（即插即用）和"AutoSense"（自动检测）模式；DIAG.EXE 可用于更改、测试网卡的工作状态。上述程序均需在 DOS 状态下运行，设置测试方法与上述内容雷同，此处不再描述。

（4）安装网卡设备驱动程序

1）安装方法。安装网卡（网络适配器）设备驱动程序可用以下3种方法：

方法一：硬件安装完成后开启计算机，Windows 9X 自动侦测到网卡的存在，并出现找到新硬件设备的画面，此时可按提示进行安装。

方法二：Windows 9X 启动并出现找到新硬件设备的画面，选择"不安装驱动程序，Windows 以后将不再提示"选项，而后利用"控制面板"/"添加新硬件"安装。

方法三：Windows 9X 启动并出现找到新硬件设备的画面，选择"不安装驱动程序，Windows 以后将不再提示"选项，而后利用"控制面板"/"网络"安装。

上述三种安装网卡驱动程序的界面略有差别，但对非即插即用网卡和非即插即用主板，系统无法自动侦测到网卡，只能用后两种方法安装。由于安装网卡（网络适配器）、添加客户软件、添加网络协议、设置网络服务功能均可通过"控制面板"/"网络"对话框进行，本文讨论第三种方法。

2) 安装实例。现以最常用的 NE2000 兼容网卡为例,通过"控制面板"/"网络"对话框安装网卡设备驱动程序的具体操作步骤。

步骤 1:启动计算机

启动计算机进入到 Windows 9X 桌面。

步骤 2:打开"网络"窗口

选择"开始"/"设置"/"控制面板",在"控制面板"中打开"网络"窗口。

步骤 3:打开"选定网络组件类型"窗口

在"网络"窗口的"配置"标签中选择"添加"按钮,打开"选定网络组件类型"窗口。

步骤 4:打开"选定网络适配器"对话框

在"选定网络组件类型"窗口的"单击要安装的组件类型:"选择框中选定"适配器"后,选择"添加"按钮,打开"选定网络适配器"对话框。

步骤 5:选定网卡名称

在"选定网络适配器"窗口左边的"厂商"选择框中选择网卡的制作厂商;在右边的"网络适配器"选择框中选择网卡名称。

提示:对 NE2000 兼容网卡,可在左边的"厂商"选择框中选择"Novell/Anthem",在右边的"网络适配器"选择框中选择"NE2000 Compatible"。

如果"选定网络适配器"窗口中没有用户的网卡,请单击右下侧"从磁盘安装"按钮,打开"从磁盘安装"对话框;在"从磁盘安装"对话框中单击"浏览",在网卡驱动程序软盘中选定网卡驱动程序,按"确定"按钮;系统将读取软盘中的网卡驱动程序信息。

步骤 6:确认

按"确定"按钮后,对非即插即用的 NE2000 兼容网卡,系统会给出"NE2000 Compatible 属性"对话框,在此对话框"属性"标签中有"配置类型""中断 IRQ""I/O 地址范围"三个选择框:如果框中设置的资源前有"♯"号,表示该值为当前硬件的设置值;如果框中设置的资源前有"﹡"号,表示该值与其他硬件有冲突,需在选择框中选定其他资源以避免冲突。

步骤 7:完成安装

按提示"插入 Windows 9X 安装光盘",给出安装目录,即可完成安装。

(5) 网卡安装故障检查方法

如果无法安装网卡驱动程序或安装网卡后无法登录网络,按下述步骤检查处理:

步骤1：选择"控制面板"/"系统"图标，打开"系统属性"窗口。

步骤2：在"系统属性"窗口的"设备管理"标签的"按类型查看设备列表"中，双击"网络适配器"条目前的"＋"号将其展开，其下应当列出当前网卡。

步骤3：如果"设备管理"'标签中没有"网络适配器"条目或当前网卡前有"X"号，说明系统没能识别网卡，可能产生的原因有网卡驱动程序安装不当、网卡硬件安装不当、网卡硬件故障等。

步骤4：如果网卡前有一带圆圈的"！"，说明系统找到了网卡，但网卡不能正常工作，请选定网卡后按"属性"按钮，打开"网卡属性"单。

步骤5：如果网卡不能正常工作，在"网卡属性"窗口"常规"标签的"设备状态"栏目中会给出故障类型和推荐的解决方法；如果存在资源冲突，在"资源"标签中的"冲突设备列表"中通常会给出与网卡发生冲突的设备以及冲突的IRQ中断号或I/O地址。

对有些PCI网卡，用上述方法无法检查到资源冲突，可选择"开始"/"程序"/"附件"/"系统工具"/"系统信息"，打开"Microsoft系统信息"窗口，双击左边窗口"系统信息"框中"硬件资源"条目前的"＋"号将其展开后，能检查到资源冲突。

(6) 网卡设置资源冲突处理方法

网卡非常容易与其他设备发生资源冲突，尤其是在系统中安装有多只接口卡的情况下，资源冲突常采用以下几种方法处理。

1) 方法一。在上述"网卡属性"窗口"资源"标签的"资源类型"列表中选定发生冲突的"资源"，按"更改设置"按钮，更改发生冲突的IRQ中断号或I/O地址。

2) 方法二。早期网卡常强行占用IRQ3，与COM2发生IRQ中断冲突，如果用户不使用COM2，可在BIOS中将"Onboard UART Port"项设置为Disabled，关闭COM2。

3) 方法三。有些PCI网卡会强行占用IRQ10，与一些强行占用IRQ10的显示卡发生IRQ中断冲突，可在BIOS中将"Assign IRQ For VGA"'项设置为Disabled，不给显示卡分配固定的中断。

4) 方法四。运行网卡程序软盘中的设置程序，将网卡设置为非PNP模式(jumpless)，设置IRQ中断号和I/O地址为系统未占用的地址；并在BIOS中将相应中断号由PCI/ISA改为Legacy ISA。

5) 方法五。升级网卡BIOS，这种方法要求网卡使用的是Flash ROM，还需要去相应网站下载高版本网卡 BIOS 更新程序。如果用户采用上述方法均不能解决故障，建议换一块网卡试试。

3. 添加网络协议

网卡设备驱动程序安装完成，按提示重新启动以后，在"控制面板"/"网络"/"属性"标签的"已安装下列网络组件"窗口中通常会有以下条目：

（1）"Microsoft 网络客户"

"Microsoft 网络客户"用于与其他 Microsoft Windows 计算机和服务器相连接的软件，以便使用其上的计算机共享文件和打印机。

（2）"NetWare 网络客户"

"NetWare 网络客户"用于与 NetWare 服务器相连接的软件，以便使用其上的共享文件和打印机。

（3）"Novell/Anthem NE2000"

"Novell/Anthem NE2000"当前网络适配器（即网卡），是物理上连接计算机与网络的硬件。

（4）"IPX/SPX 兼容协议"

NetWare 和 Windows NT 服务器及 Windows 9X 计算机使用的通信语言，两台计算机间必须用相同的协议才能相互通信。

（5）"NetBEUI"

"NetBEUI"用于连接 Windows NT、Windows for Workgroups 或 LAN Manager 服务器的协议。

如果不连接 NetWare 服务器，可以将"NetWate 网络客户"条目删除；只使用"IPX/SPX 兼容协议"和"NetBEUI"其中之一就可以在 Windows 9X 对等网中通信。Windows 9X 可以同时装入多种网络协议，但网络中多台机器的协议配置要一致，比如都使用"IPX/SPX 兼容协议"或均使用"NetBEUI"，使用过多的协议会使网络速度变慢。

如果在"控制面板"/"网络"对话框"属性"标签的窗口中没有需要的协议，请按下述方式添加（以添加"TCP/IP"协议为例）：

步骤1：在"控制面板"/"网络"对话框中选择"添加"按钮，打开"选定网络组件类型"窗口。

步骤2：在"选定网络组件类型"窗口中选定"协议"后，按"添加"按钮，打开"选定 NetTrans"对话框。

步骤3：在选择网络协议对话框的"厂商"窗口选取"Microsoft"，在网络协议窗口选取"TCP/IP"。

步骤4：按"确定"按钮完成安装。

4. 输入网络口令

重新启动计算机进入 Windows 9X 界面，系统会给出"输入网络口令"的对话框，要求输入口令，可按下述方法处理。

（1）输入一口令

如果输入了口令，则以后每次用该用户名登录网络时系统均要求输入该口令，否则不能用该用户名登录网络，如果网络上的其他计算机或服务器为所使用的用户名设置有特殊权限，应当输入并记往口令。

（2）不输入口令

如果不输入口令，按"确定"按钮，则 Windows 9X 认为该用户登录网络不需要口令，这种方式可以登录 Windows 9X 对等网，并且以后登录网络也不需要输入口令。

（3）取消口令输入

每次登录网络均输入口令比较麻烦，尤其是对多媒体教室和游戏室的用户。可选择"控制面板"/"口令"，打开"口令属性"窗口，在"更改口令"标签中按"更改 Windows 口令"按钮，删除其中的口令，以后登录 Windows 9X 系统时则不要求输入口令。

5. 设置登录方式

在"网络"窗口"设置"标签的"基本登录方式"选择框中，"Microsoft 网络客户"和"Windows 登录"二个选项均可以登录 Windows 9X 对等网。如选择"Microsoft 网络客户"选项，启动完毕进入 Windows 9X 桌面，系统会提示输入用户名、口令等信息，并根据输入信息处理登录脚本，连接网络。

如选择"Windows 登录"选项，启动 Windows 不进行网络登录验证，启动速度会较快；但如果系统无法连接网络，屏幕上将不给出错误信息。如果在启动 Windows 时，分别遇到两个独立的登录屏幕（一个用于 Windows，另一个用于网络），最好使用同一口令登录。

按上述方式设置并重新启动以后，Windows 9X 桌面会出现"网上邻居"图标，双击"网上邻居"图标，打开"网上邻居"窗口，就能看到本工作组的所有计算机，双击"网上邻居"窗口的"整个网络"图标，还能看到网络上的其他工作组。

双击"网上邻居"窗口中其他用户的计算机图标，就能观察到该机提供的共享资源（文件和打印机共享）。能观察到并使用其他计算机资源的条件是该计算机必须设置资源共享，如果该计算机没有设置共享，"网上邻居"窗口中能看到该计算机，但无法共享该计算机的资源。

四、局域网中常用线缆的检查

1. 双绞线的检查

（1）双绞线质量的检查方法

1）检查传输速度。双绞线质量的伪劣是决定局域网带宽的关键因素之一。某些不法厂商在5类UTP电缆绝缘胶皮中所包裹的是3类或4类UTP中所使用的线对，这种制假方法对一般用户来说很难辨别。使用这种所谓的"5类UTP"后，虽然在10 M网络中一般不会出现问题，但是将网络升级到100 M或组建100 M网络时，问题便暴露出来。因为这类线缆无法达到100 Mbps的数据传输率，最大为10 Mbps或16 Mbps。一个简单的鉴别办法是用一条双绞线连接两台100 Mbps的设备（网卡到网卡或网卡到HUB），通信时用Windows 9X自带的"系统监视器"检测工具或Windows NT中的"网络监视器"对其数据传输率进行监测，符合要求的5类UTP的数据传输率一般应接近100 Mbps，否则可怀疑有假。

2）检查双绞线对的扭绕是否符合要求。为了降低信号的干扰，双绞线电缆中的每一线对都是由两根绝缘的铜导线按逆时针方向相互扭绕而成，同一电缆中的不同线对具有不同的扭绕度：最密、较密、较疏、最疏。某些非正规厂商为了简化工艺，生产的电缆线经常会出现线对的扭绕密度相同、扭绕方向不符合要求、线对中两根绝缘导线的扭绕密度不符合技术要求等问题。

如果存在以上问题，将会引起双绞线的近端串扰（指UTP中两线对之间的信号干扰），从而使传输距离达不到要求。双绞线的扭绕度在生产中都有较严格的标准，实际选购时，在有条件的情况下可用一些专业设备进行测量，但一般用户只能凭肉眼来观察。需要说明的是，5类UTP中线对的扭绕度要比3类UTP密，而超5类又要比5类密。

除组成双绞线线对的两条绝缘铜导线要进行互绕外，标准双绞线电缆中的线对之间也要按逆时针方向进行扭绕。否则将会引起电缆电阻的不匹配，限制传输距离。这一点一般用户很少注意到。

3）检查5类双绞线的对数。目前在快速以太网中最普及的标准是100Base－TX标准。用户在购买100M网络中使用的双绞线时，有些网络厂商或公司便提供只有两个线对的双绞线，其理由是快速以太网只需要两对线来传输信息。在美国线缆标准（AWG）中3类、4类、5类和超5类双绞线都定义为4对，因为快速以太网投入使用后，一方面要求5类线应同时满足三个标准的要求，另一方面千兆以太网取代快速以太网将是网络技术发展的必然，在千兆以太网中要求使用全部的四对线进行通信。所以，标准5类线缆中应该有4对线。

4) 仔细检查外观。在识别5类UTP时应注意仔细观察：

①查看电缆上面的标志。如AMP公司会在双绞线电缆的绝缘胶皮上印有诸如"AMP SYSTEMS CABLE‰＄…24AWG…CAT5"的字样，表示该双绞线是5类双绞线。另外，24AWG表示是局域网使用的双绞线，CAT5表示为5类。

②双绞线应弯曲自然，以方便布线。

③电缆中的铜芯应具有较好的韧性。为了使双绞线在移动中不至于断线，除了外面的绝缘胶皮外，内部的铜芯还要具有一定的韧性。同时为便于接头的制作和连接可靠，铜芯既不能太软，也不能太硬，太软不易接头的制作，太硬则容易产生接头的断裂。

④电缆应具有良好的阻燃性。为了避免因高温或起火而造成的线缆损坏，双绞线最外面的一层胶皮除应具有很好的抗拉特性外，还应具有阻燃性。而非标准双绞线电缆为了降低制造成本，一般采用不符合要求的材料制作电缆的绝缘胶皮，不利于通信安全。

注意：为了判定网线的真伪，首先可以将双绞线放在高温的环境中测试一下，真的双绞线在周围的温度达到35～40℃时外面的一层胶皮不会变软，而假的双绞线则会变软。其次，劣质的双绞线抗拉性非常差。再次，由于双绞线电缆一般采用铜材料作为传输介质。而一些劣质的线都在铜中掺了其他金属，因此，劣质线往往比真的双绞线硬，不易弯曲、容易断线，相对易燃。

(2) 双绞线接通情况的测试

在制作好双绞线接头之后，应该先检查此条双绞线是否接通。最简单的方法就是使用测线仪，检测双绞线的接通情况。测线仪的外观如图3—41所示。

1) 测线仪的使用方法

步骤1：将网线两端的水晶头分别插入主测试仪和远程测试端的RJ45端口（见图3—42）。

步骤2：将开关拨到"ON"（S为慢速挡），这时主测试仪和远程测试端的指示头应该逐个闪亮。

2) 导线断路测试现象

①直通连线的测试。测试直通连线时，主测试仪的指示灯应该从1到8逐个顺

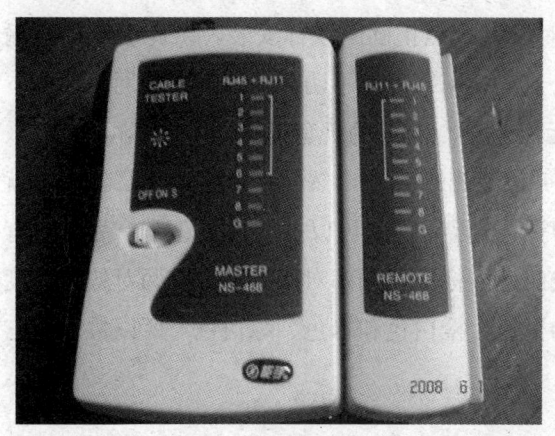
图3—41 测线仪

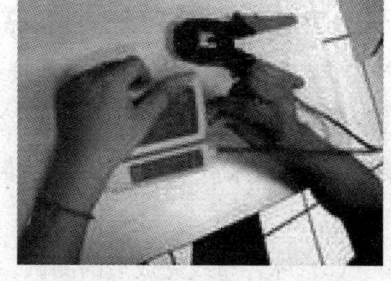
图3—42 使用测线仪

序闪亮,而远程测试端的指示灯也应该从1到8逐个顺序闪亮。如果是这种现象,说明直通线的连通性没问题,否则需要重做。

②交错线连线的测试。测试交错连线时,主测试仪的指示灯也应该从1到8逐个顺序闪亮,而远程测试端的指示灯应该是按着3、6、1、4、5、2、7、8的顺序逐个闪亮。如果是这样,说明交错连线连通性没问题,否则需要重做。

③若网线两端的线序不正确时,主测试仪的指示灯仍然从1到8逐个闪亮,只是远程测试端的指示灯将按着与主测试端连通的线号的顺序逐个闪亮。也就是说,远程测试端不能按着直通连线和交错线连线的顺序闪亮。

④当有1到6根导线断路时,则主测试仪和远程测试端的对应线号的指示灯都不亮,其他的灯仍然可以逐个闪亮。

⑤当有7根或8根导线断路时,则主测试仪和远程测试端的指示灯全都不亮。

3)导线短路测试现象

①当有两根导线短路时,主测试仪的指示灯仍然按着从1到8的顺序逐个闪亮,而远程测试端两根短路线所对应的指示灯将被同时点亮,其他的指示灯仍按正常的顺序逐个闪亮。

②当有三根或三根以上的导线短路时,主测试仪的指示灯仍然从1到8逐个顺序闪亮,而远程测试端的所有短路线对应的指示灯都不亮。

4)测试时的其他现象。双绞线布线过程中比较容易出现网络"通"而"不通"的线序问题。许多用户在布线中经常采用一一对应的错误连接方法,当连接距离较短时,系统不会出现连接上的故障。但当连接距离较长,网络繁忙或高速运行时,就容易不通了,原因是:在以太网中,一般是使用两对双绞线,排列在1、2、3、6的位置,如果使用的不是两对线,而是将原配对使用的线分开使用,就会形成串绕串扰（Split Pair 错误是指在打线时没有按照正确的线标安装，由此引发的传输性能故障），对网络性能有较大影响。10 M 网络环境不明显，100 M 的网络环境下如果流量大或者距离长，网络就会无法连通。上面的现象就是这个原因，由于3、6 未使用配对线，在距离短的情况下并没有出现问题，然而一旦距离变长，故障就产生了。只需要将 RJ45 头重新按线序做过以后，就可以一切恢复正常。另外，有些双绞线厂商为了更好地超过双绞线的性能标准，在四对双绞线中有两对的缠绕度要比另外两对高一些，当然是标准的橙色、橙白色和绿色、绿白色，所以最好用它们做 1、2、3、6。

（3）综合布线完成后的测试

在网络建设过程中，综合布线完成后，还要对双绞线进行测试。结构化布线非屏蔽双绞线测试可划分为导通测试和认证测试。导通测试注重结构化布线的连接性能，不关心结构化布线的电气特性，可以保证所完成的每一个连接都正确。而认证测试是指对结构化布线系统依照标准进行测试，以确定结构化布线是否全部达到设计要求。

通常，结构化布线的通道性能不仅取决于布线的施工工艺，还取决于采用的线缆及相关连接硬件的质量，所以对结构化布线必须要做认证测试，也称5类测试认证。通过测试，可以确认所安装的线缆、相关连接硬件及其工艺能否达到设计要求，这种测试包括连接性能测试和电气性能测试。电缆安装是一个以安装工艺为主的工作，由于没有人能够完全无误地工作，为确保线缆安装满足性能和质量的要求，必须进行链路测试。

1）常见错误。在没有测试工具的情况下，连接工作可能出现一些错误。常见的连接错误有：

① 开路和短路。在施工中，由于工具、接线技巧或墙内穿线技术欠缺等问题，会产生开路或短路故障。

② 反接。同一对线在两端针位接反，比如一端为1-2，另一端为2-1。

③ 错对。将一对线接到另一端的另一对线上，比如一端是1-2，另一端接在4-5 上。

④ 串绕。所谓串绕是指将原来的两对线分别拆开后又重新组成新的线对。由于出现这种故障时端对端的连通性并未受影响，所以用普通的万用表不能检查出故障原因，只有通过使用专用的电缆测试仪才能检查出来。

2）测试结果。认证测试并不能提高综合布线的通道性能，只是确认所安装的线缆、相关连接硬件及其工艺能否达到设计要求。只有使用能满足特定要求的测试仪器并按照相应的测试方法进行测试，所得结果才是有效的。例如，采用 Pentas-canner 5 类测试仪进行 5 类测试。方法是：先用测试仪连接跳线两端，再按 AutoTEST 进行测试，接着按 F1 显示测试结果，最后打印测试结果。常见的问题包括：

① 近端串扰未通过。故障原因可能是近端连接点的问题，或者是因为串对、外部干扰、远端连接点短路、链路电缆和连接硬件性能问题，不是同一类产品以及电缆的端接质量问题等。

② 接线未通过。故障原因可能是两端的接头有断路、短路、交叉或破裂，或是因为跨接错误等。

③ 衰减未通过。故障原因可能是线缆过长或温度过高，或是连接点问题，也可能是链路电缆和连接硬件的性能问题，或不是同一类产品，还有可能是电缆的端接质量问题等。

长度未通过故障原因可能是线缆过长、开路或短路，或者设备连线及跨接线的总长度过长等。

④ 测试仪故障。故障原因可能是测试仪不启动（可采用更换电池或充电的方法解决此问题）、测试仪不能工作或不能进行远端校准、测试仪设置为不正确的电缆类型、测试仪设置为不正确的链路结构、测试仪不能存储自动测试结果以及测试仪不能打印存储的自动测试结果等。

2. 细同轴电缆的检查方法

由于细同轴电缆使用的接口是 BNC 端口，使用时，需要插进去、再旋转，这样就存在可能拧不紧等情况；细同轴电缆连接起来好像一条线，但是如果线上的某一处松动或断开，都会显示网络瘫痪。此时就要一步步检查，具体检查步骤如下：

步骤 1：检查细同轴电缆的连接，确保没有松动的连接。

步骤 2：检查细同轴电缆，确保网段的末端有 50 Ω 的终端匹配器进行终结。

步骤 3：采取分段检查法，从连接在网络上的某一段细同轴电缆的接头开始，用万用表测量接头的芯线与其外壳导体之间的电阻，若阻值为 50 Ω，则说明自该接头至终端器之间的信道畅通。若测得的阻值不为 50 Ω，则说明测量点到终端器之间有问题或短路故障。

步骤 4：然后采用同样方法再分段检查有故障的信道，直至查出故障点为止。

采用这种方法时，一般从与网卡的 T 型头相连的接头开始检查，分段进行。如果没有万用表，可保持将同轴电缆任一端的连接线路不动，另一端的连接线路断开，用好的终端器接在断开的连接线路一端。若此时连在服务器上的工作站能够登录,则表明这一侧的信道畅通,同样方法可检测服务器另一侧的信道。

若与网络服务器相连的工作站无法登录,且工作站上有提示信息:"Error finding server",则说明这一侧的"信道"不畅通,有断路或短路故障。此时,可将与网络服务器相连的工作站分段检查;即从连接在服务器上的某一工作站处分段,将该工作站 T 型头上连接电缆的一端与网络服务器保持物理连接,另一端接上好的终端器代替其后被切断的工作站,若此时与网络服务器相连的工作站能够登录,则被切断部分的信道有故障;否则,与网络服务器相连部分的信道有故障。然后再将故障段分段检查,直至找到故障点。

3. 光缆的检查方法

(1) 光缆的连接方法

步骤1:可以利用光纤端接装置(OUT)、光纤耦合器、光纤连接器面板来建立模组化的连接。

步骤2:当辐射光缆工作完成后及光纤交连和在应有的位置上建立互连模组以后,就可以将光纤连接器加到光纤末端上,并建立光纤连接。

步骤3:最后,通过性能测试来检验整体通道的有效性,并为所有连接加上标签。

(2) 光缆的检验要求

1) 工程所用的光缆规格、型号、数量应符合设计的规定和合同要求。

2) 光纤所附标记、标签内容应齐全和清晰。

3) 光缆外护套须完整无损,光缆应有出厂质量检验合格证。

4) 光缆开盘后,应先检查光缆外观无损伤,光缆端头封装是否良好。

5) 光纤跳线检验应符合下列规定:具有经过防火处理的光纤保护包皮,两端的活动连接器端面应装配有合适的保护盖帽。

6) 每根光纤接插线的光纤类型应有明显的标记,应符合设计要求。

(3) 光缆的布防要求

1) 布放光缆应平直,不得产生扭绞、打圈等现象,不应受到外力挤压和损伤。

2) 光缆布放前,其两端应贴有标签,以表明起始和终端位置。标签应书写清晰、端正和正确。

3) 最好以直线方式敷设光缆。如有拐弯,光缆的弯曲半径在静止状态时至少应为光缆外径的 10 倍,在施工过程中至少应为 20 倍。

(4) 光缆的故障原因

1) 灰尘以及其他的污染。千兆以太网标准规定对光缆链路损耗的余量只有

2.38 dB，很小的不洁就可以造成严重的影响。简单地检查连接器的洁净度以及使用防尘盖（套）就可以有效地保护连接器不受污染。在光缆故障诊断时，合适的测试工具，例如视频放大镜、OTDR，可以大大地缩短故障诊断的时间，从而缩短网络出故障的时间，减少由于网络中断而造成的损失。

2）光纤受到压力变形。光纤受到压力时会产生形变，这种形变直接导致了损耗增大。因为光纤的材料是石英系玻璃（SiO_2），有一定硬度，但在压力作用下，其几何形式会发生变化（例如包层不圆度增大）导致结构缺陷，使损耗增大。当这种压力大到一定程度时还会产生永久性的损伤。

3）光纤弯曲。从电磁场理论解释，光纤可以近似为一根圆柱形的光波导。而当光纤受到很大的弯折，弯曲半径与其纤芯直径具有可比性的时候，它的传输特性就发生的变化。或者说，它成了另一种类型的波导（类似的，在光纤受压后，变成了椭圆或其他形状的波导，同样是被改变了传输特性）不再适合传导原来所传的那个波长的光波。当适合原来光纤传输的波长的光穿过这样的光纤时，大量的传导模被转化成辐射模，不再继续传输，而是进入包层被涂敷层或包层吸收。

4）光纤收发器或光模块的指示灯熄灭。

①当收发器的光口（FX）指示灯不亮时，需要确定光纤链路是否交叉链接：光纤跳线一头是平行方式连接；另一头是交叉方式连接。

②当 A 收发器的光口（FX）指示灯亮，B 收发器的光口（FX）指示灯不亮，故障在 A 收发器端。一种可能是：A 收发器（TX）光发送口已坏，因为 B 收发器的光口（RX）接收不到光信号；另一种可能是：A 收发器（TX）光发送口的这条光纤链路有问题（光缆或光线跳线可能断了）。

5）光缆、光纤跳线已断

①光缆通断检测。用激光手电、太阳光、发光体对着光缆接头或偶合器的一头照光；在另一头看是否有可见光。如有可见光则表明光缆没有断。

②光纤连线通断检测。用激光手电、太阳光等对着光纤跳线的一端照光，在另一端看，如有可见光则表明光纤跳线没有断。

6）半/全双工方式是否有误。有的收发器侧面有 FDX 开关：表示全双工；HDX 开关：表示半双工。

7）光纤收发器故障。光纤收发器或光模块在正常情况下的发光功率：多模，$-10 \sim 18$ dB；单模 20 km，$-8 \sim 15$ dB；单模 60 km，$-5 \sim 12$ dB；如果光纤收发器的发光功率为：$-30 \sim 45$ dB，可以判断这个收发器有问题。

(5) 利用测试仪器进行检测

最常用的光缆测试仪器是光功率损耗测试包（OLTS）以及光时域反射计（OTDR）。

此外，调研结果中还有部分用户使用可视故障定位仪（VFLs）来检测光的极性、断点，以及大的衰减，如配线架上光缆的过紧捆扎。

光缆测试仪包括：多功能网络测试工具、手持式单/双波长激光源、FTM－100 系列光万用表、光缆清洁和检测套包等。

1）多功能网络测试工具。常用的有福禄克网络的 SimpliFiber（见图 3—43），其价格便宜且容易使用，同时支持多模和单模光缆的损耗测试。

紧凑的 SimpliFiber 光源和光表坚固耐用，其紧凑防滑设计，符合人性的手感使得持握更加舒适安全。集成的护盖有效地保护光缆接口，较长的电池使用时间免去了经常更换电池的烦恼。

SimpliFiber 光源和光表是一体的工程设计（一同工作），自动波长感应功能让光表识别光源的波长并自动调整自己的波长，简便自动的多波长测试防止了耗时的测量错误。

特点：使用 LinkWare 软件管理铜缆和光纤的测试结果。

2）手持式单/双波长激光源。手持式单/双波长激光源如图 3—44 所示。

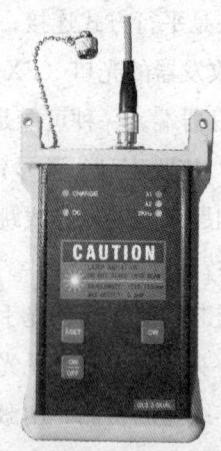

图 3—43　多功能网络测试仪　　图 3—44　手持式单/双波长激光源

手持 650 nm 稳定光源具有杰出的稳定性与便携性，为光纤测试提供精确的保证及便利。该仪器不但可作为稳定光源提供稳定 650 nm 激光源，还可作为光纤故障定位仪使用。作为故障定位仪时，可肉眼识别光纤断裂、弯曲的故障地点，方便用户找出光纤故障位置。产品特征：

①随机提供 SC、FC、ST 三种规格连接头，方便使用。

②光纤接头损耗测试。

③连续光输出或调制光（2Hz）输出状态。

④两节 AA 电池（可充电）或交流供电。

⑤稳定 650 nm 激光源还可作为光纤故障定位仪使用。

3）FTM−100 系列光万用表。FTM−100 系列光万用表如图 3—45 所示。

FTM−100 系列光万用表是激光光源与光功率量测模块有机集合在一起的多功能测量仪表，可实现光路的环路测试或双向测试。产品特征：

①可实现单端口双波长光源输出，1 310 nm/1 550 nm 任意切换。

②光功率计检测自动跟踪光源变化。

③大动态功率测量范围。

④功率单位自动匹配显示。

⑤自动/手动模式选择，屏幕直接显示波长。

⑥内置可充电池以及电量显示灯。

⑦低电压指示显示。

4）光缆清洁和检测套包。全套光纤检验工具包（FTK400 和 FTK450）如图 3—46 所示。

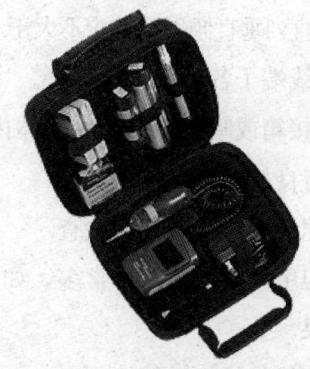

图 3—45 FTM−100 系列光万用表

图 3—46 全套光纤检验工具包（FTK400 和 FTK450）

全套光纤检验工具包适用于通过多模和单模光纤安装并维护楼宇网络的承包商和技术人员。使用这些工具包可以检验光损耗和 850 nm、1 300 nm、1 310 nm 及 1 550 nm 的功率水平，检查光纤端面，查找电缆故障、连接器问题和极性问题。各种工具包组合可以提供一系列的检查选件。选择带有 FiberViewer 显微镜的 FTK400 只能检查光纤连接器的端面。选择带有 FiberInspector Mini 的 FTK450 可以检查光纤连接器的端面，以及配线板和闷头。

除此之外，还有很多的测试光纤、光缆的设备。可以根据实际的情况进行选择。

五、检查配线设备状态

在网路的布线系统中，配线架是非常必要和重要的设备之一。很多故障往往出现在配线架处。

1. 非屏蔽双绞线配线架检查

非屏蔽双绞线配线架如图 3—47 所示。

图 3—47　非屏蔽双绞线配线架

(1) 配线架安装要求

1) 采用下走线方式时，架底位置应与电缆上线孔相对应。

2) 各直列垂直倾斜误差应不大于 3 mm，底座水平误差每平方米应不大于 2 mm。

3) 接线端子各种标记应齐全。

4) 交接箱或暗线箱宜设在墙体内。安装机架、配线设备接地体应符合设计要求，并保持良好的电气连接。

(2) 配线架中线缆标签检查

配线架中线缆的数量非常多，如果不按照规定打上清楚的线标，可能会产生很严重的后果。

(3) 配线架的指示灯检查

有的配线架上安装有指示灯（和交换机的类似），这时，只要检查相应线缆的指示灯是否亮，即可判断连接的情况。

2. 屏蔽配线架检查

屏蔽配线架是机房里安装屏蔽模块的支架，它同时起到将屏蔽链路接地的作用。

屏蔽配线架通常是金属结构，它是屏蔽模块的接地汇流条。在屏蔽配线架上，有着 1~2 个接地桩，用于连接接地导线。

(1) 配线架端接地

屏蔽布线系统本身仅在配线架端接地，在面板端不进行接地。为了避免屏蔽配线架通过机柜接地，产生电流环效应，屏蔽配线架的金属件需要与机柜保持电气绝缘状态，在施工时应避免破坏屏蔽配线架上的喷塑层。

注意：屏蔽配线架与非屏蔽配线架之间最大的区别是其中含有接地配件，有些非屏蔽配线架中添加了接地配件就变成了屏蔽配线架。

(2) 接地配件

屏蔽配线架中的接地配件是接地用的汇流排，它可以将屏蔽模块全部通过它连接到统一的接地体上，形成配线架中的接地通道。屏蔽配线架用的接地配件主要有两类：安装在配线架内的接地配件、独立的接地配件。

1) 安装在配线架内的接地配件。安装在配线架内的接地配件具有弹性，当屏蔽模块插入配线架后，其金属壳体自动与接地配件形成良好的连接，完成了屏蔽模块的接地工作。

2) 独立的接地配件。独立的接地配件可以专用的非屏蔽配线架转变为屏蔽配线架，这类屏蔽模块中一般含有可插搭接线用的接地接口。当屏蔽模块插入配线架后，将接地配件中的搭接线插在屏蔽模块的接地接口上，形成屏蔽模块的接地连接。

配线架上应装有接地桩，使来自机柜的接地导线可以与之搭接。

传统的屏蔽配线架所采用的方式是通过机柜中的金属立柱进行接地，这一方式现已不再使用。

(3) 屏蔽接地

配线架的屏蔽接地可以采用以下方式：

1) 每个屏蔽配线架通过各自接地导线连接到机柜的汇流铜排上，形成星型接地结构。

2) 机柜底部安装接地铜排，并使用独立的接地导线将接地铜排连接到配线间（电信间）的接地桩（接地铜排）上，使各个机柜之间的接地形成星型接地结构。

3) 接地导线的截面积应大于 6 mm^2。

4) 接地导线两端应使用电工常用的冷轧焊片，以免线头散开组成短路。

5) 为了提高高频干扰信号的泄放能力，建议接地导线需要编织导线，以更大的表面积满足高频电流的趋肤效应需求。

(4) 综合布线系统的机柜接地

根据国家建筑规范，不管是否采用了屏蔽布线系统，综合布线系统所用的机柜都要求接地。目前综合布线系统常用的接地方案是在弱电机房、弱电间、电信间中建立独立的弱电接地导线，该导线在建筑物的总接地桩上与其他接地导线共地，形成建筑物内的联合接地体。

在同一个机柜内，往往会有数个乃至数十个屏蔽配线架，它们应采用星型结构完成接地连接。屏蔽配线架的接地应直接接到机柜的接地铜排上，形成机柜内的星型接地，其接地线建议使用 6 mm^2 以上的网状接地线，利用其表面积大的特点提高线缆的高频特性。为了防止网状接地线短路，在接地线外应套塑料软管。

早期的屏蔽配线架使用机柜内的前立柱作为汇流排。由于这一方式会受机柜品质的影响，有可能造成接地连接失败，因此现在已很少采用这样的配线架。

在电信间，如果有多个机柜，其接地线也应以星型结构连接到电信间的接地桩上。

3. 光纤配线架检查

光纤配线架（ODF，Optical Fiber Distribution Frame）是光传输系统中一个重要的配套设备，它主要用于光缆终端的光纤熔接、光连接器安装、光路的调接、多余尾纤的存储及光缆的保护等，它对于光纤通信网络安全运行和灵活使用有着重要的作用。光纤配线架如图3—48所示。

图3—48 光纤配线架

（1）光纤配线架的功能

光纤配线架作为光缆线路的终端设备拥有以下4项基本功能：固定功能、熔接功能、调配功能以及存储功能。

（2）光纤配线架的类型选择

光纤配线架根据结构的不同可分为壁挂式和机架式。壁挂式光纤配线架可直接固定于墙体上，一般为箱体结构，适用于光缆条数和光纤芯数都较小的场所。机架式光纤配线架可直接安装在标准机柜中，适用于较大规模的光纤网络。

机架式配线架又分为两种，一种是固定配置的配线架，光纤耦合器被直接固定在机箱上；另一种采用模块化设计，用户可根据光缆的数量和规格选择相对应的模块，便于网络的调整和扩展。

(3) 光纤配线设备的使用

光纤配线设备的使用应符合的规定：

1) 光缆交接设备的型号、规格应符合设计要求。

2) 光缆交接设备的编排及标记名称，应与设计相符。各类标记名称应统一，标记位置应正确、清晰。

3.1.2 局域网线路维护

学习目标

➢ 了解局域网中常见的通信线路的故障种类

➢ 掌握局域网线路施工图的识读方法，并能够进行识读

网络线路的维护是一项非常重要的工作，不仅需要计算机网络管理人员掌握局域网通信线路常见故障现象，而且还需要计算机网络管理人员能够识读局域网的线路施工图。

一、常用局域网通信线路常见故障

在局域网的使用过程中，经常会出现各种各样的故障。其中有很多是通信线路方面的原因造成的。

1. 混线

同一线对的芯线由于绝缘层损坏相互接触称为混线也叫自混，相邻线对芯线间由于绝缘层损坏相碰称为它混。接头内受过强拉力或受外力碰损使芯线绝缘层受伤的部位常造成混线情况。

2. 弯线

线缆存在的弯曲角度要求，规定了各种线缆的弯曲程度。如果线缆在转弯时，角度太小，就会影响信号的传输。尤其是光纤，很可能导致传导不通的结果。

3. 断线

电缆芯线一根或数根断开称为断线，这种现象一般是由于接续或敷设时不慎使

芯线断裂、受外力损伤、强电流烧断所致。

4. 绝缘不良

电缆芯线之间以塑料为绝缘层，由于绝缘物受到水和潮气的侵袭，使绝缘电阻下降，造成电流外溢的现象称为绝缘不良。它一般是由接头在封焊前驱潮处理不够，或因电缆受伤浸水，或充气充入潮气等原因造成芯线绝缘长期下降所致。

5. 电磁干扰

电磁干扰（Electromagnetic Interference 简称 EMI），有传导干扰和辐射干扰两种。传导干扰是指通过导电介质把一个电网络上的信号耦合（干扰）到另一个电网络。辐射干扰是指干扰源通过空间把其信号耦合（干扰）到另一个电网络。

在高速 PCB 及系统设计中，高频信号线、集成电路的引脚、各类接插件等都可能成为具有天线特性的辐射干扰源，能发射电磁波并影响其他系统或本系统内其他子系统的正常工作。

在使用的环境中，存在一些强干扰源，对线缆内的电信号可能会产生干扰。

实际电缆障碍可能是几种类型障碍的组合。比如，芯线接地障碍同时会造成线对自混；在电缆浸水、受潮比较严重时，所有的芯线及芯线对地之间的绝缘电阻均很低，就同时存在自混、接地和它混障碍现象。在判断障碍性质时应注意加以鉴别。

二、局域网线路施工图的设计要求

线路施工图在整个局域网的建设过程中，起着决定性的作用。识读局域网的线路施工图，是工程人员最基本的要求。

1. 施工图总体要求

（1）施工图设计文件符合初步设计及其批复文件要求，应文件完整、计算正确、图纸清晰、文字通顺、深度及格式符合质量管理体系的要求，能据以编制工程预算、进行非标准设备的制作工程施工、安装及工程验收。

（2）施工图目录一般先列新绘制的图纸，后列所选用标准图或重复利用图纸（标准图及安装图选用准确合理）。同一系统内的图纸顺序一般应按干线系统图、平面图、剖面及大样图、控制原理图的顺序排列。大型或复杂工程因图纸较多，也可采取按系统划分分册编排的方式。

（3）施工图首页应列设计总说明，主要设备及材料表紧随其后。不同系统的材料表宜有适当的分隔空行，以利区分；其他图纸排列顺序，一般应按高压到低压、前端至末端、强电到弱电的方式进行。

(4) 设计总说明书中应有对建设项目面积、高度、功能及防火等级主要数据的叙述，以利读图及审查掌握。

(5) 大型或复杂工程的详细分项说明也可列在干线系统图中或第一张平面图上。大型或复杂工程照明和消防材料表可同时列于每张平面图中（但仍有汇总的材料表）。

(6) 设计依据、设计基础材料齐备，设计文件完整正确；内容和深度符合预结算及现场施工的要求；文字通顺、表达清楚、交代明确，同一工程中主要字体应始终保持一致，以保持图样协调，不得有较大误差；对有众多管线的厂房应有管线综合图。

(7) 主要设备及材料表中应列出相应图例符号，干线系统中也应列出相应图例符号。电气设备及装置配件的安装高度，除图纸中有所交代外，一般可在材料表的附栏中有所提及。以利于图纸的阅读与理解。

(8) 设计依据中，凡有缺项设计的项目（如变配电所、消防、人防、建筑智能化、需由二次装饰设计确定的照明场所、多层及高层住宅内配电等），应作必要的说明。特别是涉及到建筑安全的，应将建设方有关委托资料存档备案。

(9) 设计条件书与设计计算书是工程设计的基础，工程项目审查人应在审查中认真查验、签署，且应按时归档，并作为工程设计报优的依据之一。

(10) 专业间互提要求，联系资料一般均应以书面方式，并按时归档存查，以保证设计基础资料的完整性。

2. 总平面图设计要求

(1) 供电系统（含特殊电源）、电力系统、室内外照明、防雷、防静电、接地及其他安全用电措施，其变电所及配电所的位置、设备选择、设备及线路布置原则上应符合初步设计及其批复文件的要求，材料选择合理，有关措施能满足生产及使用要求。

(2) 在总平面图上，应绘制电力电源的进线及敷设方式（从建筑轴线外起至建筑内受电处止），说明电源引入配电所或变电所的方式及楼层或标高，必要时须做出局部剖面图予以交待。

(3) 绘出建筑物内部配电或变电所的位置，并说明配电所及变电所需求电力电容器容量及变压器装机容量。

(4) 通信系统、自控系统、信号系统的站房及设备选择及线路布置原则上应符合初步设计及其批复文件的要求，具体布线及有关措施合理可行，能满足生产及使用要求。

(5) 在总平面图上绘制通信交接间（箱）的位置，并标出通信干线引入的人孔位置及规格型号。选用人孔须标出其引用的标准图号，非标的必须出大样图说明。对建筑通信规模、容量及组成情况也需加以说明。

(6) 对有线电视系统，应绘制信号同轴电缆的进线方向、位置，并标示出规格型号。

(7) 涉及有"建筑智能化"系统中相关系统工程的管线走向及埋设要求，须在总平面中绘制。

(8) 室外电气管线与其他专业管线出现平行排列或交错排列等复杂方式时，应绘制局部剖面图，交代高度、埋深、间距和特殊的防护处理措施。

(9) 对有防腐蚀、防爆、恒温、恒湿及其他特殊要求的生产环境（如空气洁净度、防微振、防静电及电磁兼容等）有关强弱电系统，要按初步设计及其批复文件的要求，采取合理、可行的总体布局，以满足生产及使用要求。

三、施工图的识读方法

(1) 一看说明

施工图的说明具体内容如下：

1) 建筑概况。本工程位于×××，××路与××路交汇处。建筑面积××m^2。地下××层，主要为车库、各种机房、库房；地上××层，主要为办公室、餐厅、会议室等，属于×类防火建筑。建筑主体高度×m，裙房高度×m。结构形式为××，基础为××，楼板厚×mm，垫层厚× mm。

2) 设计依据

①各市政主管部门对初步设计的审批意见。

②甲方设计任务书及设计要求。

③中华人民共和国现行有关规范。

④《民用建筑电气设计规范》（JGJ/T 16—92）。

⑤各专业提供的设计资料。

3) 设计范围。本设计包括红线内的以下内容：楼宇自控系统；综合布线系统（电话、计算机）等。

4) 楼宇自控系统（BAS）

①空调、制冷、供暖、通风、给排水、变配电系统、柴油发电机系统、公共区域照明等均纳入BAS系统进行监控或监视。

②监控中心设于××层，××设置分站。

5）综合布线系统。

提示：这些说明有必要存在。

（2）二看各个建筑空间结构图

在各个建筑空间结构图中标注着网络线路的走向、设置等内容。

1）图标和图签。图标和图签是设计图的组成部分。是说明设计单位、图名、编号的表格，图标的位置一般在图纸的右下角；图签位于设计图的左上角，栏内应填写会签人员所代表的专业、姓名、日期。

2）线条的种类和用途。线条的种类有定位轴线、剖面的剖切线、中心线、尺寸线、引出线、折断线、虚线、波浪线、图框线等多种。

3）图纸的比例。图上标出的尺寸是缩小的尺寸，国标规定了比例必须采用阿拉伯数字表示，例如1∶1。

4）图例。图例是建筑施工图上用图形来表示一定含意的一种符号。它具有一定的形象性。

5）图名。一般写在图形的下面，并在图名下用一组实线来显示，比例注写在图名的右侧。

（3）施工图的识读顺序

"从上往下看、从左往右看、由外向里看、由大到小看、由粗到细看，图与说明对照看，建施与结施图结合看"。在必要时还要把设备图拿来参照着，这样才能得到较好的看图效果。

（4）施工图的识读步骤

1）应先将目录浏览一遍，了解建筑的类型。

2）按照目录检查各类设计图是否齐全，设计图编号与图名是否相符合。

3）看图程序是先看设计总说明，以了解建筑概况、技术要求等，然后再进行看图。

4）看完建筑总平面图之后，则一般先找建筑施工图中的建筑平面图，从而了解建筑物的长度、宽度、轴线间尺寸、开间大小、内部一般的布局等。

5）了解总体情况后，从基础施工图开始再一步步地深入看图。

3.2 接入线路运行维护

3.2.1 接入线路运行状态检查

 学习目标

➢ 了解接入线路的要求
➢ 了解接线标准
➢ 能够对接入线路状态进行检查

一、接入线路的要求

局域网中,接入线路的类型不论是双绞线、同轴电缆还是光缆,都要求有足够的带宽及各项性能,以满足支持局域网中计算机的需要。

1. 接线要求

局域网中,连接各设备的线路也要注意接线的要求。

目前,双绞线有 EIA/TIA 568B 和 EIA/TIA 568A 两种标准,所以在接线过程中,不同网络设备要使用不同的接线标准。以下是各种设备的连接情况,正线(即 568B 标准)和反线(即 568A 标准)的正确选择。其中 HUB 代表集线器,SWITCH 代表交换机,PC 代表客户机,ROUTER 代表路由器。

(1) PC—PC:反线。
(2) PC—HUB:正线。
(3) HUB—HUB(普通口—普通口):反线。
(4) HUB—HUB(级连口—级连口):反线。
(5) HUB—HUB(普通口—级连口):正线。
(6) HUB—SWITCH:反线。
(7) HUB(级连口)—SWITCH:正线。
(8) SWITCH—SWITCH:反线。
(9) SWITCH—ROUTER:正线。

(10) ROUTER—ROUTER：反线。

2. 注意事项

对网络设备进行互联时，还应注意两点：首先应查看一下网络设备的说明书，以确认使用哪一种接线标准。另外一些网络设备有专用的级联端口，在使用的时候，必须优先选用级联口，而不要用普通端口级联。

二、接线标准

1. 超 5 类 UTP 的 RJ－45 各脚功能（10BaseT/100BaseTX）

1——传输数据正极 Tx^+

2——传输数据负极 Tx^-

3——接收数据正极 Rx^+

4——未使用

5——未使用

6——接受数据负极 $Rx-$

7——未使用

8——未使用

2. 双绞线常见接线方法

（1）568B 接线规范

白橙	橙	白绿	蓝	白蓝	绿	白棕	棕
1	2	3	4	5	6	7	8

（2）568A 接线规范

白绿	绿	白橙	蓝	白蓝	橙	白棕	棕
1	2	3	4	5	6	7	8

注意：将 568B 的 1 和 3 对调，2 和 6 对调，就得到 568A。

三、接线方法

1. 双绞线

两边采用相同的接线方式叫做平接（直连线），两边采用不同的接线方式叫扭接（交叉线）。

不同设备之间连接使用平接线；相同设备连接使用扭接线。

2. 同轴电缆

无论是粗缆还是细缆均为总线拓扑结构，即一根缆上接多部机器，这种拓扑适用于机器密集的环境。

为了保持同轴电缆的正确电气特性，电缆屏蔽层必须接地。同时两头要有终端器来削弱信号反射作用。

使用同轴电缆组网时，细同轴电缆和粗同轴电缆的连接方法是不同的。由于同轴电缆目前已很少使用，所以简单了解就可以了。

（1）粗缆连接方法

粗缆适用于比较大型的局部网络，它的标准距离长、可靠性高。由于安装时不需要切断电缆，因此可以根据需要灵活调整计算机的入网位置。粗同缆电缆在连接时需要通过收发器将网线和计算机连接起来，粗缆网络必须安装收发器和收发器电缆，安装难度大，所以总体造价高。粗缆连接方法如图3—49所示。

（2）细缆连接方法

细缆安装则比较简单，造价低，但由于安装过程要切断电缆，细同轴电缆要通过T型头和BNC头将细缆与网卡连接起来，同时需要在网线的两端连接终结器。终结器的作用是吸收电缆上的电信号，防止信号发生反弹。当接头多时容易产生接触不良的隐患，这是目前运行中以太网所发生的最常见故障之一。细缆网络连接方法如图3—50所示。

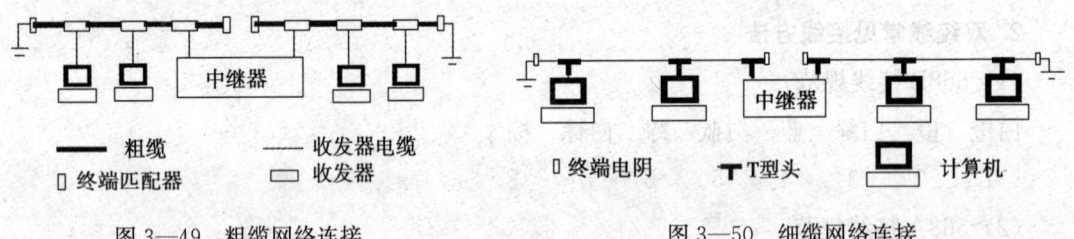

图3—49　粗缆网络连接　　　　　　　图3—50　细缆网络连接

（3）光缆

光缆的连接方法主要有永久性连接、应急连接、活动连接。

1）永久性光纤连接（又叫热熔）。这种连接是用放电的方法将连接光纤的连接点熔化并连接在一起。一般用在长途接续、永久或半永久固定连接。其主要特点是：连接衰减在所有的连接方法中最低，典型值为0.01～0.03 dB/点。但连接时，需要专用设备（熔接机）和专业人员进行操作，而且连接点也需要专用容器保护起来。

2）应急连接。又称冷熔应急连接，主要是用机械和化学的方法，将两根光纤固定并粘接在一起。这种方法的主要特点是连接迅速可靠，连接典型衰减为0.1～0.3 dB/点。但连接点长期使用会不稳定，衰减也会大幅度增加，所以只能短时间内应急用。

3) 活动连接。活动连接是利用各种光纤连接器件（插头和插座），将站点与站点或站点与光缆连接起来的一种方法。这种方法灵活、简单、方便、可靠，多用在建筑物内的计算机网络布线中。其典型衰减为 1 dB/接头。

四、接入线路状态检查

1. 双绞线

插上制作好的双绞线，双绞线的一端连接计算机，另一端连接交换机。检查计算机的网卡处的指示灯：若不亮，则要换一个端口试验；若亮，则为正常。

2. 同轴电缆

（1）将同轴电缆制作好接头。

（2）使用 T 型连接器连接计算机。

（3）检查线路的筒形连接器、T 型连接器的连接状态（是否拧紧）。

（4）在同轴电缆的最两端连接 50 Ω 的终端电阻。

（5）Ping 通实验。如果返回正常结果，则表示连接正确。

3. 光纤

光纤检测的主要目的是保证系统连接的质量，减少故障因素，以及故障时找出光纤的故障点。检测方法很多，主要分为人工简易测量和精密仪器测量。

（1）人工简易测量

这种方法一般用于快速检测光纤的通断和施工时用来分辨所做的光纤。它是用一个简易光源（推荐红外线镭射手电）从光纤的一端打入可见光，从另一端观察哪一根发光来判断。这种方法虽然简便，但它不能定量测量光纤的衰减和光纤的断点。

（2）精密仪器测量

使用光功率计或光时域反射图示仪（OTDR）对光纤进行定量测量，可测出光纤的衰减和接头的衰减，甚至可测出光纤的断点位置。这种测量可用来定量分析光纤网络出现故障的原因和对光纤网络产品进行评价。

3.2.2 路由器和防火墙的检查

学习目标

➢ 了解路由器接入的方法

➢学会设置路由器基本方法
➢能够简单检查路由器的状态
➢能够使用防火墙的基本检查方法

一、路由器的接入状态

1. 路由器接入宽带的模式

国内主流的宽带接入模式有 ADSL、VDSL、FTTB+LAN 动态 IP+WEB 认证、FTTB+LAN 静态 IP+WEB 认证、有线宽频上网等。很多接入方案都采用了路由器，但是相对于不同的接入方式，路由器的设置方法不尽相同，现以使用较多的兼容性较强的 TP-LINK 的宽带路由器为例，叙述在不同宽带模式接入下路由器设置的具体方法。

（1）ADSL

ADSL 接入分为 ADSL MODEM 和 ADSL ROUTER，如果是 ADSL ROUTER，需要先把其上网模式改为 RFC 1483 bridge，再连接 TP-LINK 路由器。然后登录 TP-LINK 路由器的 WEB 管理界面，通过"设置向导"选择 ADSL 虚拟拨号方式，将服务商提供的"上网账号"和"上网口令"填入相应位置后，单击"下一步"。

（2）VDSL

VDSL 接入设置方式和 ADSL 相同。但在有的地方可以上 QQ，但不能打开网页，这时需要登录 TP-LINK 路由器，网络参数里 WAN 口设置下，将 MTU 的值改小，默认的是 1492。

（3）FTTB+LAN 动态 IP+WEB 认证

登陆 TP-LINK 路由器的 WEB 管理界面，通过"设置向导"选择"以太宽带，自动从网络服务商（如中国电信）获取 IP 地址（动态 IP）"，设置完成后，到运行状态下看 WAN 口是否获取 IP 地址，获取后在 IE 地址栏里输入任一网址，都会弹出认证的对话框，填入网络服务商提供的用名和密码。

（4）TTB+LAN 静态 IP+WEB 认证

登录 TP-LINK 路由器的 WEB 管理界面，通过"设置向导"选择"以太宽带，网络服务商（如中国电信）提供固定的 IP 地址（静态 IP）"。设置完成后在 IE 地址栏里输入任一网址，都会弹出认证对话框，填入网络服务商提供的用户名和密码。

（5）有线宽频上网

登录 TP-LINK 路由器的 WEB 管理界面，通过"设置向导"选择"以太宽带，自动从网络服务商（如中国电信）获取 IP 地址（动态 IP）"，设置完成后，重启 CABLE MODEM。

2. 路由器接入网络

要想让宽带路由器发挥作用，只有先保证与之相连的网络线路处于通畅状态，而要保持线路通畅首先需要做到的就是正确地将宽带路由器接入到网络中。正常情况下，应该使用双绞线缆将宽带路由器控制面板中的 WAN 端口与 ADSL Modem 连接在一起，而电话线缆一定要插入到宽带猫的"Line"端口中，而且需要注意的是，连接宽带路由器与宽带猫的双绞线缆一定要使用直通线。

按照上面的方法将宽带路由器接入到网络中后，路由器控制面板中对应 LAN 端口的 Link 信号灯应该处于长亮状态或闪烁状态，如果该信号灯状态不正常的话，说明宽带路由器与局域网网络之间的线路连接存在问题，此时必须对连接线路进行重新检查。路由器接入示意图如图 3—51 所示。

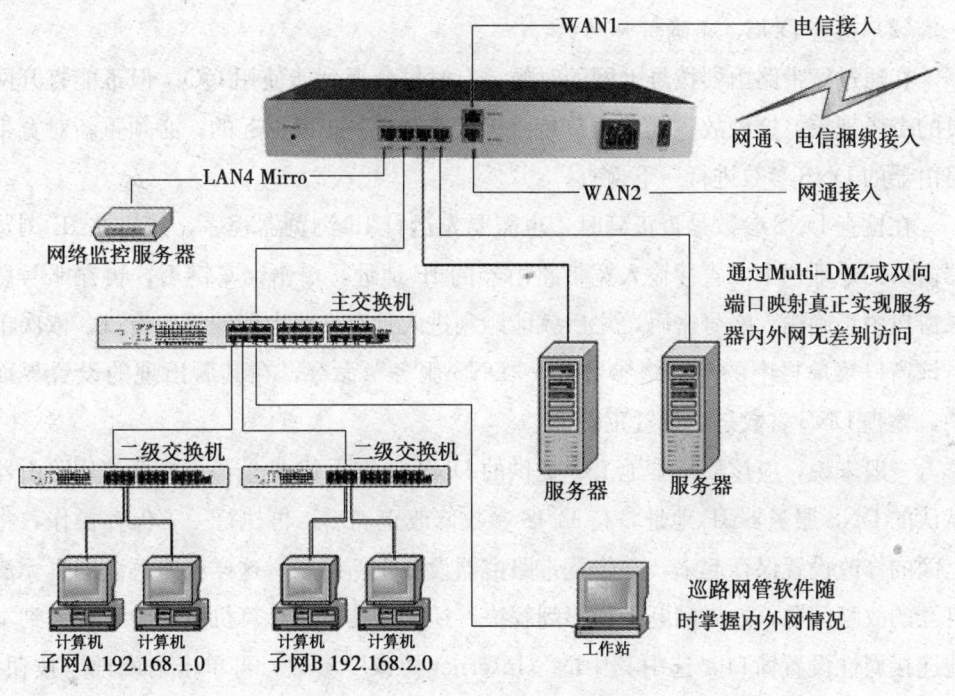

图 3—51 路由器接入示意图

（1）设置账号，确保拨号成功

在实际使用宽带路由器的过程中，常常发生无法成功进行 ADSL 拨号的现象，这种现象多半是没有正确设置好宽带路由器的自动拨号参数。此时，可按照下面的操作步骤，重新对宽带路由器的拨号参数进行设置：

1）运行 IE 浏览器程序。

2）在 IE 浏览器窗口的地址栏中，直接输入宽带路由器的 IP 地址，该地址通常在宽带路由器操作手册中能够查到，默认状态下该地址一般为 192.168.1.1。

3）在确认 IP 地址输入正确后，单击回车键。

4）IE 浏览窗口中会自动弹出一个账号登录窗口，在该窗口中正确输入账号、密码（密码信息也能在宽带路由器操作手册中查到），之后进入到宽带路由器的管理窗口。

5）依次单击该窗口菜单栏中的"网络参数"/"WAN 口设置"命令，在其后界面的右侧显示窗格中，找到"WAN 口连接类型"设置选项，然后将该选项参数设置为"PPPoE"，同时正确输入拨号上网的用户名与口令信息。

6）最后保存好上面的设置参数，再将宽带路由器重新启动一下，这样一来就能保证宽带路由器自动拨号成功。

（2）检查 DNS，正确打开网页

在通过宽带路由器拨号上网的时候，有时候会遇到能使用 QQ、但不能打开网页的奇怪现象，这种故障现象通常是由于域名解析不正确引起的，必须重新对宽带路由器的 DNS 参数进行一下检查。

在检查 DNS 参数是否正确时，也需要先运行 IE 浏览器程序，然后在 IE 浏览器窗口的地址栏中，直接输入宽带路由器的 IP 地址，单击回车键后，再在账号登录窗口中正确输入账号密码，之后就能顺利进入到宽带路由器的管理窗口，依次单击该窗口菜单栏中的"网络参数"/"DNS 服务"命令，在其后出现的设置界面中，检查 DNS 参数是否设置正确。

一般来说，应该使用本地 ISP 提供的 DNS 服务器 IP 地址，而不要使用路由器默认的 DNS 服务器 IP 地址，待 DNS 参数修改正确后，再执行一下保存操作，将上面的修改设置保存起来，并将宽带路由器设备重新启动，这样就能解决网页无法打开的故障问题。如果问题仍得不到解决，还需要在本地计算机系统中，进入到本地连接属性设置窗口，选中其中的"Internet 协议"参数，再单击"属性"按钮，在 Internet 协议的属性设置界面中，将本地网卡使用的 DNS 服务器地址也修改为本地 ISP 提供的 DNS 服务器 IP 地址，这样一来基本能解决网页打不开的故障。

（3）修改地址，确保设置正确

如果工作站的 IP 地址与宽带路由器使用的 IP 地址不处于同一网段的话，可能会导致无法成功访问网页内容。要保证工作站 IP 地址与宽带路由器使用的 IP 地址处于同一网段内，可以有两种方法实现：

1）方法一。先查看一下宽带路由器使用的默认 IP 地址是什么，然后用手工方法对工作站的网卡参数进行修改，确保网卡地址与宽带路由器的地址处于相同的网段之中。例如，要是宽带路由器使用的 IP 地址为 192.168.1.1、掩码地址为 255.255.255.0 时，可以在本地计算机系统中打开本地连接属性设置窗口，选中其中的"Internet 协议"参数，再单击"属性"按钮，然后在 Internet 协议的属性设置界面中，将网卡的 IP 地址修改为 192.168.1.xxx，其中"xxx"范围是从 2 到 254。同时网卡的子网掩码地址设置为 255.255.255.0，将网卡使用的默认网关地址设置为 192.168.1.1。这样，就能确保工作站 IP 地址与宽带路由器使用的 IP 地址处于同一网段了。

2）方法二

① 启用宽带路由器内置的 DHCP 服务，来为工作站自动分配 IP 地址。在使用该方法时，首先运行 IE 浏览器程序，然后在 IE 浏览器窗口的地址栏中，直接输入宽带路由器的 IP 地址，单击回车键后，再在账号登录窗口中正确输入账号密码，之后就能顺利进入到宽带路由器的管理窗口，依次单击该窗口菜单栏中的"网络参数"/"DHCP 服务"命令，在其后出现的设置界面中，将 DHCP 服务的各项参数设置好（见图 3—52）。

② 在本地计算机系统中打开本地连接属性设置窗口，选中其中的"Internet 协议"参数，再单击"属性"按钮，然后在 Internet 协议的属性设置界面中，将网卡的 IP 地址设置为"自动获得 IP 地址"（见图 3—53）。同时将 DNS 参数设置为"自动获得 DNS 服务器地址"。完成上面的设置操作后，将工作站电源与宽带路由器的电源全部关闭掉，之后先接通宽带路由器的电源，等到宽带路由器运行稳定后，再接通计算机的电源，这样就能确保工作站通过宽带路由器成功拨号上网了。

（4）取消绑定，恢复正常连接

目前有不少 ISP 服务商为了阻止用户将太多的工作站接入到宽带路由器上实现共享上网，他们往往会在认证服务器上对宽带路由器的 MAC 地址进行强行绑定，以限制工作站的接入数量。遇到这种情况时，可以按照下面的方法，来取消宽带路由器对 MAC 地址的绑定：

首先将宽带路由器与 Internet 连接的接线断开，然后将待绑定 MAC 地址的工作站连接到宽带路由器的 LAN 端口，接着通过宽带路由器自身的 MAC 地址复制功能，将本地工作站网卡的 MAC 地址克隆到宽带路由器设备的 WAN 端口上，最后再将宽带路由器设备重新启动一下，这么一来就能取消宽带路由器默认的地址绑定了。

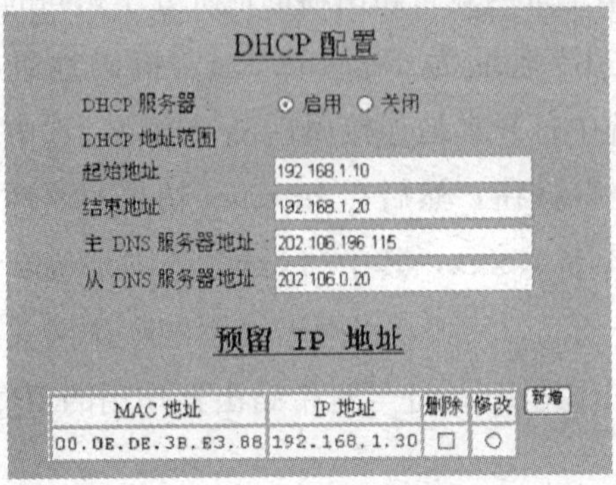

图 3—52　启动 DHCP 服务器 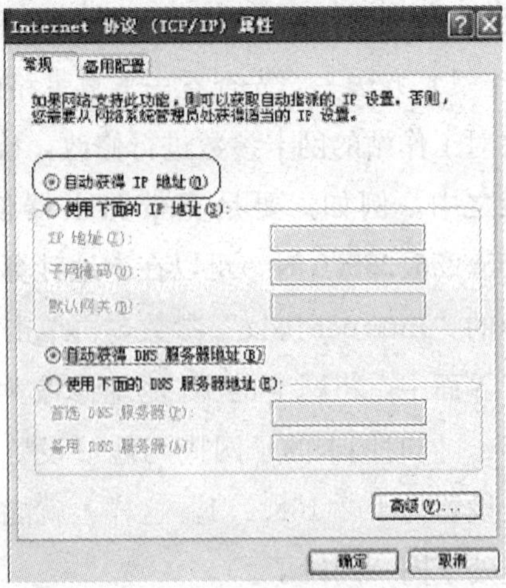　　　　图 3—53　客户端的设置

(5) 巧借 Reset，找回丢失密码

当长时间不对宽带路由器进行管理维护的话，很容易将它的管理员账号与密码忘记，如果也没有宽带路由器的操作手册，那么将很难进入到宽带路由器的后台管理页面对其管理维护。遇到这种情况时，究竟该如何找回丢失的管理员密码呢，其实有些宽带路由器生产厂家已经为用户考虑到这个问题了，他们往往已经在宽带路由器控制面板中设计了一个 Reset 按钮，持续按住该按钮几秒钟，就能将该设备的所有参数恢复到出厂配置，以后只要使用默认的用户名与密码，就可以重新登录进宽带路由器的后台管理页面。

(6) 逐项排查，确保上网稳定

在使用宽带路由器上网的过程中，常常会出现上网不稳定的现象，如经常性地掉线，长时间不能访问，严重的话将一直不能上网。遇到这种上网不稳定的故障现象时，可按照如下步骤进行逐项排查：

首先检查一下与宽带路由器相连的局域网环境中，是否同时有多个 DHCP 服务器存在，要是存在的话，工作站的 IP 地址就很容易发生混乱，从而容易导致工作站上网不稳定甚至不能上网。一般情况下，宽带路由器、Windows 服务器以及宽带猫等设备都有可能启用 DHCP 服务器，为此需要对这些设备进行逐一检查，确保这些设备当中只能有一个启用 DHCP 服务，其余设备都要禁用 DHCP 服务。

接下来检查一下宽带路由器是否处于四周通风、散热良好的位置，如果它摆放位置不理想的话，那么工作一段时间以后很容易出现过度发热现象，严重的话就能造成上网不稳定的故障发生。所以，当遭遇到上网不稳定故障时，一定要用手触摸一下宽带路由器外壳是否发烫,如果是的话基本上就能断定上网不稳定的故障就是由于宽带路由器散热不稳定引起的。

如果上面的检查还无法排除上网不稳定故障,那就有必要对宽带路由器所连的工作站系统进行病毒查杀工作,因为一旦工作站系统感染上病毒,各种稀奇古怪的故障现象都有可能发生,所以一定要养成定期查杀病毒以及定期升级病毒库的好习惯,以防止网络病毒给上网造成麻烦。

3. 检查路由器的状态

查看路由器的状态,最主要的是查看路由器的 serial 状态和 portocol 状态。当在路由器的特权模式下♯show interface interface—number 后,出现如下状态:

(1) Serial interface—number is down, line protocol is down

1) 可能出现的问题

①路由器未加电。

②LINE 未与 CSU/DSU 连接。

③硬件错误。

2) 解决方法

①检查电源。

②确认所用电缆及串口是否正确。

③换到别的串口上。

(2) Serial inface—number is up, line protocol is down (DTE)

1) 可能出现的问题

①本地或远程路由器配置丢失。

②远程路由器未加电。

③线路故障,开关故障。

④串口的发送时钟在 CSU/DSU 上未设置。

⑤CSU/DSU 故障。

⑥本地或远程路由器硬件故障。

2) 解决方法

①将 MODEM、CSU 或 DSU 设置为"LOOPBACK"状态,用"SHOW INT Serial interface—number"命令确认 LINE PROTOCOL 是否 UP,如果 UP,证明是电信局故障或远程路由器已经 SHUTDOWN。

②检查电缆所连接的串口是否正确,用"SHOW CONTROLLERS"确认哪根电缆连接哪个串口。

③键入"DEBUG SERIAL INTERFACE",如果 LINE PROTOCOL 还没有 COME UP,或键入的命令显示激活的端口数没有增加,证明路由器硬件错误,更换路由器端口。

④如果 LINE PROTOCOL UP,并且激活的端口数增加,证明故障不在本地的路由器上,更换路由器端口。

(3) Serial interface—number is up, line protocol is down (DCE)

1) 可能出现的问题

①路由器端口配置中的 CLOCKRATE 丢失。

②DTE 设备未启动。

③远程的 CSU/DSU 有故障。

④电缆连接错误或有故障。

⑤路由器硬件错误。

2) 解决方法

①将 CLOCKRATE 加到路由器端口配置中。

②将 DTE 设备设置为 SCTE 模式。

③确认所用电缆是否正确。

④若 LINE PROTOCOL 仍然 DOWN,则应更换路由器端口。

二、防火墙配置

防火墙有助于计算机的安全。防火墙可以限制其他计算机信息的传入,可以更好地控制本地计算机上的数据。另外,防火墙还可以提供一道防线,防止他人或程序(包括病毒和蠕虫)在未经邀请的情况下连接到本地计算机。防火墙既可以将通信拒之门外也可以允许它通过,具体取决于防火墙设置。

1. Windows 防火墙

Windows XP Service Pack 2(SP2)包括了全新的 Windows 防火墙,即以前所称的 Internet 连接防火墙(ICF)。Windows 防火墙是一个基于主机的状态防火墙,它丢弃所有未请求的传入流量,即那些既没有对应于为响应计算机的某个请求而发送的流量(请求的流量),也没有对应于已指定为允许的未请求的流量(异常流量)。Windows 防火墙提供某种程度的保护,避免那些依赖未请求的传入流量来攻击网络上的计算机的恶意用户和程序。

(1) 在 Windows XP SP2 中,Windows 防火墙有了许多新增特性,其中包括:

1) 默认对计算机的所有连接启用。

2）应用于所有连接的全新的全局配置选项。

3）于全局配置的新增对话框集。

4）全新的操作模式。

5）启动安全性。

6）本地网络限制。

7）异常流量可以通过应用程序文件名指定。

8）对 Internet 协议第 6 版（IPv6）的内建支持。

9）采用 Netsh 和组策略的新增配置选项。

（2）与 Windows XP（SP2 之前的版本）中的 ICF 不同，这些配置对话框可同时配置 IPv4 和 IPv6 流量。

Windows XP（SP2 之前的版本）中的 ICF 设置包含单个复选框（在连接属性的"高级"选项卡上"通过限制或阻止来自 Internet 对此计算机的访问来保护我的计算机和网络"复选框）和一个"设置"按钮，您可以使用该按钮来配置流量、日志设置和允许的 ICMP 流量。

（3）选项卡。在 Windows XP SP2 中，连接属性的"高级"选项卡上的复选框被替换成了一个"设置"按钮，可以使用该按钮来配置常规设置、程序和服务的权限、指定于连接的设置、日志设置和允许的 ICMP 流量。"设置"按钮将运行全新的 Windows 防火墙控制面板程序（可在"网络和 Internet 连接与安全中心"类别中找到）。

新的 Windows 防火墙对话框包含"常规""例外""高级"选项卡。防火墙外观如图 3—54 所示。

1）"常规"选项卡。在"常规"选项卡上，可以选择以下选项：

①"启用（推荐）"。选择这个选项来对"高级"选项卡上选择的所有网络连接启用 Windows 防火墙。Windows 防火墙启用后将仅允许请求的和异常的传入流量。异常流量可在"异常"选项卡上进行配置。

②"不允许异常流量"。单击这个选项来仅允许请求的传入流量。这样将不允许异常的传入流量。"异常"选项卡上的设置将被忽略，所有的连接都将受到保护，而不管"高级"选项卡上的设置如何。

③"关闭"。选择这个选项来禁用 Windows 防火墙。不推荐这样做，特别是对于可通过 Internet 直接访问的网络连接。

提示：对于运行 Windows XP SP2 的计算机的所有连接和新创建的连接，Windows 防火墙的默认设置是"启用（推荐）"。这可能会影响那些依赖未请求的

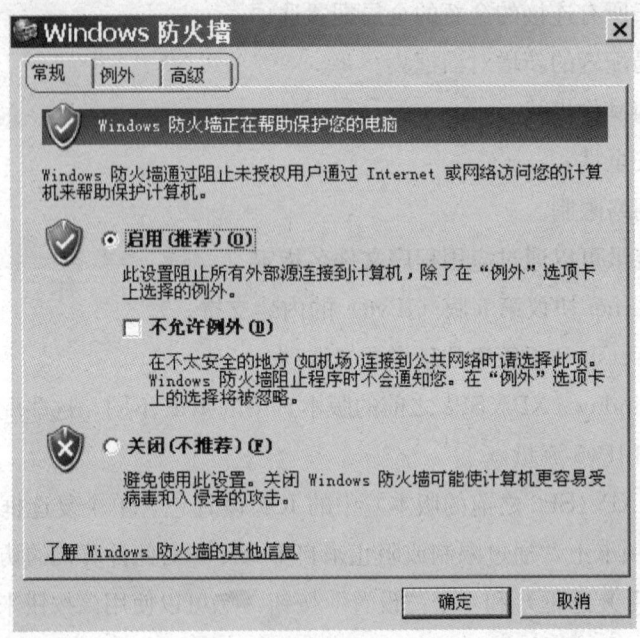

图 3—54　防火墙外观

传入流量的程序或服务的通信。在这样的情况下，必须识别出那些已不再运作的程序，将它们或它们的流量添加为异常流量。许多程序，比如 Internet 浏览器和电子邮件客户端（如 Outlook Express），不依赖未请求的传入流量，因而能够在启用 Windows 防火墙的情况下正确地运作。

如果在使用组策略配置运行 Windows XP SP2 的计算机的 Windows 防火墙，您所配置的组策略设置可能不允许进行本地配置。在这样的情况下，"常规"选项卡和其他选项卡上的选项可能是灰色的，而无法选择，甚至本地管理员也无法进行选择。

基于组策略的 Windows 防火墙设置允许配置一个域配置文件（一组将在连接到一个包含域控制器的网络时所应用的 Windows 防火墙设置）和标准配置文件（一组将在连接到像 Internet 这样没有包含域控制器的网络时所应用的 Windows 防火墙设置）。这些配置对话框仅显示当前所应用的配置文件的 Windows 防火墙设置。要查看当前未应用的配置文件的设置，可使用 netsh firewall show 命令。要更改当前没有被应用的配置文件的设置，可使用 netsh firewall set 命令。

2)"例外"选项卡。在"异常"选项卡上，可以启用或禁用某个现有的程序或服务，或者维护用于定义异常流量的程序或服务的列表。当选中"常规"选项卡上的"不允许异常流量"选项时，异常流量将被拒绝。"例外"选项卡如图 3—55 所示。

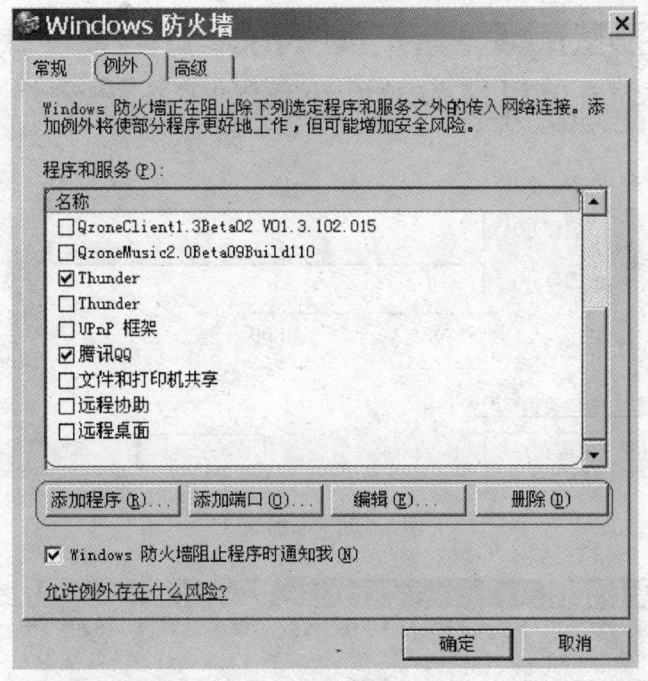

图 3—55 "例外"选项卡

对于 Windows XP（SP2 之前的版本），只能根据传输控制协议（TCP）或用户数据报协议（UDP）端口来定义异常流量。对于 Windows XP SP2，可以根据 TCP 和 UDP 端口或者程序或服务的文件名来定义异常流量。在程序或服务的 TCP 或 UDP 端口未知或需要在程序或服务启动时动态确定的情况下，这种配置灵活性使得配置异常流量更加容易。

已有一组预先配置的程序和服务，其中包括：文件和打印共享、远程助手（默认启用）、远程桌面、UPnP 框架。这些预定义的程序和服务不可删除。

如果组策略允许，还可以通过单击"添加程序"，创建基于指定的程序名称的附加异常流量，以及通过单击"添加端口"，创建基于指定的 TCP 或 UDP 端口的异常流量。

单击"添加程序"时，将弹出"添加程序"对话框，可以在其上选择一个程序或浏览某个程序的文件名。

单击"添加端口"时，将弹出"添加端口"对话框，可以在其中配置一个 TCP 或 UDP 端口。添加端口如图 3—56 所示。

全新的 Windows 防火墙的特性之一就是能够定义传入流量的范围。范围定义了允许发起异常流量的网段。在定义程序或端口的范围时，有两种选择（见图 3—57）。

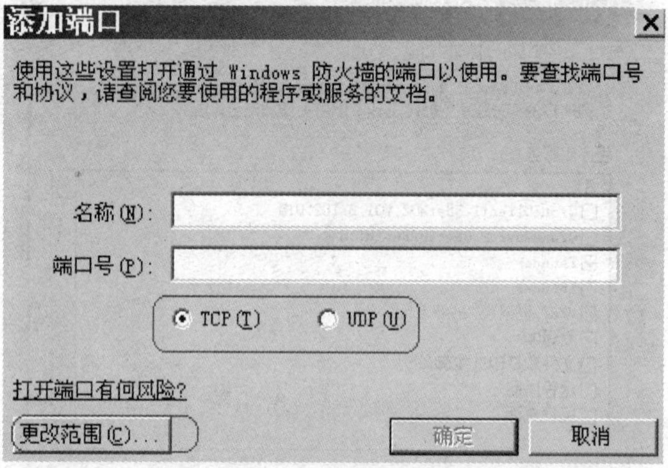

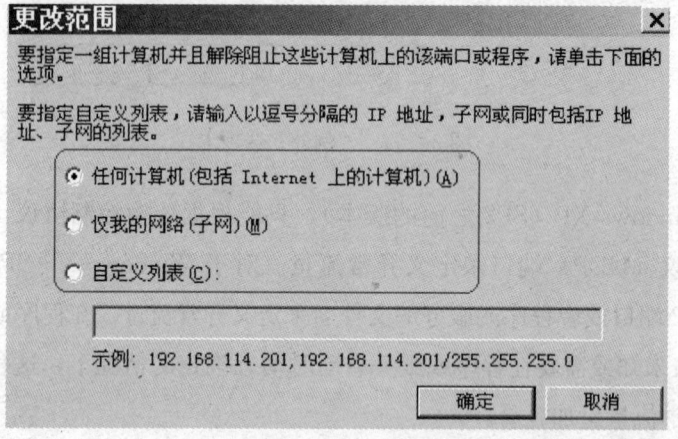

图3—56 添加端口

图3—57 更改范围

① "任何计算机"。允许异常流量来自任何 IP 地址。

② "仅只是我的网络（子网）"。仅允许异常流量来自如下 IP 地址，即它与接收该流量的网络连接所连接到的本地网段（子网）相匹配。例如，如果该网络连接的 IP 地址被配置为 192.168.0.99，子网掩码为 255.255.0.0，那么异常流量仅允许来自 192.168.0.1 到 192.168.255.254 范围内的 IP 地址。

当希望允许本地家庭网络上全都连接到相同子网上的计算机以访问某个程序或服务，但是又不希望允许潜在的恶意 Internet 用户进行访问，那么 "仅只是我的网络（子网）" 设定的地址范围很有用。

一旦添加了某个程序或端口，它在 "程序和服务" 列表中就被默认禁用。

在"例外"选项卡上启用的所有程序或服务对"高级"选项卡上选择的所有连接都处于启用状态。

（4）"高级"选项卡。"高级"选项卡包含"网络连接设置""安全日志""ICMP""默认设置"选项（见图3—58）。

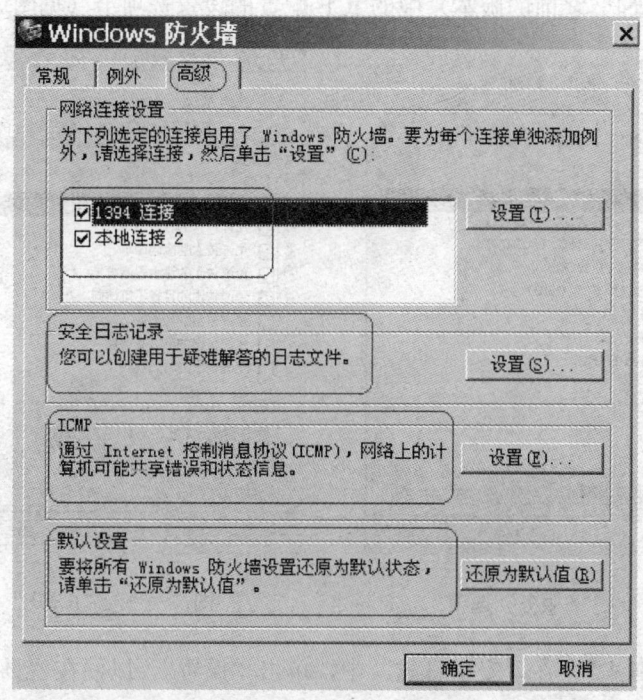

图3—58 "高级"选项

1）"网络连接设置"。在"网络连接设置"中，可以：

①指定要在其上启用 Windows 防火墙的接口集。要启用 Windows 防火墙，请选中网络连接名称后面的复选框。要禁用 Windows 防火墙，则清除该复选框。默认情况下，所有网络连接都启用了 Windows 防火墙。如果某个网络连接没有出现在这个列表中，那么它就不是一个标准的网络连接。这样的例子包括 Internet 服务提供商（ISP）提供的自定义拨号程序。

②通过单击网络连接名称，然后单击"设置"，配置单独的网络连接的高级配置。

如果清除"网络连接设置"中的所有复选框，那么 Windows 防火墙就不再保护计算机，此时即使在"常规"选项卡上选中了"启用（推荐）"也不会起作用。如果在"常规"选项卡上选中了"不允许异常流量"，那么"网络连接设置"中的设置将被忽略，这种情况下所有接口都将受到保护。

单击"设置"时，将弹出"高级设置"对话框。在"高级设置"对话框上，您可以在"服务"选项卡中配置特定的服务（仅根据 TCP 或 UDP 端口来配置，见图 3—59）。

或者在"ICMP"选项卡中启用特定类型的 ICMP 流量。这两个选项卡等价于 Windows XP（SP2 之前的版本）中的 ICF 配置的设置选项卡（见图 3—60）。

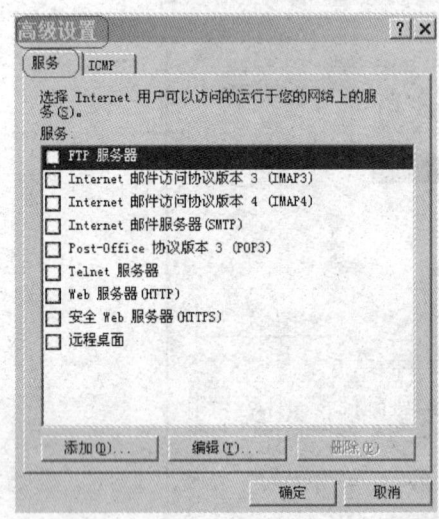

图 3—59 "服务"选项　　　　　图 3—60 "ICMP"选项

2)"安全日志"。在"安全日志"中，单击"设置"，以便在"日志设置"对话框中指定 Windows 防火墙日志的配置。

在"日志设置"对话框中，可以配置是否要记录丢弃的数据包或成功的连接，以及指定日志文件的名称和位置（默认设置为 Systemrootpfirewall.log）及其最大容量。日志设置如图 3—61 所示。

3)"ICMP"。在"ICMP"中，单击"设置"以便在"ICMP"对话框中指定允许的 ICMP 流量类型（见图 3—62）。在"ICMP"对话框中，可以启用和禁用 Windows 防火墙允许在"高级"选项卡上选择的所有连接传入的 ICMP 消息的类型。ICMP 消息用于诊断、报告错误情况和配置。默认情况下，该列表中不允许任何 ICMP 消息。

诊断连接问题的一个常用步骤是使用 Ping 工具检验连接到的计算机地址。在检验时，用户可以发送一条 ICMP Echo 消息，然后获得一条 ICMP Echo Reply 消息作为响应。默认情况下，Windows 防火墙不允许传入 ICMP Echo 消息，因此该计算机无法发回一条 ICMP Echo Reply 消息作为响应。为了配置 Windows 防火墙

第 3 章 网络线路运行维护

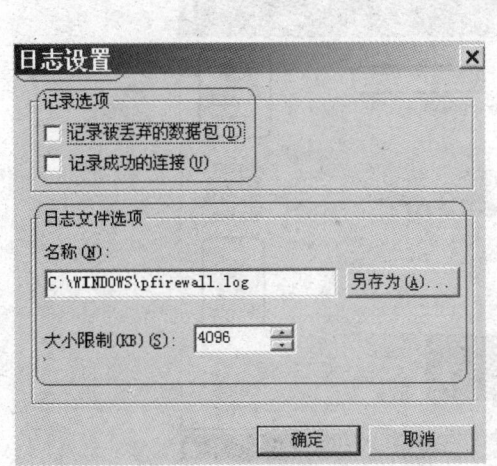

图 3—61 日志设置

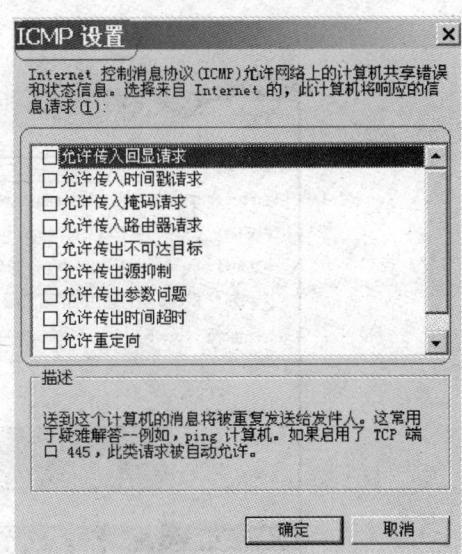

图 3—62 ICMP 设置

允许传入的 ICMP Echo 消息，用户必须启用"允许传入的 echo 请求"设置。

4)"默认设置"。单击"还原默认设置"（见图 3—63），将 Windows 防火墙重设回它的初始安装状态。当单击"还原默认设置"时，系统会在 Windows 防火墙设置改变之前提示核实自己的决定。

图 3—63 还原为默认值确认

2. 瑞星防火墙

除了 Windows 中自带的防火墙，市面上的防火墙种类非常多，有硬件的形式，有软件的形式。整体来讲，硬件防火墙价格比较高，安全措施也比较好，除非是大型网络，一般用不上，软件防火墙机动性比较好，适用于中小型网络。

现以中国的瑞星防火墙软件为例，简要说明防火墙的基本配置。瑞星防火墙如图 3—64 所示。

在瑞星防火墙的主页面中，经常设置的内容有："模块检查""网址过滤""停止保护/开启保护""软件升级""安全级别"。

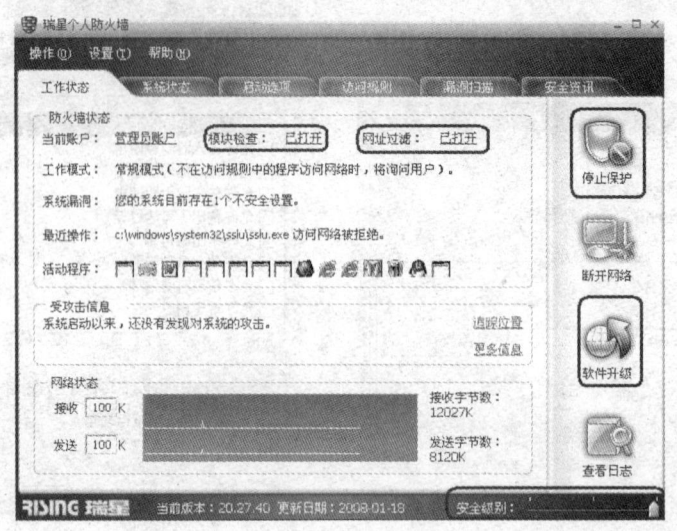

图3—64 瑞星防火墙

（1）模块检查

设置成"已打开"状态。

（2）网址过滤

也要设置成"已打开"状态，否则很容易在上网的时候，有一些网站直接入驻。

（3）停止保护/开启保护

若单击"停止保护"，则很危险。

（4）软件升级

要注意及时升级防火墙的级别，否则，在日新月异的今天，会落后的。

（5）安全级别

可以调节安全的级别，安全级别越高，防护能力越强，但是也会阻止一些软件的运行，带来一些麻烦。

3. 检测防火墙状态

（1）检测 Windows 防火墙

1）单击"开始"，单击"运行"，键入 wscui.cpl，然后单击"确定"（见图3—65）。

2）在"Windows 安全中心"内单击"Windows 防火墙"（见图3—66）。

（2）检测瑞星防火墙的状态

在瑞星防火墙的窗口中，打开"系统状态"选项页（见图3—67）。

这里有两页内容，一页是"网络活动"，表示的是现在正在进行哪些网络的活

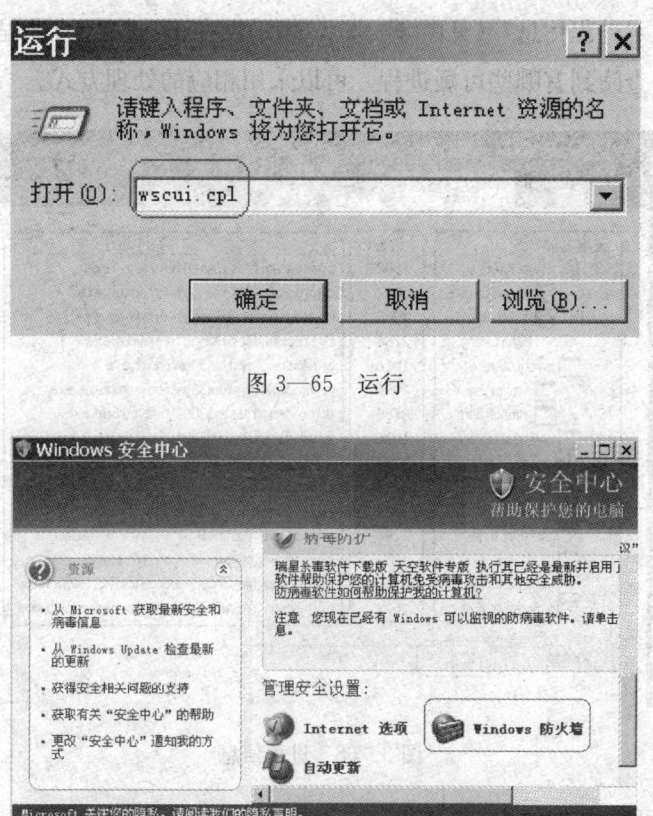

图 3—65 运行

图 3—66 安全中心

图 3—67 系统状态

动；另一页是"进程信息"（见图3—68），表示现在正在执行的进程有哪些。从这里，用户可以查阅到有哪些可疑进程，可以采用相应的处理方式。

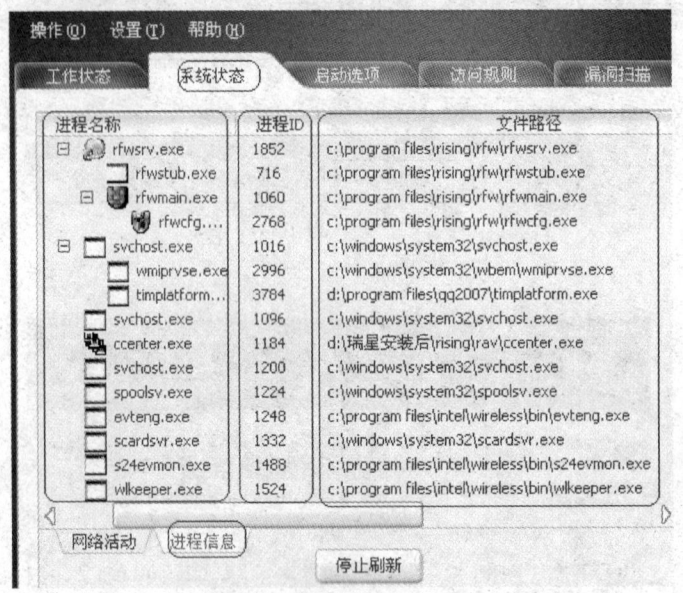

图3—68　进程信息

1）选择可疑的进程（见图3—69）。

2）单击鼠标右键，在弹出的菜单中，选择"结束此进程"。

3）系统提示，单击"是"（见图3—70）。此进程结束（不在进程表中出现）。

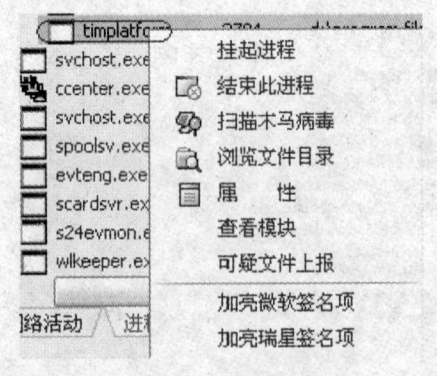

图3—69　弹出菜单

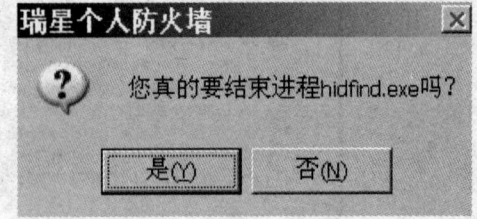

图3—70　系统提示

本章思考题

1. 双绞线一般划分为两大类,分别是什么?
2. 同轴电缆主要有哪两大类?特点是什么?接头的名称是什么?
3. 细同轴电缆的最大干线长度是多少?
4. 按照传播模式,光纤分为几种,分别是什么?特点是什么?
5. 如何检查双绞线的质量?
6. 如何测试双绞线的接通情况?
7. 导线断路,测试的现象是什么?
8. 光缆的布防要求有哪些?
9. 常见的配线架有哪些种类?
10. 如何检查非屏蔽双绞线的配线架?
11. 屏蔽双绞线配线架的最重要的注意点是什么?
12. 光纤配线架主要有哪两种?
13. 通信线路常见故障有哪些?
14. 施工图在工程中的作用是什么?
15. 检查光纤的方法主要有两种,分别是什么?
16. 路由器接入宽带常用哪几种模式?
17. 如何使用 Windows 自带的防火墙系统?

第4章
网络设备运行维护

本章主要介绍局域网中的线路设备和网络设备。包括识别线路设备的主要型号，连接网络设备的方法；网络设备的种类以及设备与计算机、交换机和路由器的连接和配置。

4.1 网络设备连接

4.1.1 线路设备识别

 学习目标

➢了解网络中有五大类设备及主要作用
➢能够识别信息插座和信息模块
➢能够分辨不同线缆的连接器
➢了解配线架在网络中的重要位置

在局域网中，主要涉及的设备有五大类。一类是网络中主要使用的服务器、客户端、路由器、交换机等，这些设备属于主要的网络设备，常称为网络互联设备，或者网络设备；第二类是将网络中的各种互联设备连接在一起的各种连接的设备，称为线路设备。第三类是传输介质,也称传输设备,主要指各种线缆和无线。第四类是测试设备,主要是在网络组建过程中测试时使用的设备。第五类是其他使用设备,就是在组建网络时还会使用很多工程设备等,例如防线支架、光缆余留支架、电缆挂钩以及各种做线工具等。

这里重点介绍线路设备。线路设备一般在网络的综合布线系统中涉及得比较多,在网络施工中使用量非常大。线路设备的连接情况,不仅会影响整个网络的通信性能,还会对网络起着重大的支持作用。虽然线路设备不容易被损坏,一旦网线由于线路设备的损坏而断掉,其故障的检修则是非常麻烦。

常用的线路设备种类繁多,应用时则要根据施工现场的实际情况来具体选定。这里仅介绍一些常用的线路设备。

一、信息插座

信息插座一般是安装在墙面上的,也有桌面型和地面型的,主要是为了方便计算机等设备的移动,并且保持整个布线美观的接口模块。计算机通过网络线连接到信息插座上,和墙壁中的线路连接在一起,也就连接到了网络中。

1. 信息插座的种类

插座面板有是英式、美式和欧式 3 种。国内普遍采用的是英式面板,为正方形 86 mm×86 mm 规格。英式信息插座如图 4—1 所示,美式信息插座如图 4—2 所示,欧式信息插座如图 4—3 所示。

图 4—1　英式信息插座

图 4—2　美式信息插座

图 4—3　欧式信息插座

常见信息插座有单口、双口型号，也有三口和四口的型号。插口分：平面插口、斜口插口（见图4—4和图4—5），面板又分固定式面板和模块化面板（见图4—6和图4—7）。

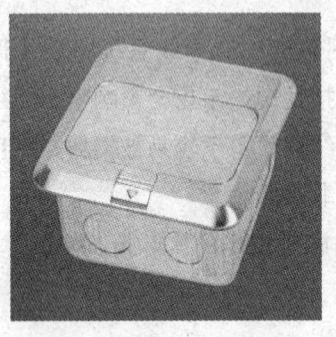

图4—4　地面信息插座图

图4—5　斜口信息插座

图4—6　固定式面板

图4—7　模块化面板

2. 连接信息插座

连接信息插座如图4—8所示。

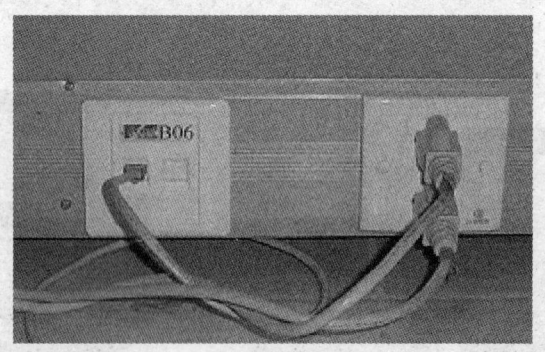

图4—8　信息插座的连接

二、信息模块

信息模块是信息插座里面的连接线路的连接器，用于端接局域网的连线。模块中有8个与电缆导线的接线，从前端看，这些触点从接线端开始用数字1—8标记。RJ—45接头插入模块后，与那些触点物理连接在一起。

1. 根据端接位置分类

信息模块和双绞线的端接位置一般有两种，一种是在信息模块的上部，如图4—9所示；一种是在信息模块的后面，如图4—10所示。

图4—9　上部接线（超五类屏蔽）模块　　图4—10　后部接线（超五类直插）模块

2. 根据端接方式分类

根据端接双绞线的方式，信息模块有打线式信息模块和免打线式信息模块两类（见图4—11和图4—12）。打线式信息模块需用专用的打线工具将双绞线压到信息模块的接线块里，而免打线信息模块只需用连接器帽盖将双绞线压到信息模块的接线块中。

图4—11　超五类免打线信息模块　　图4—12　超五类打线信息模块（非屏蔽信息模块）

3. 根据接线屏蔽类型分类

根据连接的双绞线的屏蔽类型不同，信息模块也分为屏蔽信息模块和非屏蔽信息模块（见图4—12和图4—13）。

4. 根据接线类型分类

根据双绞线的类型不同，常用信息模块还可以分为5类、超5类信息模块和6类信息模块（见图4—14和图4—15）。

 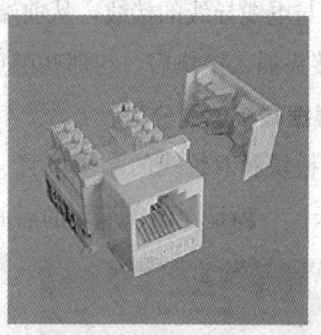

图4—13 屏蔽信息模块　　　　　图4—14 超五类信息模块

三、线槽

线槽是一种带盖板封闭式的管槽材料，盖板和槽体通过卡槽合紧（见图4—16）。从型号上讲有PVC—20系列、PVC—40系列、PVC—60系列等。

图4—15 六类信息模块　　　　　图4—16 各种型号的线槽

四、电缆桥架

电缆桥架实用于电压在10 kV以下的电力电缆，以及控制电缆，照明配线等室内、室外架空电缆沟、隧道的敷设。

1. 桥架的特点

电缆桥架具有应用广、强度大、结构轻、造价低、施工简单、配线灵活、安全标准、外形美观的特点，对技术改进、扩充电缆，维护检修带来方便。

电缆桥架的安装可因地制宜。可随工艺管道架空敷设；楼板、梁下吊装；室内外墙壁、柱壁、隧道、电缆沟壁上的侧装,还可在露天立柱或支墩上安装。大型多层桥架吊装或立装时,应尽量采用工字钢立柱两侧对称敷设。

电缆桥架可水平、垂直敷设。还可以设成转角、T字形、十字形分支等形状,并且可调宽、调高、变径。

2. 桥架的分类

(1) 按结构划分

桥架按结构可分为三种:梯级式、托盘式、槽式桥架。

1) 梯级式桥架。梯级式桥架具有重量轻、成本低、造型别致、通风散热好等特点。它适用于一般直径较大电缆的敷设,适用于地下层、垂井、活动地板下和设备间的线缆敷设。钢制梯式电缆线架如图4—17所示,梯级式桥架的安装如图4—18所示。

图 4—17 钢制梯式电缆线架

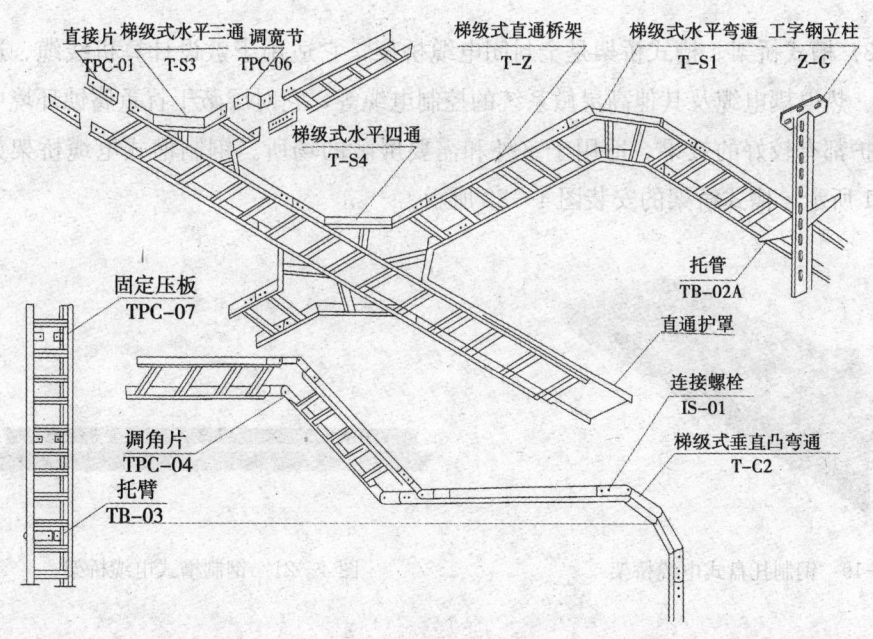

图 4—18 梯级式桥架的安装

2) 托盘式桥架。托盘式桥架具有重量轻、载荷大、造型美观、结构简单、安装方便、散热透气性好等优点，适用于地下层、吊顶内等场所。钢制托盘式电缆桥架如图4—19所示，托盘式桥架的安装如图4—20所示。

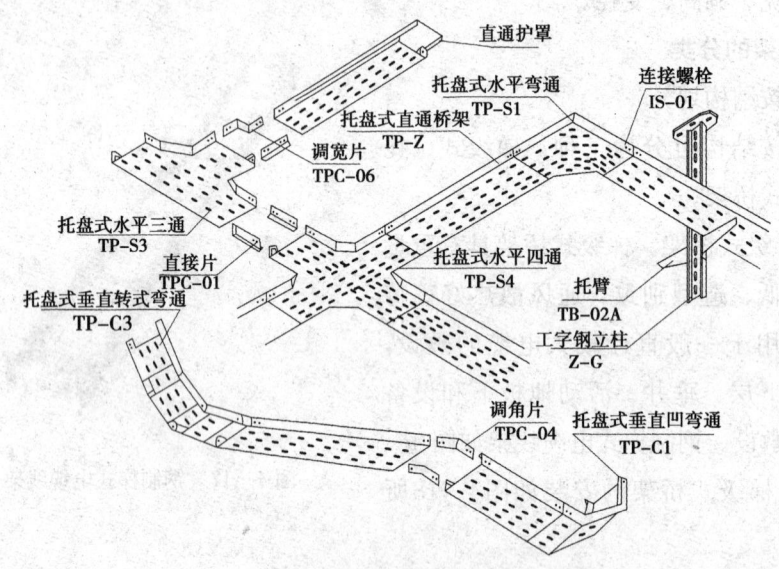

图4—20 托盘式桥架的安装

3) 槽式桥架。槽式桥架是全封闭电缆桥架，它适用于敷设计算机线缆、通信线缆、热电耦电缆及其他高灵敏系统的控制电缆等，它对屏蔽干扰重腐蚀环境中电缆防护都有较好的效果。适用于室外和需要屏蔽的场所。钢制槽式电缆桥架如图4—21所示，槽式桥架的安装图4—22所示。

图4—19 钢制托盘式电缆桥架　　　　图4—21 钢制槽式电缆桥架

(2) 按表面工艺处理划分

按表面工艺处理划分为：电镀彩（白）锌、电镀后再粉末静电喷涂、热浸镀锌

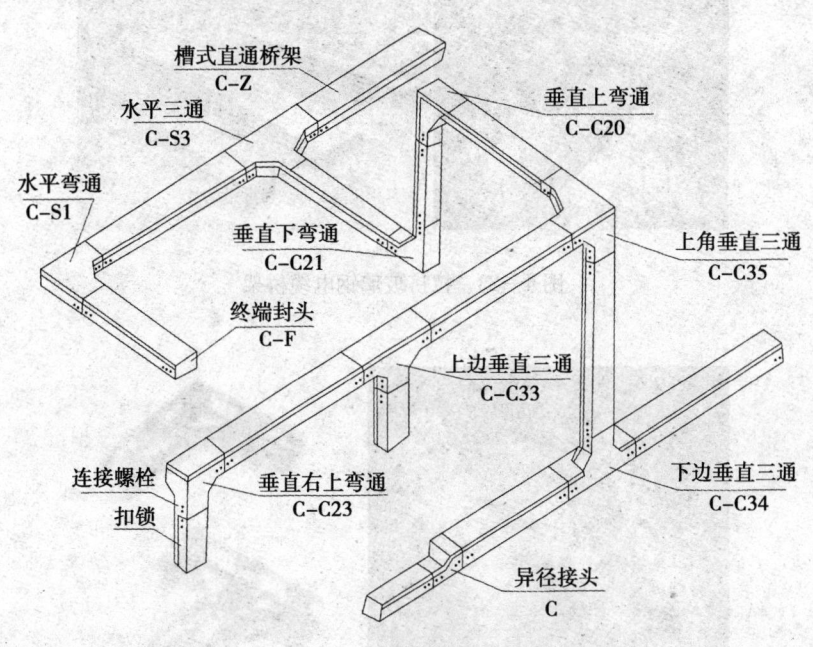

图 4—22 槽式桥架的安装

桥架。

1）电镀彩（白）锌桥架适合一般的常规环境使用。

2）电镀后再粉末静电喷涂桥架适合于有酸、碱及其他强腐蚀气体的环境中使用。

3）热浸镀锌桥架适用于潮湿、日晒、尘多的环境中。

（3）拉挤玻璃钢电缆桥架

拉挤玻璃钢电缆桥架是由拉挤玻璃钢型材组装而成，适用于电力电缆、控制电缆、照明电缆及配件等。与铁制桥架相比，具有使用寿命长（一般设计寿命为 20 年）、安装方便且成本低（密度仅为碳钢的 1/4，施工中无须动火，单根桥架长度可达 8 m，甚至更长）、切割方便、不需维护等优越性。拉挤玻璃钢电缆桥架如图 4—23 所示。

（4）其他桥架

还有很多种桥架，如组装式桥架、大跨度桥架等（见图 4—24、图 4—25、图 4—26）。

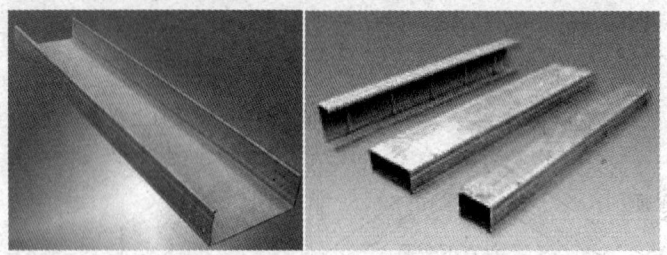

图4—23 拉挤玻璃钢电缆桥架

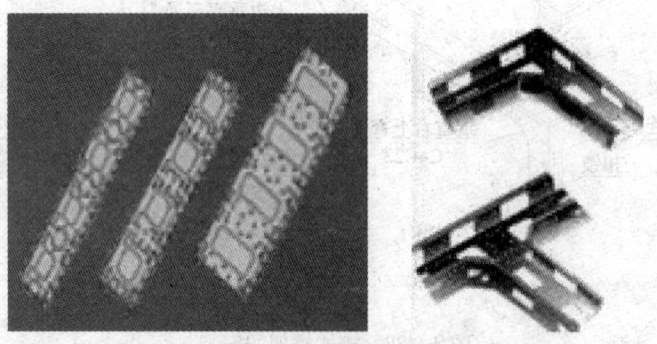

图4—24 组装式桥架

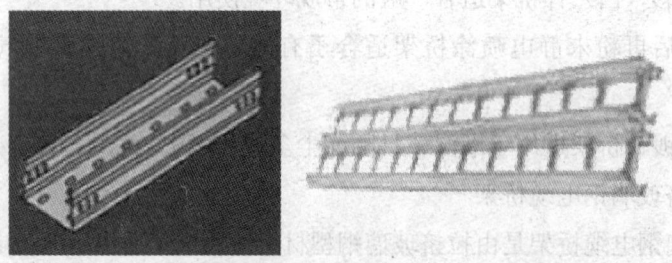

图4—25 大跨距桥架

图4—26 耐火桥架

3. 桥架安装范围

（1）工艺管道上架空敷设。架空敷设如图 4—27 所示。

（2）楼板和梁下吊装。梁下吊装如图 4—28 所示。

（3）室内外墙壁、柱壁、露天立柱和支墩、隧道、电缆沟壁上侧装。外墙壁侧装如图 4—29 所示。

图 4—27 架空敷设

图 4—28 梁下吊装

图 4—29 外墙壁侧装

4. 注意事项

（1）电缆桥架装置的最大载荷、支撑间距应小于允许载荷和支撑跨距。

（2）选择电缆桥架的宽度时应留有一定的备用空位，以便为以后增添电缆用。

（3）当电力电缆和控制电缆较小时，可用一电缆桥架安装，但中间要用隔板将电力电缆和控制电缆隔开敷设。

（4）电缆桥架水平敷设时，桥架之间的连接头应尽量设置在跨距的 1/4 左右处。水平走向的电缆每隔 2 m 左右固定一下，垂直走向的电缆每隔 1.5 m 左右固定一下。

（5）电缆桥架装置应有可靠接地，如利用桥架作为接地干线，应将每层桥架的端部用 16 mm^2 软铜线连接（并联）起来，与总接地干线相同，长距离的电缆桥架每隔 30~50 m 接地一次。

（6）电缆桥架装置除需屏蔽装保护罩外，在室外安装时应在其顶层加装保护罩，防止日晒、雨淋。对如需焊接安装时，焊接四周的焊缝厚度不得小于母材的厚度，焊口必须防腐处理。

五、母线槽

随着现代化工程设施和装备的涌现，作为输电导线的传统电缆现在大电流输送系统中已不能满足要求，多路电缆的并联使用给现场安装施工连接带来了诸多不便。插接式母线槽作为一种新型配电导线应运而生，与传统的电缆相比，在大电流输送时充分体现出它的优越性，同时由于采用了新技术、新工艺，大大降低的母线槽两端部连接处及分线口插接处的接触电阻和温升，并在母线槽中使用了高质量的绝缘材料，从而提高了母线槽的安全可靠性，使整个系统更加完善。

母线槽特点是具有系列配套、商品性生产、体积小、容量大、设计施工周期短、装拆方便、不会燃烧、安全可靠、使用寿命长。母线槽产品适用于交流 50 Hz，额定电压 380 V，额定电流 250～4 000 A 的三相四线，三相四线制供配电系统工程中。

1. 母线槽的类型

(1) 空气型

20 世纪 50 年代中期起，以北京白纸坊机场电器厂为代表，将导电排用绝缘衬垫支撑在壳体内，靠空气介质绝缘。空气型母线槽如图 4—30 所示。

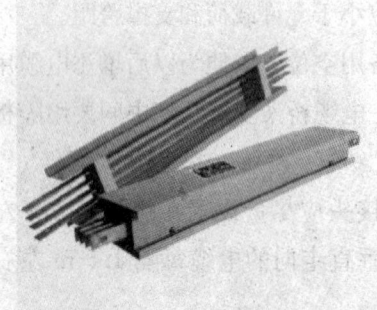

图 4—30 空气型母线槽

图 4—31 密集型母线槽

(2) 密集型

20 世纪 80 年代中期开始，以遵义长征电气控制设备厂为代表，将导电排用绝缘材料覆盖后再与两侧紧固在一起。密集型母线槽如图 4—31 所示。

(3) 绝缘型

母线槽除了导电排本身具有绝缘层外，各相线之间还有一定的空气介质绝缘。在各种弯头采用各种绝缘技术，例如，直线段采用 MT－7－3 橡胶套管；硫化绝缘技术，材料为 CZ260 快固绝缘粉末，采用四元交联固化，绝缘层与导电排间无间隙。其散热性能、防潮性能、绝缘可靠性能均优。

空气附加绝缘型母线槽如图 4—32，高强型绝缘母线槽图 4—33 所示。

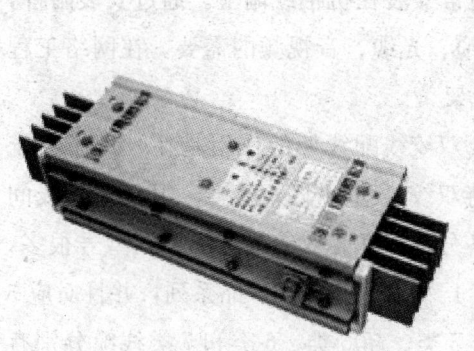 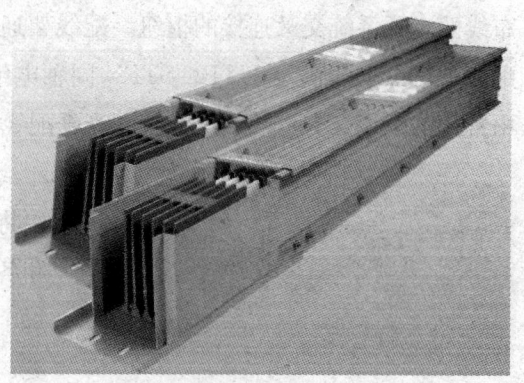

图 4—32　空气附加绝缘型母线槽　　　　图 4—33　高强型绝缘母线槽

2. 母线安装

母线安装示意图如图 4—34 所示。

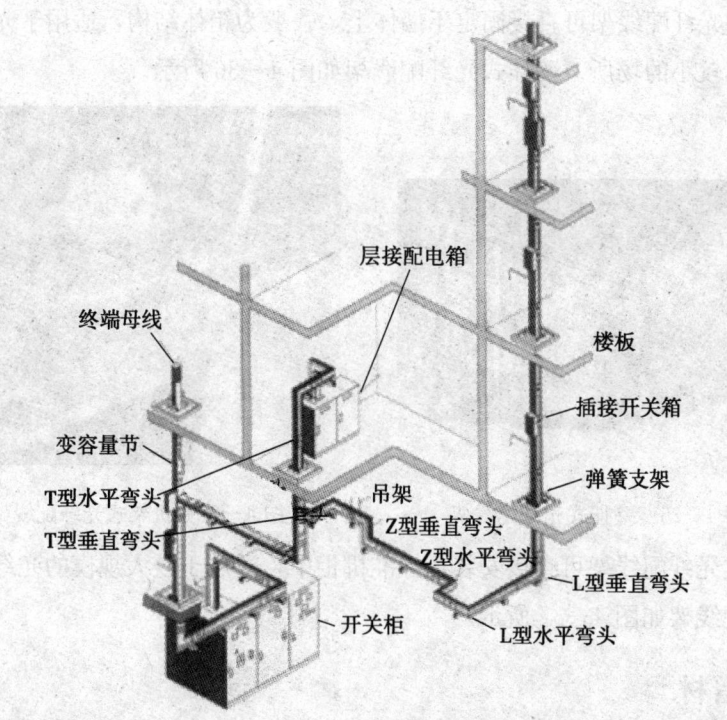

图 4—34　安装母线槽

六、配线架

配线架是网络综合布线的管理子系统中最重要的组件,是实现垂直干线和水平布线两个子系统交叉连接的枢纽。配线架通常安装在机柜或墙上。通过安装附件,配线架可以全线满足 UTP、STP、同轴电缆、光缆、音视频的需要。在网络工程中常用的配线架有双绞线配线架和光纤配线架。

图 4—35 双绞线配线架

双绞线配线架的作用是在管理子系统中将双绞线进行交叉连接,用在主配线间和各分配线间。双绞线配线架的型号很多,每个厂商都有自己的产品系列,并且对应 3 类、5 类、超 5 类、6 类和 7 类线缆分别有不同的规格和型号,在具体项目中,应参阅产品手册,根据实际情况进行配置。双绞线配线架如图 4—35 所示。

光纤配线架的作用是在管理子系统中将光缆进行连接,通常在主配线间和各分配线间。光纤配线架根据结构的不同可分为壁挂式和机架式。

壁挂式光纤配线架可直接固定于墙体上,一般为箱体结构,适用于光缆条数和光纤芯数都较小的场所。壁挂式光纤配线架如图 4—36 所示。

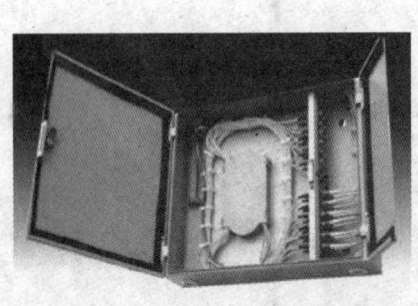

图 4—36 壁挂式光纤配线架

图 4—37 机架式光纤配线架

机架式光纤配线架可直接安装在标准机柜中,适用于较大规模的光纤网络。机架式光纤配线架如图 4—37 所示。

七、管材

在敷设网络线路时,常用到管材。穿线管主要分为钢管和塑料管。

1. 钢管

钢管具有屏蔽电磁干扰能力强、机械强度高、密封性能好、抗弯、抗压和抗拉性能好等特点。钢管按壁厚不同分为普通钢管（水压实验压力为 2.5 MPa）、加厚钢管（水压实验压力为 3 MPa）和薄壁钢管（水压实验为 2 MPa）。

（1）普通钢管和加厚钢管统称为水管，有时简称为厚管，它有管壁较厚、机械强度高和承压能力较大等特点，在综合布线系统中主要用在垂直干线上升管路、房屋底层。

（2）薄壁钢管又简称薄管或电管，因管壁较薄承受压力不能太大，常用于建筑物天花板内外部受力较小的暗敷管路。

2. 塑料管

塑料管又分为：聚氯乙烯管材（PVC-U 管）、高密聚乙烯管材（HDPE 管）、双壁波纹管、子管、铝塑复合管、硅芯管和混凝土管等。

（1）聚氯乙烯管材（PVC-U 管）

聚氯乙烯管材（PVC-U 管）是综合布线工程中使用最多的一种塑料管，管长通常为 4 m、5.5 m 或 6 m。

PVC 管具有优异的耐酸、耐碱、耐腐蚀性，耐外压强度、耐冲击强度等都非常高，具有优异的电气绝缘性能，适用于各种条件下的电线、电缆的保护套管配管工程。

PVC-U 管如图 4—38 所示。

图 4—38 PVC-U 管

图 4—39 双壁波纹管

（2）双壁波纹管

双壁波纹管如图 4—39 所示，其特点如下：

1）刚性大，耐压强度高于同等规格的普通光身塑料管。

2）重量是同规格普通塑料管的一半，从而方便施工，减轻工人劳动强度。

3）密封好，在地下水位高的地方使用更能显示其优越性。

4）波纹结构能加强管道对土壤负荷抵抗力，便于连续敷设在凹凸不平的地面上。

5）使用双壁波纹管工程造价比普通塑料管降低 1/3。

（3）子管

小口径，管材质软，适用于光纤电缆的保护（见图4—40）。

 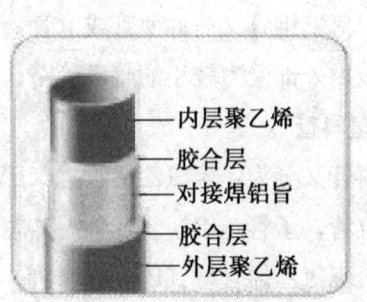

图4—40　子管　　　　　　　　图4—41　铝塑复合管

（4）铝塑复合管

具有良好的屏蔽材料；因此常用作综合布线、通信线路的屏蔽管道（见图4—41）。

（5）硅芯管

用于吹光纤管道，敷管快速（见图4—42）。

（6）混凝土管

混凝土管的种类很多，其中的砂浆管在一些大型的电信通信施工中常常使用（见图4—43）。

图4—42　硅芯管　　　　　　　　图4—43　混凝土管

八、机柜

使用机柜主要目的是进行标准化管理,立柱都是 19 in 的,设备也符合这个标准,固定到机柜里,利用理线器合理间隔,便于散热,整洁美观。

常见的机柜分为:立式机柜、挂墙式机柜、开放式机柜。

1. 立式机柜

立式机柜又分为网络机柜、服务器机柜以及综合布线柜,从这三个机柜的名字就可以看出它们各自所起的作用。

一般来说,网络设备如交换机、路由器等是放置在网络机柜的;服务器机柜的宽度为 19 in,机柜的尺寸也是采用通用的工业标准,用户可以根据自己服务器的标高灵活调节高度,以存放服务器、集线器、磁盘阵列柜等设备。

服务器摆放好后,它的所有 I/O 线全部从机柜的后方引出(机架服务器的所有接口也在后方),统一安置在机柜的线槽中,一般贴有标号,便于管理。综合布线柜就是可以放置各种设备。立式机柜如图 4—44 所示。

图 4—44 立式机柜

2. 挂墙式机柜

挂墙式机柜一般用于楼层中的配线间,线的数量不太多的地方。挂墙式机柜如图 4—45 所示。

3. 开放式机柜

开放式机柜多用于学校的实验室中,便于操作。开放式机柜如图 4—46 所示。

图 4—45 挂墙式机柜

图 4—46 开放式机柜

4.1.2 网络设备的连接

 学习目标

➢ 了解网络设备首先要遵循 IEEE 等国际标准
➢ 掌握网络的拓扑知识、网络规划的标准限制
➢ 能够进行网络设备的连接

一、网络设备连接标准

1. IEEE 网络标准

局域网（LAN）的结构主要有三种类型：以太网（Ethernet）、令牌环（Token Ring）、令牌总线（Token Bus）以及作为这三种网的骨干网光纤分布数据接口（FDDI）。它们所遵循的都是 IEEE（美国电子电气工程师协会）制定的以 802 开头的标准，目前共有 11 个与局域网有关的标准，它们分别是：

(1) IEEE 802.1——通用网络概念及网桥等。

(2) IEEE 802.2——逻辑链路控制等。

(3) IEEE 802.3——CSMA/CD 访问方法及物理层规定。

(4) IEEE 802.4——ARCnet 总线结构及访问方法，物理层规定。

(5) IEEE 802.5——Token Ring 访问方法及物理层规定等。

(6) IEEE 802.6——城域网的访问方法及物理层规定。

(7) IEEE 802.7——宽带局域网。

(8) IEEE 802.8——光纤局域网（FDDI）。

(9) IEEE 802.9——ISDN 局域网。

(10) IEEE 802.10——网络的安全。

(11) IEEE 802.11——无线局域网。

2. 网络拓扑标准

计算机网络的拓扑结构，即是指网上计算机或设备与传输媒介形成的结点与线的物理构成模式。

(1) 网络的结点类型

网络的结点有两类：一类是转换和交换信息的转接结点，包括结点交换机、集线器和终端控制器等；另一类是访问结点，包括计算机主机和终端等。线则代表各

种传输媒介，包括有形的和无形的。

(2) 计算机网络的拓扑结构

计算机网络的拓扑结构主要有：星型结构、总线型结构、环型结构、树型结构和混合型结构。

1）星型。中心节点是主节点，它接受各分散节点的信息再转发给其他相应节点，采用集中控制方式。星型结构的特点：星型结构简单，便于控制和管理，建网容易；传输错误率低；可靠性较低，中心节点一旦发生故障，则整个网络陷入瘫痪。

2）总线型。为线状连接，即用一条开环、无源的粗或细的同轴电缆或4芯、8芯双绞线通过接口把设备连接到电缆上，形成一条多路的访问总线。总线型的接口内具有发送器和接收器。接收器接收总线上的串行信息，并将其转换为并行信息送到节点；发送器则将并行信息转换成串行信息广播发送到总线上。当在总线上发送的信息目的地址与某一节点的接口地址相符时，传输的信息就被该节点接收。由于一条公共总线具有一定的负载能力，因此总线长度有限，其所能连接的节点数也有限，必要时须增加总线驱动设备。总线结构简单，安装方便，但由于所有节点共用一条总线，因此在传输的信息容易发生冲突，故不易用在实时性要求高的场合。

3）环型（闭合的总线型）。采用非集中控制方式，各节点之间关系对等。其各节点通过环接口连于一条封闭的环形通信线路中，环中信息单方向绕环传送，任何一个节点发送的信息都必须经过环路中的全部环接口。仅当信息中所含的接收方地址与途经节点的地址相同时，该信息才被接收，否则，信息传至下一节点，直到目的节点为止。

环型结构简化了路径选择控制；当某节点出现故障时，可采用旁路环的方法，提高传输可靠性；环路中任何一节点发出的信息，其他节点均可接收，故传输速度较快。

4）树型。采用分层结构，适用于分级管理和控制。与星型结构相比较，由于通信线路总量比较复杂，合理分层，可以简化管理。

5）网型（不规则型或全互联型）。网型中两任意节点之间的通信线路不是唯一的，若某条通路出现故障时，可绕道其他通路传输信息，因此它的可靠性好，但建网成本较高，适用特别重要的网络，如国家军事网络、国家政治网络等。

6）复合型。是将多种拓扑结构的局域网连在一起而形成的兼顾不同拓扑结构的优点和特点，从而达到更好的使用效果。

3. 网络规划标准

典型的网络规划分为接入层、汇聚层、核心层三层结构。

(1) 接入层提供 XDSL 等多种接入方式，接入 PC、IPSTB、ePhone、IAD 等多种终端设备，通过各种终端开展宽带接入、Internet 互联、语音、视频等业务。

(2) 汇聚层设备对接入层通过 FE/GE、ATM155 等接口接入的业务流通过 GE/POS 汇聚到城域网核心层。

(3) 核心层主要作用是实现网络中各大区域的互联。

这种宽带网络的分层结构使网络层次清晰。接入层为不同用户提供各种接入手段，汇聚层对接入层业务流汇聚，核心层保证快速转发。

二、网络设备的连接

1. 点对点连接 (Peer-to-Peer)

点对点连接可以让两台或以上的计算机，在对等的关系下使用彼此的资源或进行信号的沟通（见图 4—47）。例如，两台计算机可以分享各自的硬盘空间、CD-ROM、打印机等等设备。而在点对点连接的计算机系统中，每台计算机都具有完整的个人计算机设备，像硬盘等，因此每一台计算机可以同时作为 Client（客户端）与 Server（服务器）。

通常来说点对点的网络都是利用 10 BaseT/100 BaseT 以太网缩架构以及集线器（Hub）来建立，或者采用同轴电缆串联所有的计算机。

图 4—47　点对点连接

点对点的连线方式包含了以下的优点：

(1) 没有所谓的特定服务器，因此不需要特定的某人来管理整个网络环境。

(2) 这样的网络架构较为简单而且架设所花费的成本低。

(3) 目前常用的操作系统，包括 Windows 95 和 Windows 98、NT 以及 Windows 2000 都支持这样的做法。

(4) 所需要的设备简单而且容易购买取得。

2. 服务器/客户端架构 (Server/Client Connectoin)

在类似 Windows NT 或 Novell 的 Client—server 主从架构中，可以将文件存

储在高速的存储媒界中（例如高速 SCSI 磁盘阵列等等），而让客户端的计算机经过身份确认后依照权限夹存取。这样一来客产端的计算机可以仅安装简单的操作系统，甚至完全由服务器取得所有的资料，这种做法下整个局域网的所有作业几乎都会在服务器中记录起来，而且用户的存取动作也会依照登录人的仅限等等而有所不同或限制。因此 Client－Erver 架构属于较为严格的网络环境，但是针对计算机的管理方面具有一定的方便性。

服务器/客户端架构如图 4—48 所示。Client－Server 架构主要应用在中大型的企业网络上，而架设的复杂度与成本也较高，因此对于一般家庭等小型的应用层面上，此种架构较不适合。

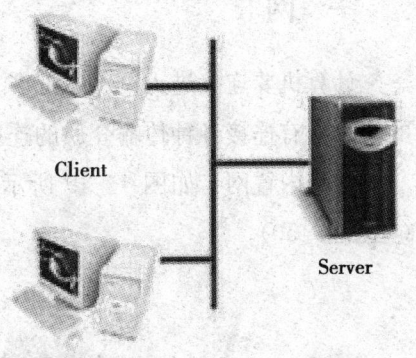

图 4—48 服务器/客户端架构

4.2 网络设备维护

4.2.1 网络设备的安装调试

 学习目标

➤掌握网卡的分类
➤了解中继器的工作原理
➤掌握集线器的特点
➤了解网桥的主要作用
➤掌握交换机的特点、功能及分类
➤掌握路由器的特点及分类、连接网络的方法
➤能够进行设备安装调试

按照网络设备对应的 OSI（开放式互联参考模型）层次结构，将网络设备划分成：第一层物理层互联设备（层 L1，中继系统即转发器）、第二层数据链路层互

连设备（层L2，即网桥或桥接器）、第三层网络层互联设备（层L3，中继系统即路由器）和高层互连设备（网桥和路由器的混合物桥路器兼有网桥和路由器的功能）。

一、网卡

计算机要连接进入网络，必须安装网卡。网卡一般是插在计算机的机箱内部的，外面有连接各种传输介质的连接端口。

常见内置网卡如图4—49所示；也有的网卡是即插即用的，也就是外置网卡（见图4—50）。

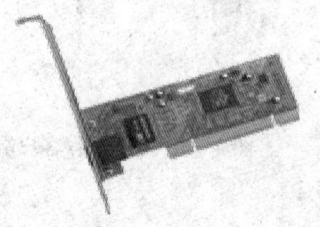
图4—49 常见内置网卡

图4—50 外置网卡

内置网卡相比外置网卡的优势在于兼容性好，不占用插槽，低能耗。外置网卡恰相反，不过它的CPU占用低，在极限情况下稳定性好过内置网卡。部分早期的外置网卡在局域网里抢线快，在网络带宽挤占上大于其他网卡，外置和内置网卡的上网速度基本没有任何区别。

随着计算机网络技术的飞速发展，为了满足各种应用环境和应用层次的需求，出现了许多不同类型的网卡，网卡的划分标准也因此出现了多样化，下面逐一介绍。

按网卡的总线接口类型来分一般可分为ISA接口网卡、PCI接口网卡以及PC-MCIA网卡。目前在服务器上PCI-X总线接口类型的网卡也开始得到应用。

1. ISA总线网卡

这是早期的一种的网卡，在20世纪80年代末，90年代初期，当时的内置板板卡都是采用ISA总线接口类型，所以网卡的总线类型也是ISA类型的。

2. PCI总线网卡

这种总线类型的网卡在当前的台式机上相当普遍，也是目前最主流的一种网卡接口类型。因为它的I/O速度远比ISA总线型的网卡快（ISA最高仅为33 MB/s，而目前的PCI 2.2标准32位的PCI接口数据传输速度可达133 MB/s）。它通过网卡所带的两个指示灯颜色初步判断网卡的工作状态。目前主流的 PCI 规范有 PCI 2.0、PCI 2.1 和 PCI 2.2 三种，PC 机上用的 32 位 PCI 网卡，三种接口规范的网卡外观基本上差不多（主板上的 PCI 插槽也一样）。服务器上用的 64 位 PCI 网卡外观就与 32 位的有较大差别，主要体现在长度较长。

3. PCI-X 总线网卡

这是目前最新的一种在服务器开始使用的网卡类型，它与原来的 PCI 相比在 I/O 速度方面提高了一倍，比 PCI 接口具有更快的数据传输速度（2.0 版本最高可达到 266 MB/s 的传输速率）。目前这种总线类型的网卡在市面上还很少见，主要是由服务器生产厂商随机独家提供，如在 IBM 的 X 系列服务器中就可以见到它的踪影。PCI-X 总线接口的网卡一般 32 位总线宽度，也有的是用 64 位数据宽度的。

但目前因受到 Intel 新总线标准 PCI-Express 的排挤，是否能最终流行还是未知数，因为由 Intel 提出，由 PCI-SIG（PCI 特殊兴趣组织）颁布的 PCI-Express 无论在速度上，还是结构上都比 PCI-X 总线要强许多。目前 Intel 的 i875P 芯片组已提供对 PCI-Express 总线的支持，有专家分析预计将在短时期内逐步普及这一新的总线接口。它将取代 PCI 和现行的 AGP 接口，最终实现内部总线接口的统一。

4. PCMCIA 总线网卡

这种总类型的网卡是笔记本计算机专用的，它受笔记本计算机的空间限制，体积远不可能像 PCI 接口网卡那么大。如图 4—51 所示。随着笔记本计算机的日益普及，这种总线类型的网卡目前在市面上较为常见，很容易找到，而且现在生产这种总线型的网卡的厂商也较原来多了许多。PCMCIA 总线分为两类，一类为 16 位的 PCMCIA，另一类为 32 位的 CardBus。

图 4—51 PCMCIA 总线网卡

CardBus 是一种用于笔记本计算机的新的高性能 PC 卡总线接口标准，就像广泛地应用在台式计算机中的 PCI 总线一样。该总线标准与原来的 PC 卡标准相比，具有以下的优势：

(1) 32 位数据传输和 33 MHz 操作。CardBus 快速以太网 PC 卡的最大吞吐量接近 90 Mbps，而 16 位快速以太网 PC 卡仅能达到 20～30 Mbps。

(2) 总线自主。使 PC 卡可以独立于主 CPU，与计算机内存间直接交换数据，这样 CPU 就可以处理其他的任务。

(3) 3.3 V 供电，低功耗。提高了电池的寿命，降低了计算机内部的热扩散，增强了系统的可用性。后向兼容 16 位的 PC 卡。老式以太网和 Modem 设备的 PC 卡仍然可以插在 CardBus 插槽上使用。

5. USB 接口网卡

作为一种新型的总线技术，USB（Universal Serial Bus，通用串行总线）已经被广泛应用于鼠标、键盘、打印机、扫描仪、Modem、音箱等各种设备。由于其传输速率远远大于传统的并行口和串行口，设备安装简单并且支持热插拔（见图 4—52）。USB 设备一旦接入，就能够立即被计算机所承认，并装入任何所需要的驱动程序，而且不必重新启动系统就可立即投入使用。当不再需要某台设备时，可以随时将其拔除，并可再在该端口上插入另一台新的设备，然后，这台新的设备也同样能够立即得到确认并马上开始工作，所以越来越受到厂商和用户的喜爱。USB 这种通用接口技术不仅在一些外置设备中得到广泛的应用，如 Modem、打印机、数码相机等，在网卡中也不例外。

(1) 按网卡的网络接口类型划分

图 4—52 USB 接口网卡

除了可以按网卡的总线接口类型划分外，还可以按网卡的网络接口类型来划分。网卡最终是要与网络进行连接，所以也就必须有一个接口使网线通过它与其他计算机网络设备连接起来。不同的网络接口适用于不同的网络类型，目前常见的接口主要有以太网的 RJ－45 接口、细同轴电缆的 BNC 接口和粗同轴电 AUI 接口、FDDI 接口、ATM 接口等。而且有的网卡为了适用于更广泛的应用环境，提供了两种或多种类型的接口，如有的网卡会同时提供 RJ－45、BNC 接口或 AUI 接口。

1) RJ－45 接口网卡。这是最为常见的一种网卡，也是应用最广的一种接口类型网卡，这主要得益于双绞线以太网应用的普及。因为这种 RJ－45 接口类型的网卡就是应用于以双绞线为传输介质的以太网中，它的接口类似于常见的电话接口 RJ－11，但 RJ－45 是 8 芯线，而电话线的接口是 4 芯的，通常只接 2 芯线（ISDN 的电话线接 4 芯线）。在网卡上还自带两个状态指示灯，通过这两个指示灯颜色可初步判断网卡的工作状态。如图 4—53 所示。

2) BNC 接口网卡。这种接口网卡对应用于用细同轴电缆为传输介质的以太网或令牌网中,目前这种接口类型的网卡较少见,主要因为用细同轴电缆作为传输介质的网络就比较少。

3) AUI 接口网卡。这种接口类型的网卡对应用于以粗同轴电缆为传输介质的以太网或令牌网中,这种接口类型的网卡目前更是很少见,因为用粗同轴电缆作为传输介质的网络更是少上加少。

4) FDDI 接口网卡。这种接口的网卡是适应于 FDDI 网络中,这种网络具有 100 Mbps 的带宽,但它所使用的传输介质是光纤,所以这种 FDDI 接口网卡的接口也是光模接口的。随着快速以太网的出现,它的速度优越性已不复存在,但它须采用昂贵的光纤作为传输介质的缺点并没有改变,所以目前也非常少见。如图 4—54 所示。

5) ATM 接口网卡。这种接口类型的网卡是应用于 ATM 光纤(或双绞线)网络中。它能提供物理的传输速度达 155 Mbps。

 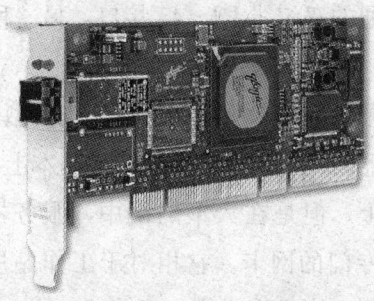

图 4—53　RJ-45 接口的网卡　　　图 4—54　光纤接口的网卡

(2) 按带宽划分

随着网络技术的发展,网络带宽也在不断提高,但是不同带宽的网卡所应用的环境也有所不同,目前主流的网卡主要有 10 Mbps 网卡、100 Mbps 以太网卡、10 Mbps/100 Mbps 自适应网卡、1 000 Mbps 千兆以太网卡四种。

1) 10 Mbps 网卡。10 Mbps 网卡主要是比较老式、低档的网卡。它的带宽限制在 10 Mbps,这在当时的 ISA 总线类型的网卡中较为常见,目前 PCI 总线接口类型的网卡中也有一些是 10 Mbps 网卡,不过目前这种网卡已不是主流。这类带宽的网卡仅适应于一些小型局域网或家庭需求,中型以上网络一般不选用,但它的价格便宜。

2) 100 Mbps 网卡。100 Mbps 网卡在目前来说是一种技术比较先进的网卡,它的传输 I/O 带宽可达到 100 Mbps,这种网卡一般用于骨干网络中。目前这种带宽的网卡在市面上已逐渐得到普及,但它的价格稍贵,一些名牌的此带宽网卡一般都要几百元以上。

提示：注意一些杂牌的 100 Mbps 网卡不能向下兼容 10 Mbps 网络。

3) 10 Mbps/100 Mbps 网卡。这是一种 10 Mbps 和 100 Mbps 两种带宽自适应的网卡，也是目前应用最为普及的一种网卡类型，最主要因为它能自动适应两种不同带宽的网络需求，保护了用户的网络投资。它既可以与老式的 10 Mbps 网络设备相连，又可应用于较新的 100 Mbps 网络设备连接，所以得到了用户普遍的认同。这种带宽的网卡会自动根据所用环境选择适当的带宽，如与老式的 10 Mbps 旧设备相连，那它的带宽就是 10 Mbps，但如果是与 100 Mbps 网络设备相连，那它的带宽就是 100 Mbps，仅需简单的配置即可（也有不用配置的）。也就是说它能兼容 10 Mbps 的老式网络设备和新的 100 Mbps 网络设备。

4) 1 000 Mbps 以太网卡。千兆以太网（Gigabit Ethernet）是一种高速局域网技术，它能够在铜线上提供 1 Gbps 的带宽。与它对应的网卡就是千兆网卡了，同理这类网卡的带宽也可达到 1 Gbps。千兆网卡的网络接口也有两种主要类型，一种是普通的双绞线 RJ－45 接口，另一种是多模 SC 型标准光纤接口。

（3）按网卡应用领域来分

如果根据网卡所应用的计算机类型来分，可以将网卡分为应用于工作站的网卡和服务器的网卡。前面所介绍的基本上都是工作站网卡，其实通常也应用于普通的服务器上。但是在大型网络中，服务器通常采用专门的网卡。它相对于工作站所用的普通网卡来说在带宽（通常在 100 Mbps 以上，主流的服务器网卡都为 64 位千兆网卡）、接口数量、稳定性、纠错等方面都有比较明显的提高。还有的服务器网卡支持冗余备份、热插拔等服务器专用功能。64 位服务器专用网卡如图4—55所示。

图 4—55　64 位服务器专用网卡

（4）按照网卡接入的网络类型来分

按照网络的类型来分，网卡可以分为以太网卡、令牌环网卡、令牌总线网卡和 FDDI 网卡，当前应用最为广泛的还是以太网卡。

（5）根据网卡所应用的计算机类型来分

可以将网卡分为应用于工作站的网卡和应用于服务器的网卡。前面所介绍的基本上都是工作站网卡，其实通常也应用于普通的服务器上。但是在大型网络中，服务器通常采用专门的网卡。它相对于工作站所用的普通网卡来说在带宽（通常在

100 Mbps 以上，主流的服务器网卡都为 64 位千兆网卡）、接口数量、稳定性、纠错等方面都有比较明显的提高。还有的服务器网卡支持冗余备份、热拔插等服务器专用功能。

（6）其他

除了以上几类网卡以外，另外还有一些非主流分类方式，如常用的有线网卡和现在非常流行的无线网卡。如果要和手机一样上网，就要在计算机上安装无线网卡，并且办理有关的入网手续后，就能享受"无线"的方便。

无线网卡如图 4—56 所示。

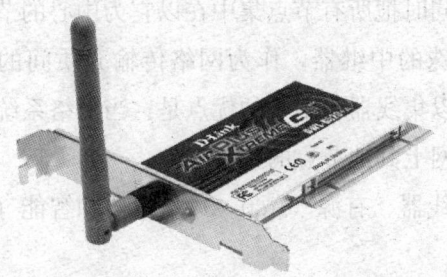 

图 4—56 无线网卡

二、中继器

由于信号在网络传输介质中有衰减和噪声，使有用的数据信号变得越来越弱，因此为了保证有用数据的完整性，并在一定范围内传送，要用中继器把所接收到的弱信号分离，并再生放大以保持与原数据相同。

中继器常用于同轴电缆的时代。早期计算机网络常使用粗同轴电缆或细同轴电缆的网络中，用于连接同轴电缆，或者延长传输距离。因为电信号在同轴电缆中传输的过程中要衰减，经过一段距离后，信号的强度不足以再传输，于是使用中继器放大信号，使其继续传输。中继器转发信号，但同时它们也转发了信号的噪声，所以中继器不是智能设备。

中继器不仅功能有限，而且作用范围也有限。一个中继器只包含有一个输入端口和一个输出端口（见图 4—57 所示）所以它就只能接收和转发数据流。此外，中继器只适用于总线拓扑结构的网络（总线形网络）。使用中继器的优点

图 4—57 中继器

是扩展网络的成本较低廉。

提示：中继器在使用时，它必须遵循 5－4－3 规范，这里"5"代表网段数，"4"代表中继器使用的最多个数，"3"代表在 5 个网段中只能有任意 3 个网段是可以连接节点的。剩下两个是不可以连接任何设备和节点的。

三、集线器

1. 集线器的概念及作用

集线器的英文名称是"Hub"，集线器的主要功能是对接收到的信号进行再生整形放大，以扩大网络的传输距离，同时把所有节点集中在以它为中心的节点上。

集线器（Hub）可以说是一种特殊的中继器，作为网络传输介质间的中央节点，它克服了介质单一通道的缺陷。以集线器为中心的优点是：当网络系统中某条线路或某节点出现故障时，不会影响网上其他节点的正常工作。

集线器可分为无源（Passive）集线器、有源（Active）集线器和智能（Intelligent）集线器。

（1）无源集线器只负责把多段介质连接在一起，不对信号作任何处理，每一种介质段只允许扩展到最大有效距离的一半。

（2）有源集线器类似于无源集线器，但它具有对传输信号进行再生和放大从而扩展介质长度的功能。

（3）智能集线器除具有有源集线器的功能外，还可将网络的部分功能集成到集线器中，如网络管理、选择网络传输线路等。

集线器技术发展迅速，已出现交换技术（在集线器上增加了线路交换功能）和网络分段方式，新技术的运用提高了传输带宽。

常见到的集线器如图 4—58 所示。

图 4—58　常见的集线器

以集线器为节点中心的优点是：当网络系统中某条线路或某节点出现故障时，不会影响网上其他节点的正常工作；因为它提供了多通道通信，大大提高了网络通信速度。

然而随着网络技术的发展，集线器的缺点越来越突出，一种技术更先进的数据交换设备——交换机逐渐取代了部分集线器的高端应用。

2. 集线器产品的类型

（1）按端口数量来分

这是最基本的分类标准之一。端口就是所连节点的数量。如果连接的是工作站，那它就是能连接工作站的数量。集线器主要有 8 口、16 口和 24 口等大类（见图 4—59、图 4—60 和图 4—61）。但也有少数品牌提供非标准端口数，如 4 口和 12 口的，还有的有 5 口、9 口、18 口的集线器产品，这主要是想满足部分对端口数要求过严、资金投入比较谨慎的用户需求。

图 4—59 8 口集线器

图 4—60 16 口集线器

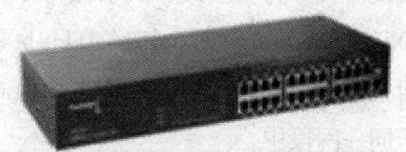

图 4—61 24 口集线器

（2）带宽划分

集线器也有带宽之分，如果按照集线器所支持的带宽不同，通常可分为 10 Mbps、100 Mbps、10/100 Mbps 三种，基本上与网卡一样（网卡还有 1 000 Mbps 的，但 1 000 Mbps 以上带宽的一般都由交换机来提供）。这里所指的带宽是指整个集线器所能提供的总带宽，而非每个端口所能提供的带宽，也就是说如果集线器带宽为 10 Mbps，总共有 16 个端口，16 个端口同时使用时则每个端口的带宽只有 10/16 Mbps。当然所连接的节点数越少，每个端口所分得的带宽就会越宽，此项特性称为：共享带宽。

1) 10 Mbps 带宽型。这种集线器是属于低档集线器产品，随着双绞线以太网应用的普及，10 Mbps 的集线器也都普遍采用双绞线的 RJ－45 端口，只不过为了方便与原来的同轴电缆网络相连，有的 10 Mbps 集线器还提供了 BNC（细同轴电缆接口）或 AUI（粗同轴电缆接口），尽管如此，这种带宽的集线器还是比较少见，通常端口在 8 口之内。如图 4—62 所示。

2) 100 Mbps 带宽型。这种集线器一般用于中型网络，在实际中应用较多。

3) 10 Mbps/100 Mbps 自适应型。与网卡一样，这种带宽类型的集线器是目前应用最为广泛的一种，它克服以单纯 10 Mbps 或者 100 Mbps 带宽集线器兼容性不良的缺点。它既能照顾到老设备的应用，又能与目前主流新技术设备保持高性能连接。在切换方式上，这种双速集线器目前有手动和自动切换 10/100 Mbps 带宽的两种方式，手动切换为每集线器 10/100 Mbps 转换，自动切换方式只是对端口带宽进行自动切换。常用的 10 Mbps/100 Mbps 自适应型集线器如图 4—63 所示。

图 4—62 10 Mbps 带宽型集线器　　图 4—63 常用的 10 Mbps/100 Mbps 自适应型集线器

（3）按照结构划分

集线器又分为切换式、共享式和可堆叠共享式 3 种。

1）切换式 Hub。一个切换式 Hub 重新生成每一个信号并在发送前过滤每一个包，而且只将其发送到目的地址。切换式 Hub 可以使 10 Mbps 和 100 Mbps 的站点用于同一网段中。

2）共享式 Hub。共享式 Hub 提供了所有连接点的站点间共享一个最大频宽。例如，一个连接着几个工作站或服务器的 100 Mbps 共享式 Hub 所提供的最大频宽为 100 Mbps，与它连接的站点共享这个频宽。共享式 Hub 不过滤或重新生成信号，所有与之相连的站点必须以同一速度工作（10 Mbps 或 100 Mbps）。所以共享式 Hub 比切换式 Hub 价格低廉。

3）堆叠共享式 Hub。堆叠共享式 Hub 是共享式 Hub 中的一种，当它们级连在一起时，可看做是网中的一个大 Hub。当 6 个 8 口的 Hub 级连在一起时，可以看做是 1 个 48 口的 Hub。

四、网桥

网桥（Bridge）是一个局域网与另一个局域网之间建立连接的桥梁。网桥是属于网络层的一种设备，它的作用是扩展网络和通信手段，在各种传输介质中转发数据信号，扩展网络的距离，同时又有选择地将有地址的信号从一个传输介质发送到另一个传输介质，并能有效地限制两个介质系统中无关紧要的通信。网桥如图 4—64 所示。

图 4—64 网桥

1. 网桥的工作原理

为了说明网桥的工作原理，以 FDDI 为背景叙述之。

FDDI 是一个开放式网络，它允许各种网络设备相互交换数据，网桥连接的两个局域网可以基于同一种标准，也可以基于两种不同类型的标准。当网桥收到一个数据帧后，首先将它传送到数据链路层进行差错校验，然后再送至物理层，通过物理层传输机制再传送到另一个子网上，在转发帧之前，网桥对帧的格式和内容不作或只作很少的修改。网桥一般都设有足够的缓冲区，有些网桥还具有一定的路由选择功能，通过筛选网络中一些不必要的传输来减少网上的信息流量。

例如，当 FDDI 站点有一个报文要传到以太网 IEEE 802.3 CSMA/CD 网上时，需要完成下面一系列工作：

(1) 站点首先将报文传至 LLC 层，并加上 LLC 报头。

(2) 将报文传送到 MAC 层，再加上 FDDI 报头。FDDI 报文最大长度为 4 500 字节，大于此值的报文可分组传送。

(3) FDDI 报文最大长度为 4 500 字节，大于此值的到 FDDI－IEEE 802.3 以太网桥。

(4) 网桥上的 MAC 层去掉 FDDI 报头，然后送交 LLC 层处理。

(5) 经过重新组帧并计算校验值，形成 IEEE 802.3 数据帧格式，并在前面加上 IEEE 802.3 报头。

(6) 经传输媒体将帧传至 IEEE 802.3 以太网站点。

由于 FDDI 传输速率（100 Mbps）与 IEEE802.3 以太网传输速率（10 Mbps）不匹配，因此，在网桥上就存在拥挤和超时问题，也就有重发的可能。如果多次重发均告失败，那么将放弃发送，并通知目的站点网络可能有故障。

2. 网桥的功能

(1) 源地址跟踪

网桥具有一定的路径选择功能，它在任何时候收到一个帧以后，都要确定其正确的传输路径，将帧送到相应的目的站点。网桥将帧中的源地址记录到它的转发数据库（或者地址查找表）中，该转发库就存放在网桥的内存中，其中包括了网桥所能见到的所有连接站点的地址。这个地址数据库是互联网所独有的，它指出了被接收帧的方向，或者仅说明网桥的哪一边接收到了帧。能够自动建立这种数据库的网桥称为自适应网桥。

在一个扩展网络中，所有网桥均应采用自适应方法，以便获得与它有关的所有站点的地址。网桥在工作中不断更新其转发数据库，使其渐趋完备，有些厂商提供的网桥允许用户编辑地址查找表，这样有助于网络的管理。

（2）帧的转发和过滤

在相互连接的两个局域网之间，网桥起到了转发帧的作用，它允许每个 LAN 上的站点与其他站点进行通信，看起来就像在一个扩展网络上一样。

为了有效地转发数据帧，网桥提供了存储和转发功能，他自动存储接收进来的帧，通过地址查询表完成寻址；然后把它转发到源地址另一边的目的站点上，而源地址同一边的帧就被从存储区中删除。

过滤（Filter）是阻止帧通过网桥的处理过程，有三种基本类型：

1）目的地址过滤当网桥从网络上接收到一个帧后，首先确定其源地址和目的地址，如果源地址和目的地址处于同一局域网中，就简单地将其丢弃，否则就转发到另一局域网上，这就是所谓的目的地址过滤。

2）源地址过滤所谓源地址过滤，就是根据需要，拒绝某一特定地址帧的转发，这个特定的地址是无法从地址查找表中取得的，但是可以由网络管理模块提供。事实上，并非所有网桥都进行源地址的过滤。

协议过滤目前，有些网桥还能提供协议过滤功能，它类似于源地址过滤，由网络管理指示网桥过滤指定的协议帧。在这种情况下，网桥根据帧的协议信息来决定是转发还是过滤该帧，这样的过滤通常只用于控制流量、隔离系统和为网络系统提供安全保护。

（3）生成树的演绎

生成树（Spanning Tree）是基于 IEEE 802.1d 的一种工业标准算法，利用它可以防止网上产生回路，因为回路会使网络发生故障。生成树有两个主要功能：

1）在任何两个局域网之间仅有一条逻辑路径。

2）在两个以上的网桥之间用不重复路径把所有网络连接到单一的扩展局域网上。

扩展局域网的逻辑拓扑结构必须是无回路的，所有连接站点之间都有一个唯一的通路。在扩展网络系统中，网桥通过名为问候帧的特殊帧来交换信息，利用这些信息来决定谁转发、谁空闲。确定了要进行转发工作的网桥还要负责帧的转发，而空闲的网桥可用做备份。

（4）协议转换

早期的 FDDI 网桥结构通常是专用的封装结构，这是由于早期的 FDDI 仅与 IEEE 802.3 或 IEEE 802.5 子网相连，不需要和其他局域网中的节点通信。但是，在一个大型的扩展局域网中，有很多系统在一起操作，这种专用的封装式网桥就无法提供相互操作的能力。为此，采用了新的转换技术，依照与其他网络的桥接标准，形成了转换式网桥，建立可适应局域网互联的标准帧。

1) 封装式网桥（Encapsulation Bridge）。采用一些专用设备和技术，将 FDDI 作为一种传输管道来使用，它要求网上使用同一型号的网桥，这无疑影响了网络的互操作性能。

以 FDDI·Ethernet 网桥为例，FDDI 封装式网桥使用专用协议技术，用 FDDI 报头和报尾来封装一个以太帧，然后把这个帧转发到 FDDI 网络上，目的地址也隐含在封装过的帧中。封装式网桥把这个 FDDI 帧发送到另一个封装式网桥上，由该封装式网桥使用与封装技术相对应的拆封技术将封装拆除。由于目的地址被封装过，因此只能采用广播帧的形式发送帧，这无疑会降低网络带宽的使用率。如果互联网的规模很大，包含的网桥和局域网很多，那么广播帧的数目也将增加，这样势必会造成不必要的拥挤。

封装式网桥不能通过转换网桥发送数据，只有同一供货商提供的同一种封装式网桥才能一起工作，也不能通过其他供货商提供的封装式网桥传输数据，除非其他供货商提供的封装式网桥也同样使用这种专用协议。

2) 转换式网桥转换式网桥（Translating Bridge）克服了封装式网桥的弊病，将需要传输的帧转换成目的网络的帧格式，然后再上网传输。

还是以 FDDI·Ethernet 网桥为例，以太网工作站要使用连在 FDDI 上的高性能服务器，必须先将 Ethernet 帧格式转换成 FDDI 格式帧，然后通过 FDDI 上传输至目的服务器，此时服务器接收到的是 FDDI 格式的帧，故不需做任何改变就可使用。可见转换式网桥是通用的。任何转换式网桥都能与其他网桥互相通信。

(5) 分帧和重组

网际互联的复杂程度取决于互联网络的报文、帧格式及其协议的差异程度。不同类型的网络有着不同的参数，其差错校验的算法、最大报文分组；生存周期也不尽相同。例如，FDDI 网络中允许的最大帧长度为 4 500 字节，而在 IEEE 802.3 以太网中最大帧长度为 1 518 字节。这样网桥在 FDDI 向 Ethernet 转发数据帧时，就必须将 FDDI 长达 4 500 字节的帧分割成几个 1 518 字节长度的 IEEE 802.3 协议以太网帧，然后再转发到以太网上去，这就是分帧技术。一些通用的通信协议都定义了类似的控制帧大小差异的方法（称为包分割方法）。反之，在 Ethernet 向 FDDI 转发数据帧时，必须将只有 1 518 字节的以太帧组合成 FDDI 格式的帧，并以 FDDI 的格式传输，这就是帧的重组。

对于使用较长报文格式的协议和应用，帧的分割和重组是非常重要的。如果 FDDI 网桥中没有分帧和重组功能，那么通过网桥互联就无法实现。但是，在协议转换过程中，分帧和重组工作必须快速完成，否则会降低网桥的性能。

(6) 网桥的管理功能

网桥的另一项重要功能是对扩展网络的状态进行监督，其目的就是为了更好地调整拓扑逻辑结构，有些网桥还可对转发和丢失的帧进行统计，以便进行系统维护。网桥管理还可以间接地监视和修改转发地址数据库，允许网络管理模块确定网络用户站点的位置，以此来管理更大的扩展网络。另外，通过调整生成树演绎参数还能很好地协调网络拓扑结构的演绎过程。

3. 网桥的种类

(1) 本地网桥和远程网桥

本地网桥是指在传输介质允许长度范围内互联网络的网桥。远程网桥是指连接的距离超过网络的常规范围时使用的远程桥，通过远程桥互联的局域网将成为城域网或广域网。如果使用远程网桥，则远程桥必须成对出现。

(2) 按工作站的使用位置划分

从对工作站的使用位置可划分为：内桥、外桥、远程桥。

1) 内桥。内桥是通过文件服务器中的不同网卡连接起来的局域网。内桥是文件服务的一部分，通过文件服务器中的不同网卡连接起来的局域网，由文件服务器上运行的网络操作系统来管理。

2) 外桥。外桥不同于内桥，外桥安装在工作站上，它实现连接两个相似的局域网络。外桥可以是专用的，也可以是非专用的。专用外桥不能做工作站使用，它只能用来建立两个网络之间的连接，管理网络之间的通信。非专用外桥既起网桥的作用，又能作为工作站使用。

3) 远程桥。远程桥是实现远程网之间连接的设备，通常远程桥使用调制解调器与传输介质，如用电话线实现两个局域网的连接。

五、交换机

1. 交换机的概念

交换（switching）是按照通信两端传输信息的需要，用人工或设备自动完成的方法，把要传输的信息送到符合要求的相应路由上的技术统称。交换机 switch 就是一种在通信系统中完成信息交换功能的设备。常见的交换机如图 4—65 所示。

交换机在同一时刻可进行多个端口对之间的数据传输。每一端口都可视为独立

图 4—65 常见的变换机

的网段，连接在其上的网络设备独自享有全部的带宽，无须同其他设备竞争使用。当节点 A 向节点 D 发送数据时，节点 B 可同时向节点 C 发送数据，而且这两个传输都享有网络的全部带宽，此项特性称为：独享带宽。假设网络中使用的是 10 Mbps 的以太网交换机，那么该交换机这时的总流通量就等于 2×10 Mbps $=$ 20 Mbps，而使用 10 Mbps 的共享式 Hub 时，一个 Hub 的总流通量也不会超出 10 Mbps。

网络交换技术是近几年来发展起来的一种结构化的网络解决方案。它是计算机网络发展到高速传输阶段而出现的一种新的网络应用形式。它不是一项新的网络技术，而是现有网络技术通过交换设备提高性能。由于交换机市场发展迅速，产品繁多，而且功能上越来越强，所以用企业级、部门级、工作组级、交换机到桌面进行分类。

2. **交换机工作原理**

1993 年，局域网交换设备出现，1994 年，国内掀起了交换网络技术的热潮。其实，交换技术是一个具有简化、低价、高性能和高端口密集特点的交换产品，体现了桥接技术的复杂交换技术在 OSI 参考模型的第二层操作。与桥接器一样，交换机按每一个包中的 MAC 地址相对简单地决策信息转发。而这种转发决策一般不考虑包中隐藏的更深的其他信息。与桥接器不同的是交换机转发延迟很小，操作接近单个局域网性能，远远超过了普通桥接互联网络之间的转发性能。

交换技术允许共享型和专用型的局域网段进行带宽调整，以减轻局域网之间信息流通出现的瓶颈问题。现在已有以太网、快速以太网、FDDI 和 ATM 技术的交换产品。

类似传统的桥接器，交换机提供了许多网络互联功能。交换机能经济地将网络分成小的冲突网域，为每个工作站提供更高的带宽。协议的透明性使得交换机在软件配置简单的情况下直接安装在多协议网络中；交换机使用现有的电缆、中继器、集线器和工作站的网卡，不必作高层的硬件升级；交换机对工作站是透明的，这样管理开销低廉，简化了网络节点的增加、移动和网络变化的操作。

利用专门设计的集成电路可使交换机以线路速率在所有的端口并行转发信息，提供了比传统桥接器高得多的操作性能。如理论上单个以太网端口对含有64个八进制数的数据包，可提供14 880 bps的传输速率。这意味着一台具有12个端口、支持6道并行数据流的"线路速率"以太网交换器必须提供89 280 bps的总体吞吐率。专用集成电路技术使得交换器在更多端口的情况下以上述性能运行，其端口造价低于传统型桥接器。

3. 交换技术

（1）端到端交换

端到端交换技术最早出现在插槽式的集线器中，这类集线器的背板通常划分有多条以太网段（每条网段为一个广播域），不用网桥或路由连接，网络之间是互不相通的。以大主模块插入后通常被分配到某个背板的网段上，端到端交换用于将以太模块的端口在背板的多个网段之间进行分配、平衡。根据支持的程度，端到端交换还可细分为：

1) 模块交换。将整个模块进行网段迁移。

2) 端口组交换。通常模块上的端口被划分为若干组，每组端口允许进行网段迁移。

3) 端口级交换。支持每个端口在不同网段之间进行迁移。这种交换技术是基于OSI第一层上完成的，具有灵活性和负载平衡能力等优点。如果配置得当，那么还可以在一定程度进行容错，但没有改变共享传输介质的特点，自而未能称之为真正的交换。

（2）帧交换

帧交换是目前应用最广的局域网交换技术，它通过对传统传输媒介进行微分段，提供并行传送的机制，以减小冲突域，获得高的带宽。一般来讲每个公司的产品的实现技术均会有差异，但对网络帧的处理方式一般有：直通交换、存储转发。

直通交换提供线速处理能力，交换机只读出网络帧的前14个字节，便将网络帧传送到相应的端口上；存储转发通过对网络帧的读取进行验错和控制。前一种方法的交换速度非常快，但缺乏对网络帧进行更高级的控制，缺乏智能性和安全性，同时也无法支持具有不同速率的端口的交换。因此，各厂商把后一种技术作为重点。

有的厂商甚至对网络帧进行分解，将帧分解成固定大小的信元，该信元处理极易用硬件实现，处理速度快，同时能够完成高级控制功能（如美国MADGE公司的LET集线器）如优先级控制。

(3) 信元交换

ATM 技术代表了网络和通信技术发展的未来方向,也是解决目前网络通信中众多难题的一剂"良药",ATM 采用固定长度 53 个字节的信元交换。由于长度固定,因而便于用硬件实现。ATM 采用专用的非差别连接,并行运行,可以通过一个交换机同时建立多个节点,但并不会影响每个节点之间的通信能力。ATM 还容许在源节点和目标、节点建立多个虚拟链接,以保障足够的带宽和容错能力。ATM 采用了统计时分电路进行复用,因而能大大提高通道的利用率。ATM 的带宽可以达到 25 M、155 M、622 M 甚至数 1 Gb 的传输能力。

4. 局域网交换机的种类和选择

交换机的分类标准多种多样,常见的有以下几种:

(1) 根据网络覆盖范围划分

根据网络覆盖范围划分交换机分为两种:广域网交换机和局域网交换机。广域网交换机主要应用于电信领域,提供通信用的基础平台。而局域网交换机则应用于局域网络,用于连接终端设备,如 PC 机及网络打印机等。广域网交换机、局域网交换机分别如图 4—66、图 4—67 所示。

图 4—66 广域网交换机

图 4—67 局域网交换机

(2) 根据传输介质和传输速度划分

从传输介质和传输速度上可分为以太网交换机(10 M)、快速以太网交换机(100 M)、千兆以太网交换机(1 000 M)等。以太网交换机、快速以太网交换机、千兆以太网交换机分别如图 4—68、图 4—69 和图 4—70 所示

图 4—68 以太网交换机

图 4—69 快速以太网交换机

(3) 根据规模应用划分

从规模应用上又可分为企业级交换机、部门级交换机和工作组交换机、桌机型交换机等。

各厂商划分的尺度并不是完全一致的，一般来讲，企业级交换机都是机架式，部门级交换机可以是机架式（插槽数较少），也可以是固定配置式，而工作组级交换机为固定配置式（功能较为简单）。另一方面，从应用的规模来看，作为骨干交换机时，支持500个信息点以上大型企业应用的交换机为企业级交换机，支持300个信息点以下中型企业的交换机为部门级交换机，而支持100个信息点以内的交换机为工作组级交换机。企业级交换机如图4—71所示，部门级交换机如图4—72所示，工作组交换机如图4—73所示。

图4—70 千兆以太网交换机

图4—71 企业级交换机

图4—72 部门级交换机

图4—73 工作组交换机

(4) 根据交换机端口结构划分

根据交换机端口结构划分为：固定端口交换机和模块化交换机（见图4—74和图4—75）。

图4—74 固定端口交换机

图4—75 模块化交换机

(5) 根据工作协议层划分

根据工作协议层划分：第 2 层交换机、第 3 层交换机和第 4 层交换机（见图 4—76，图 4—77 和图 4—78）。

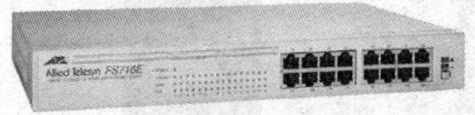 

图 4—76 第 2 层交换机　　　　　　　图 4—77 第 3 层交换机

图 4—78 第 4 层交换机

(6) 根据是否支持网管功能划分

根据是否支持网管功能划分：网管型交换机和非网管理型交换机。智能型网管以太网交换机如图 4—79 所示。

图 4—79 智能型网管以太网交换机　　　图 4—80 FDDI 交换机

(7) 根据使用的网络技术划分

局域网交换机根据使用的网络技术，可以分为：以太网交换机、令牌环交换机、FDDI 交换机（见图 4—80）、ATM 交换机（见图 4—81）等。

(8) 其他

还有很多其他种类的交换机：分段交换机、端到端交换机（见图 4—82）、网络交换机（图 4—83）等。

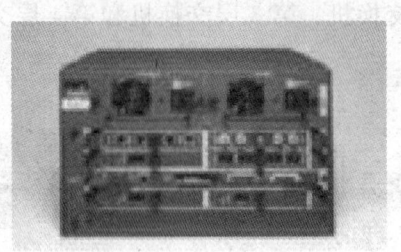 

图 4—81　不同型号的 ATM 交换机

图 4—82　端到端交换机图　　　图 4—83　网络交换机

5. 局域网交换机的选择

局域网交换机是组成网络系统的核心设备。对用户而言，局域网交换机最主要的指标是端口的配置、数据交换能力、包交换速度等因素。因此，在选择交换机时要注意以下事项：

(1) 交换端口的数量。

(2) 交换端口的类型。

(3) 系统的扩充能力。

(4) 主干线连接手段。

(5) 交换机总交换能力。

(6) 是否需要路由选择能力。

(7) 是否需要热切换能力。

(8) 是否需要容错能力。

(9) 能否与现有设备兼容，顺利衔接。

(10) 网络管理能力。

六、路由器

路由器（Router，见图4—84）是用于连接多个逻辑上分开的网络。逻辑网络是指一个单独的网络或一个子网。当数据从一个子网传输到另一个子网时，可通过路由器来完成。因此，路由器具有判断网络地址和选择路径的功能，它能在多网络互联环境中建立灵活的连接，可用完全不同

图4—84 路由器

的数据分组和介质访问方法连接各种子网。路由器是属于网络应用层的一种互联设备，只接收源站或其他路由器的信息，它不关心各子网使用的硬件设备，但要求运行与网络层协议相一致的软件。

1. 路由器的功能

（1）网络互连

路由器支持各种局域网和广域网接口，主要用于互联局域网和广域网，实现不同网络互相通信。

（2）数据处理

路由器提供包括分组过滤、分组转发、优先级、复用、加密、压缩和防火墙等功能。

（3）网络管理

路由器提供包括配置管理、性能管理、容错管理和流量控制等功能。

为了完成"路由"的工作，在路由器中保存着各种传输路径的相关数据——路由表（Routing Table），供路由选择时使用。路由表中保存着子网的标志信息、网上路由器的个数和下一个路由器的名字等内容。路由表可以是由系统管理员固定设置好的，也可以由系统动态修改，可以由路由器自动调整，也可以由主机控制。在路由器中涉及到两个有关地址的名字概念，那就是：静态路由表和动态路由表。由系统管理员事先设置好固定的路由表称之为静态（static）路由表，一般是在系统安装时就根据网络的配置情况预先设定的，它不会随未来网络结构的改变而改变。动态（Dynamic）路由表是路由器根据网络系统的运行情况而自动调整的路由表。路由器根据路由选择协议（Routing Protocol）提供的功能，自动学习和记忆网络运行情况，在需要时自动计算数据传输的最佳路径。

2. 路由器的类型

（1）按性能档次分为高、中、低档路由器。通常将路由器吞吐量大于 40 Gbps 的路由器称为高档路由器，背吞吐量在 25～40 Gbps 的路由器称为中档路由器，而将低于 25 Gbps 的看做低档路由器。当然这只是一种宏观上的划分标准，各厂家划分并不完全一致，实际上路由器档次的划分不仅是以吞吐量为依据的，是有一个综合指标的。以市场占有率最大的 Cisco 公司为例，12 000 系列为高端路由器，7 500 以下系列路由器为中低档路由器。高档路由器、中档路由器分别如图 4—85、图 4—86 所示。

图 4—85　高档路由器　　　　　图 4—86　中档路由器

（2）从结构上分为"模块化路由器"和"非模块化路由器"。模块化结构可以灵活地配置路由器，以适应企业不断增加的业务需求，非模块化的就只能提供固定的端口。通常中高端路由器为模块化结构，低端路由器为非模块化结构。模块化路由器、非模块化路由器分别如图 4—87 和图 4—88 所示。

图 4—87　模块化路由器　　　　　图 4—88　非模块化路由器

（3）从功能上划分，可将路由器分为"骨干级路由器"、"企业级路由器"和"接入级路由器"。

骨干级路由器是实现企业级网络互连的关键设备，它数据吞吐量较大，非常重要。对骨干级路由器的基本性能要求是高速度和高可靠性。为了获得高可靠性，网络系统普遍采用诸如热备份、双电源、双数据通路等传统冗余技术，从而使得骨干路由器的可靠性一般不成问

图 4—89　骨干级路由器

题。骨干级路由器如图 4—89 所示。

企业级路由器连接许多终端系统,连接对象较多,但系统相对简单,且数据流量较小,对这类路由器的要求是以尽量便宜的方法实现尽可能多的端点互连,同时还要求能够支持不同的服务质量。企业级路由器如图 4—90 所示。

接入级路由器主要应用于连接家庭或 ISP 内的小型企业客户群体。接入级路由器如图 4—91 所示。

图 4—90　企业级路由器　　　　图 4—91　接入级路由器

(4) 按所处网络位置划分通常把路由器划分为"边界路由器"和"中间节点路由器"。很明显"边界路由器"是处于网络边缘,用于不同网络路由器的连接;而"中间节点路由器"则处于网络的中间,通常用于连接不同网络,起到一个数据转发的桥梁作用。由于各自所处的网络位置有所不同,其主要性能也就有相应的侧重,如中间节点路由器因为要面对各种各样的网络。如何识别这些网络中的各节点呢?靠的就是这些中间节点路由器的 MAC 地址记忆功能。基于上述原因,选择中间节点路由器时就需要在 MAC 地址记忆功能更加注重,也就是要求选择缓存更大,MAC 地址记忆能力较强的路由器。但是边界路由器由于它可能要同时接受来自许多不同网络路由器发来的数据,所以这就要求这种边界路由器的背板带宽要足够宽,当然这也要与边界路由器所处的网络环境而定。

(5) 从性能上可分为"线速路由器"(见图 4—92)以及"非线速路由器"(见图 4—91)。所谓"线速路由器"就是完全可以按传输介质带宽进行通畅传输,基本上没有间断和延时。通常线速路由器是高端路由器,具有非常高的端口带宽和数据转发能力,能以媒体速率转发数据包;中低端路由器是非线速路由器。但是一些新的宽带接入路由器也有线速转发能力。

图 4—92　线速路由器　　　　图 4—93　非线速路由器

七、应用层互联设备

在一个计算机网络中，当连接不同类型而协议差别又较大的网络时，则要选用网关设备。网关的功能体现在 OSI 模型的最高层，它将协议进行转换，将数据重新分组，以便在两个不同类型的网络系统之间进行通信。由于协议转换是一件复杂的事，一般来说，网关只进行一对一转换，或是少数几种特定应用协议的转换，网关很难实现通用的协议转换。用于网关转换的应用协议有电子邮件、文件传输和远程工作站登录等。网关如图 4—94 所示。

网关和多协议路由器（或特殊用途的通信服务器）组合在一起可以连接多种不同的系统。

和网桥一样网关可以是本地的，也可以是远程的。目前，网关已成为网络上每个用户都能访问大型主机的通用工具。

图 4—94　网关

八、设备安装调试工作

1. 连接计算机

（1）安装操作系统

操作系统（英语；Operating System，简称 OS）是一管理计算机硬件与软件资源的程序 z，同时也是计算机系统的内核与基石。目前微机上常见的操作系统有 DOS、OS/2、UNIX、XENIX、LINUX、Windows、Netware 等。

网络操作系统（NOS，Network Operating System）是使网络中各计算机能方便而有效地共享网络资源，为网络用户提供所需的各种服务的软件和有关规则的集合。在现今市场上，用得最广泛的网络操作系统主要有 Windows NT 系列的系统、NetWare 系统和 Unix 系统。

现在要使用网络，则要在计算机上安装能够支持网络的网络类操作系统。以 Windows 系列中的 Windows 2000 为例，需要在网络中承担服务器的计算机上，安装 Windows 2000 Server 系统，而在其他客户端的计算机上可以安装 Windows 2000 Server 系统或者 Windows 2000 professional 或者其他的能够上网的操作系统即可。

（2）添加重要的服务和协议

协议（Protocol）是网络设备用来通信的一套规则，这套规则可以理解为一种彼此都能听得懂的公用语言。

在 Windows 2000 的操作系统中，局域网中必要的服务和协议有：Microsoft 网络客户端、Microsoft 网络的文件和打印机共享、NetBEUI 通信协议、NetBIOS、IPX/SPX 及其兼容协议和 TCP/IP 通信协议。

添加方法：

步骤 1：选择"网上邻居"，单击鼠标右键，在弹出的菜单中选择"属性"。

步骤 2：在"属性"窗口中，选择"网络连接"。单击鼠标右键，在弹出的菜单中，选择鼠标右键，选择"属性"。

步骤 3：在"属性"窗口中，单击"安装"（见图 4—95）。在图 4—96 中选择需要的服务和协议，单击"添加"即可。

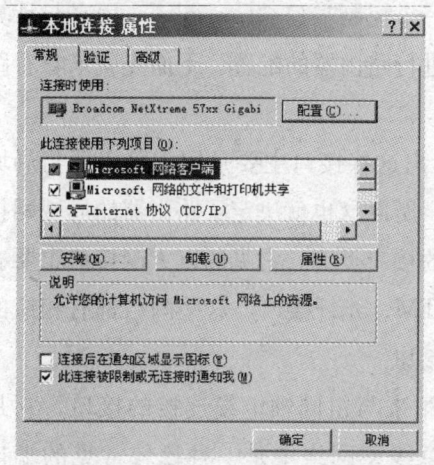

图 4—95　添加服务和协议

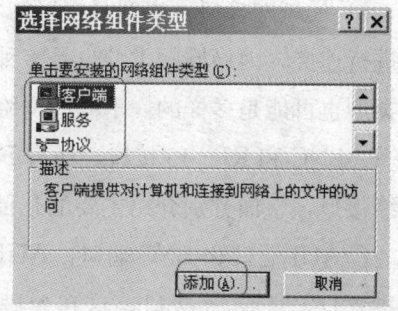

图 4—96　选择需要的内容

（3）连线

步骤 1：选择一条双绞线，制作好水晶头。

步骤 2：双绞线的一端插到计算机的网卡端口。

步骤 3：双绞线的另一端插到交换机的通用端口中。

2. 连接交换机

（1）固定设备

交换机可以放在桌面上，也可以固定在机柜中。固定设备如图 4—97 所示。

（2）配置设备

根据不同品牌的设备、不同的型号，按照一定要求进行配置。

图 4—97　固定设备

(3) 连接线缆

将制作好水晶头的双绞线插到交换机的通用端口中。

3. 连接路由器

(1) 分辨路由器接口

路由器具有非常强大的网络连接和路由功能，它可以与各种各样的不同网络进行物理连接，这就决定了路由器的接口技术非常复杂，越是高档的路由器其接口种类也就越多。路由器既可以对不同局域网段进行连接，也要以对不同类型的广域网络进行连接，所以路由器的接口类型也就一般可以分为局域网接口和广域网接口两种。另外，因为路由器本身不带有输入和终端显示设备，但它需要进行必要的配置后才能正常使用，所以一般的路由器都带有一个控制端口"Console"，用来与计算机或终端设备进行连接，通过特定的软件来进行路由器的配置。下面先就来看看路由器的局域网和广域网连接端口。

1) 局域网接口。根据其接口的名字可看出这些接口主要是用于路由器与局域网进行连接，因局域网类型也是多种多样的，所以这也就决定了路由器的局域网接口类型也可能是多样的。不同的网络有不同的接口类型，常见的以太网接口主要有AUI、BNC和RJ－45接口，还有FDDI、ATM、光纤接口，这些网络都有相应的网络接口，下面分别介绍主要的几种局域网接口。

①AUI端口和BNC端口。AUI端口是用来与粗同轴电缆连接的接口，它是一种"D"型15针接口，这在令牌环网或总线型网络中是一种比较常见的端口之一。路由器可通过粗同轴电缆收发器实现与10 Base－5网络的连接，但更多的是借助于外接的收发转发器（AUI－to－RJ－45），实现与10 Base－T以太网络的连接。当然也可借助于其他类型的收发转发器实现与细同轴电缆（10 Base－2）或光缆（10 Base－F）的连接。BNC端口是连接细同轴电缆的接口，现在都很少用了。

②RJ－45端口。RJ－45端口是最常见的端口了，它是常见的双绞线以太网端口，因为在快速以太网中也主要采用双绞线作为传输介质，所以根据端口的通信速率不同RJ－45端口又可分为10 Base－T网RJ－45端口和100 Base－TX网RJ－45端口两类。其中，10 Base－T网的RJ－45端口在路由器中通常是标识为"ETH"，而100 Base－TX网的RJ－45端口则通常标识为"10/100 bTX"，这主要是现在快速成以太网路由器产品多数还是采用10 Mbps/100 Mbps带宽自适应的。其实这两种RJ－45端口仅就端口本身而言是完全一样的，但端口中对应的网络电路结构是不同的，所以也不能随便接。如图4—98所示。

图4—98 RJ—45端口

③光纤端口。它是用于与光纤的连接,一般来说这种光纤端口是不太可能直接用光纤连接至工作站,一般是通过光纤连接到快速以太网或千兆以太网等具有光纤端口的交换机。这种端口一般在高档路由器才具有,如图4—99所示。

图4—99 光纤端口

2) 广域网接口。在上面就讲过,路由器不仅能实现局域网之间连接,更重要的应用还是在于局域网与广域网、广域网与广域网之间的互联。但因为广域网规模大,网络环境复杂,所以也就决定了路由器用于连接广域网的端口的速率要求非常高,在以太网中一般都要求在100 Mbps快速以太网以上。下面介绍几种常见的广域网接口。

①RJ—45端口。利用RJ—45端口也可以建立广域网与局域网之间的VLAN之间,以及与远程网络或Internet的连接。如果使用路由器为不同VLAN提供路由时,可以直接利用双绞线连接至不同的VLAN端口。但要注意这里的RJ—45端口所连接的网络一般不太可是10 Base—T,而是100 Mbps快速以太网以上。如果必须通过光纤连接至远程网络,或连接的是其他类型的端口时,则需要借助于收发转发器才能实现彼此之间的连接。

②AUI端口。AUI端口在局域网中也讲过,它是用于与粗同轴电缆连接的网络接口,其实AUI端口也被常用于与广域网的连接,但是这种接口类型在广域网应用得比较少,用户可以根据自己的需要选择适当的类型。

③高速同步串口。在路由器的广域网连接中,应用最多的端口还要算"高速同步串口"(SERIAL)了,这种端口主要是用于连接目前应用非常广泛的DDN、帧中继(Frame Relay)、X.25、PSTN(模拟电话线路)等网络连接模式。在企业网

之间有时也通过 DDN 或 X.25 等广域网连接技术进行专线连接。这种同步端口一般要求速率非常高，一般来说通过这种端口所连接的网络的两端都要求实时同步。如图 4—100 所示为高速同步串口。

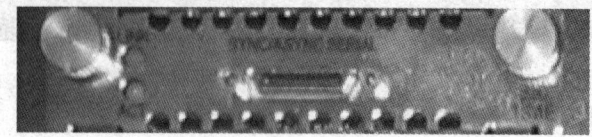

图 4—100　高速同步串口

④异步串口。异步串口（ASYNC）主要是应用于 Modem 或 Modem 池的连接，用于实现远程计算机通过公用电话网拨入网络。这种异步端口相对于上面介绍的同步端口来说在速率上要求宽松许多，因为它并不要求网络的两端保持实时同步，只要求能连续即可。所以在上网时所看到的并不一定就是网站上实时的内容，但这并不重要，因为毕竟这种延时是非常小的，重要的是在浏览网页时能够保持网页正常的下载。如图 4—101 所示为异步串口。

图 4—101　异步串口

⑤ISDN BRI 端口。因 ISDN 这种互联网接入方式连接速度上有它独特的一面，所以在当时 ISDN 刚兴起时在互联网的连接方式上还得到了充分的应用。ISDN BRI 端口用于 ISDN 线路通过路由器实现与 Internet 或其他远程网络的连接，可实现 128 kbps 的通信速率。ISDN 有两种速率连接端口，一种是 ISDN BRI（基本速率接口），另一种是 ISDN PRI（基群速率接口），ISDN BRI 端口是采用 RJ－45 标准，与 ISDN NT1 的连接使用 RJ－45－to－RJ－45 直通线。如图 4—102 所示为 ISDN BRI 端口。

图 4—102　ISDN BRI 端口

3) 路由器配置接口。路由器的配置端口其实有两个，分别是"Console"和"AUX"，"Console"通常是用来进行路由器的基本配置时通过专用连线与计算机连用的，而"AUX"是用于路由器的远程配置连接用的。

①Console 端口。Console 端口使用配置专用连线直接连接至计算机的串口，利用终端仿真程序（如 Windows 下的"超级终端"）进行路由器本地配置。路由器的 Console 端口多为 RJ—45 端口。如图 4—103 就包含了一个 Console 配置端口。

图 4—103　Console 端口

②AUX 端口。AUX 端口为异步端口，主要用于远程配置，也可用于拨号连接，还可通过收发器与 MODEM 进行连接。支持硬件流控制（Hardware Flow Control）。AUX 端口与 Console 端口通常被放置在一起，因为它们各自所适用的配置环境不一样。如图 4—104 所示。

图 4—104　AUX 端口

（2）注意散热和病毒防护

路由器的摆放位置要尽可能的处于通风、散热良好的地方，这样做的主要目的是避免出现路由过度发热的现象，以影响正常的使用。如果及其本身的散热孔有限的话，用户也可以自己手动来添加更多的散热孔。另外，也要养成定期查杀病毒以及定期升级病毒库和路由固件的习惯，以防止网络病毒给上网造成麻烦。

（3）选择路由器

路由器的作用因不同的路由器类型而定，常说的路由器通常是指边界路由器，就是位于不同类型网络的边界，如图 4—105 所示。还有一种路由器，它设计的目的就不是用于不同类型网络的连接，而是用于同为局域网的不同局域网或不同子网之间的连接，这就是"中间节点路由器"。它的网络结构如图 4—106 所示。它与三层交换机的路由连接图相比，只是用中间节点路由器接替了原来的三层交换机。

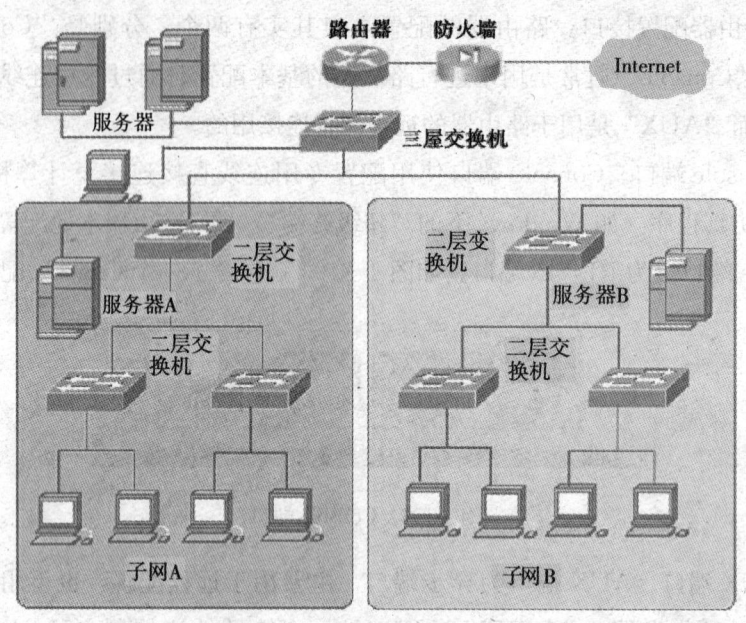

图4—105 边界路由器

"边界路由器"处于网络边界的边缘或末端，用于不同网络路由器的连接，这也是目前大多数路由器的类型。如前面介绍的互联网接入路由器和后面要介绍的VPN路由器都属于边界路由器。这类路由器所支持的网络协议和路由协议比较广，背板带宽非常高，具有较高的吞吐能力，以满足各类不同类型网络（包括局域网和广域网）的互联。

而"中间节点路由器"则处于局域网的内部，通常用于连接不同局域网，起到一个数据转发的桥梁作用。中间节点路由器更注重MAC地址的记忆能，要求较大的缓存。因为所连接的网络基本上是局域网，所以所支持的网络协议比较单一，背板带宽也较小，这些都是为了获得最高的性价比，适应一般企业的随能力。

它与三层交换机的路由功能相比，在路由功能上肯定比三层交换机的强，但在局域网这种数据交换频繁的网络中，采用中间节点路由器来进行局域网的连接，网络性能可能会受到一定影响。总的来说，如果所连接的局域网或子网较多、网络互访不是很频繁、路由较复杂的环境中，最好采用中间节点路由器连接方案。但在少数子网连接、网络间互访频繁的环境中，最好还是采用三层交换机连接方式。而且还可节省设备投资，因为三层交换机不仅具有满足应用需求的路由功能，还可当做交换机用，连接许多网络设备。

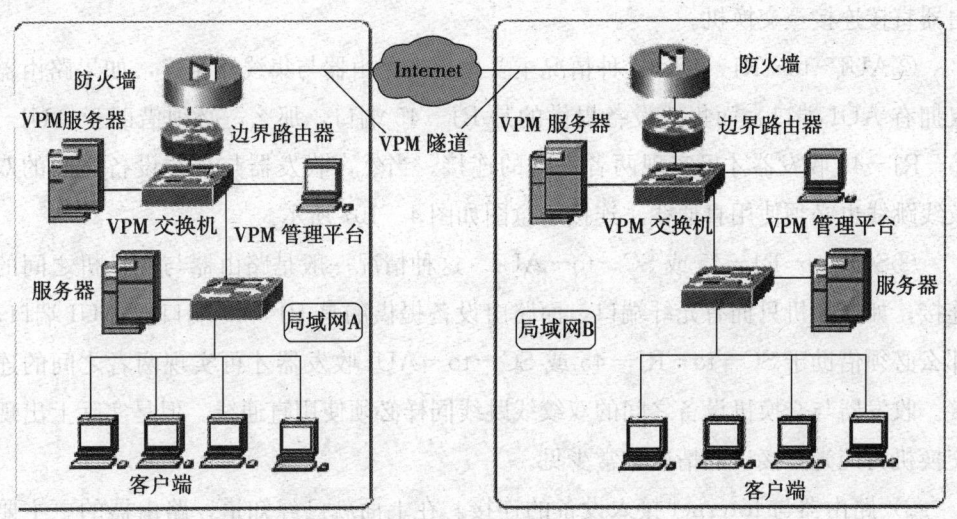

图 4—106 中间节点路由器

(4) 路由器的硬件连接

路由器的应用非常广泛,它所具有的端口类型一般也是比较多的,它们用于各自不同的网络连接,如果不能明白各自端口的作用的话就很可能进行错误的连接,导致网络连接不正确,网络不通。下面通过对路由器的几种网络连接形式来进一步理解各端口的连接应用环境。路由器的硬件连接主要包括与局域网设备之间的连接、与广域网设备之间的连接以及与配置设备之间的连接。

1) 路由器与局域网接入设备之间的连接。局域网设备主要是指集线器与交换机,交换机通常使用的端口只有 RJ—45 和 SC,而集线器使用的端口则通常为 AUI、BNC 和 RJ—45。下面,简单介绍一下路由器和集线设备各种端口之间是如何进行连接的。

①RJ—45—to—RJ—45。这种连接方式就是路由器所连接的两端都是 RJ—45 接口的,如果路由器和集线设备均提供 RJ—45 端口,那么,可以使用双绞线将集线设备和路由器的两个端口连接在一起。

提示:

◆与集线设备之间的连接不同,路由器和集线设备之间的连接不使用交叉线,而是使用直通线,也就是说,跳线两端的线序完全相同,但也不是说只要线序相同就行,对于 100 Mbps 的网络来说就采用 100 Mbps 交换法。

◆集线器设备之间的级联通常是通过级联端口进行的,而路由器与集线器或交换机之间的互联是通过普通端口进行的。另外,路由器和集线设备端口通信速率应当尽量匹配,否则,宁可使集线设备的端口速率高于路由器的速率,并且最好将路由器直接连接至交换机。

②AUI—to—RJ—45。这种情况主要出现在路由器与集线器相连，如果路由器仅拥有 AUI 端口，而集线设备提供的是 RJ—45 端口，那么，必须借助于 AUI—to—RJ—45 收发器才可实现两者之间的连接。当然，收发器与集线设备之间的双绞线跳线也必须使用直通线，连接示意图如图 4—107 所示。

③SC—to—RJ—45 或 SC—to—AUI。这种情况一般是路由器与交换机之间的连接，如交换机只拥有光纤端口，而路由设备提供的是 RJ—45 端口或 AUI 端口，那么必须借助于 SC—to—RJ—45 或 SC—to—AUI 收发器才可实现两者之间的连接。收发器与交换机设备之间的双绞线跳线同样必须使用直通线。但是实际上出现交换机为纯光纤接口的情况非常少见。

2）路由器与 Internet 接入设备的连接。在上面就已经知道，路由器的更主要应用是与互联网的连接，这种情况在各事业单位局域网互联网接入的情况下用得最多，而且是必不可少的一种设备。路由器与互联网接入设备的连接情况主要有以下几种：

①通过异步串行口连接。这种异步串口在前面已有介绍，它主要是用来与 Modem 设连接，用于实现远程计算机通过公用电话网拨入局域网络。除此之外，也可用于连接其他终端。当路由器通过电缆与 Modem 连接时，必须使用 AYSNC—to—DB25 或 AYSNC—to—DB9 适配器来连接。路由器与 Modem 或终端的连接如图 4—108 所示。

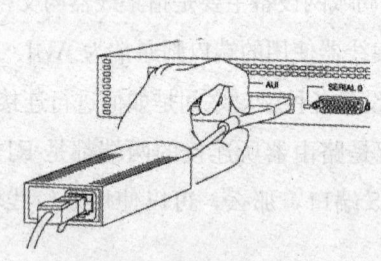 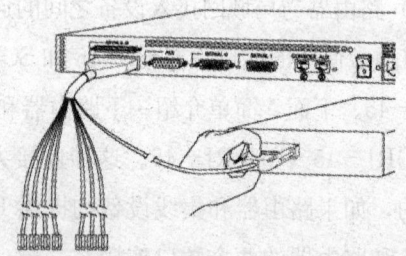

图 4—107　AUI—to—RJ—45　　　　图 4—108　通过异步串行口连接

②同步串行口。在路由器中所能支持的同步串行端口类型比较多，如 Cisco 系统就可以支持 5 种不同类型的接口，分别是：EIA/TIA—232 接口、EIA/TIA—449 接口、V.35 接口、X.21 串行电缆接口和 EIA—530 接口，所对应的适配器图示分别如图 4—109、图 4—110、图 4—111、图 4—112、图 4—113 所示。要注意的一点就是，一般来说适配器连线的两端是采用不同的外形（一般称带插针的一端称之为"公头"，而带有孔的一端通常称之为"母头"），但也有例外，"EIA—530"

接口两端都是一样的接口类型，这主要是考虑到连接的紧密性。其余各类接口的"公头"为DTE（数据终端设备，Data Terminal Equipment）连接适配器，"母头"为DCE（数据通信设备，Data Communications Equipment）连接适配器。

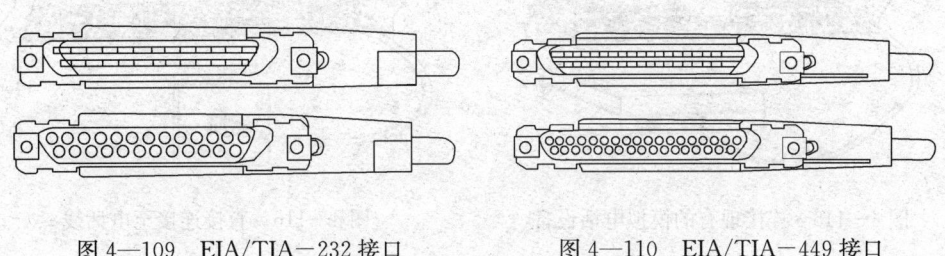

图4—109　EIA/TIA-232接口　　　　图4—110　EIA/TIA-449接口

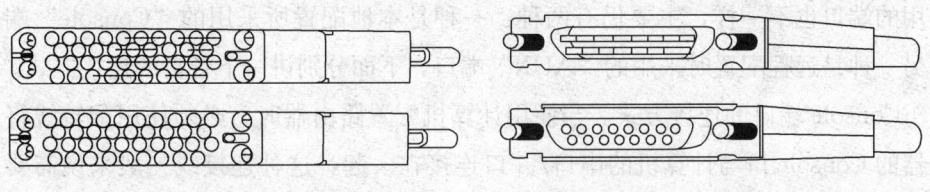

图4—111　V.35接口　　　　　　　图4—112　X.21串行电缆接口

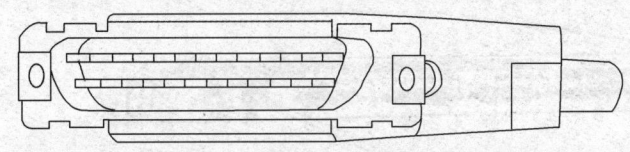

图4—113　EIA-530接口

如图4—114所示的为同步串行口与Internet接入设备连接的示意图，在连接时只需要对应看一下连接用线与设备端接口类型就可以知道正确选择了。

③ISDN BRI端口。在前面已经介绍ISDN在互联网接入方面在也确实带来了一些可行的解决方案，所在路由器的开发设计中也特定为了与ISDN设备之间的连接准备了相应的模块，并预留了特殊的端口。Cisco路由器的ISDN BRI模块一般可分为两类，一是ISDN BRI S/T模块，二是ISDN BRI U模块，前者必须与ISDN的NT1终端设备一起才能实现与Internet的连接，因为S/T端口只能接数字电话设备，不适用通过NT1连接现有的模拟电话设备了，连接图如图4—115所示。而后者由于内置有NT1模块，称之

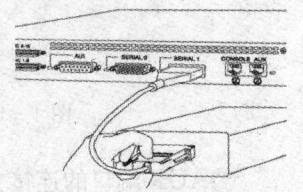

图4—114　同步串行口与Internet接入设备连接

为"NT1＋"终端设备，它的"U"端口可以直接连接模拟电话外线，因此，无需再外接 ISDN NT1，可以直接连接至电话线墙板插座（见图 4—116 所示）。

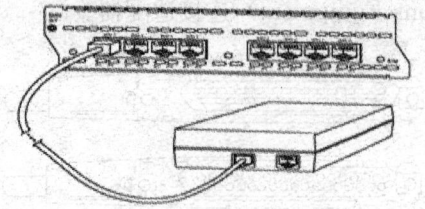 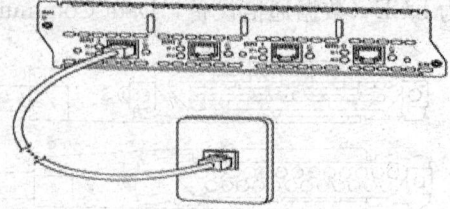

图 4—115　连接现有的模拟电话设备　　　图 4—116　直接连接至电话线

3）配置端口。与前面讲的一样，路由器的配置端口依据配置的方式的不同，所采用的端口也不一样，主要仍有两种：一种是本地配置所采用的"Console"端口；另一种是远程配置时采用的"AUX"端口，下面分别讲一下各自的连接方式。

①Console 端口的连接方式。当使用计算机配置路由器时，必须使用翻转线将路由器的 Console 口与计算机的串口/并口连接在一起，这种连接线一般来说需要特制，根据计算机端所使用的是串口还是并口，选择制作 RJ－45－to－DB－9 或 RJ－45－to－DB－25 转换用适配器，如图 4—117 所示。

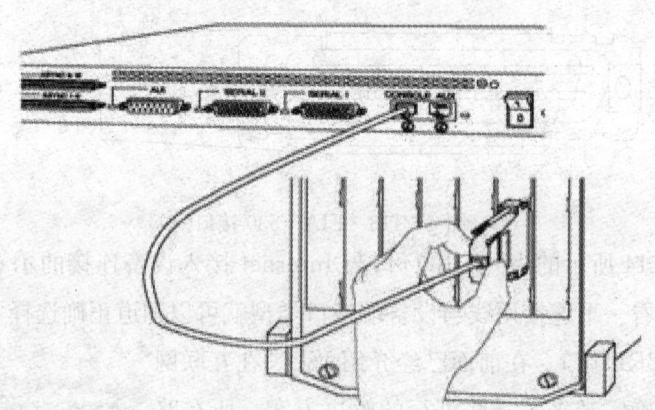

图 4—117　路由器的 Console 口与计算机的串口相连

②AUX 端口的连接方式。当需要通过远程访问的方式实现对路由器的配置时，就需要采用 AUX 端口进行了。AUX 接口在外观上其实与上面所介绍的 RJ－45 结构一样，只是里面所对应的电路不同，实现的功能也不同而已。根据 Modem 所使用的端口情况不同，来确定通过 AUX 端口与 Modem 进行连接所也必须借助于 RJ－45 to DB9 或 RJ－45 to DB25 的收发器的选择。路由器的 AUX 端口与 Modem 的连接方式如图 4—118 所示。

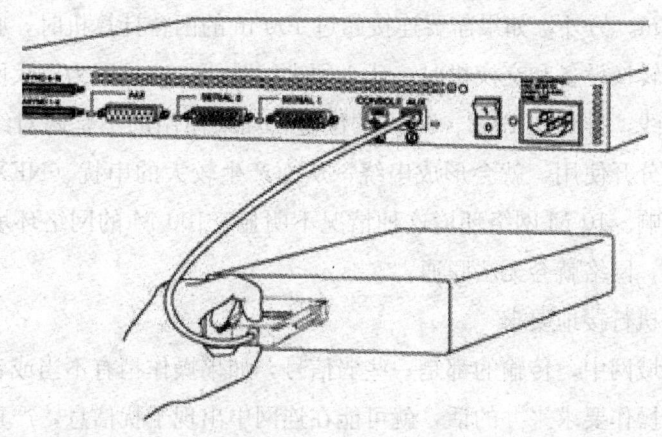

图 4—118　路由器的 AUX 端口与 Modem 的连接

4.2.2　网络设备的配置

学习目标

➤了解网络中的配置规范
➤掌握配置交换机的注意事项
➤掌握进入配置窗口的方法
➤能够根据要求进行简单配置

一、网络设备配置操作要求

1. 实践中的规范

（1）正确使用"桥"式设备

"桥"式设备通常是用于同一网段的网络设备，而路由器则是用于不同区段的网络设备。桥式设备要求连接的两边服务器的网段号与对方应为一致。而路由式设备则要求连接的两边的服务器的网段地址不能一样，只有这样才能路由。

（2）按规则进行连线

连接局域网中的每台计算机都是用双绞线来实现的，但是并不是用双绞线把两台计算机简单地相互连接起来，就能实现通信的目的，必须按照一定的连线规则来进行连线。笔者曾经试图把两台相距 100 m 以外的计算机用双绞线连接起来，从而实现通信，但无论怎么努力都没有连接成功，后来经行家指点，双绞线的连接距离不能超过 100 m。另外，如果需要连接超过 100 m 的两台计算机时，必须使用转换设备，在连接转换设备和交换机时，还必须进行跳线。这是因为以太网中，一般是使用两对双绞线，排列在 1、2、3、6 的位置，如果使用的不是两对线，而是将原配对使用的线分开使用，就会形成串绕，从而产生较大的串扰（NEXT）。对网络性能有较大影响。10 M 网络环境这种情况不明显，100 M 的网络环境下如果流量大或者距离长，网络就会无法联通。

（3）严格执行接地要求

由于在局域网中，传输的都是一些弱信号，如果操作稍有不当或者没有按照网络设备的具体操作要求来办的话，就可能在连网中出现干扰信息，严重的能导致整个网络不通；特别是一些网络转接设备，由于涉及到远程线路，它对接地的要求非常严格，否则该网络设备将达不到规定的连接速率，从而在联网的过程中产生各种莫名其妙的故障现象。曾有人将路由器的电源插头插在了市电的插座上，结果 128 kDDN 专线就是无法和因特网联通。电信局专业人员检查线路都很正常，最后检查路由器电源的零地电压，发现错误，换回到 UPS 的插座上，一切恢复正常。另外一次，路由器的电源插头接地端损坏，从而造成数据包经常丢失，做 PING 连接时，时好时坏，更换电源线后一切正常。由此可见，在使用网络设备时，一定要在设备规定的条件下进行，否则将会给的工作带来很大的麻烦。

（4）使用质量好、速度快的新式网卡

在局域网中，计算机与计算机之间不能通信是很正常的事情，引起的故障原因可能有很多：局域网中出现的故障大部分与网卡有关，或者是网卡没有正确安装好，或者是网络线接触不良，也有可能是网卡比较旧，不能被计算机正确识别，另外也有的网卡安装在服务器中，经受不住大容量数据的冲击，最终报废等。因此，为了避免上述的现象发生，一定要适当投资，如果网卡是安装在服务器中，一定要使用质量好的网卡，因为服务器一般都是不间断运行，只有质量好的网卡才能长时间进行"工作"，另外由于服务器传输数据的容量较大，因此购买的网卡容量必须与之匹配，这样才能实现服务器最大的功能。

（5）合理设置交换机

交换机是局域网中的一个重要的数据交换设备，正确合理地使用交换机也能很好地改善网络中的数据传输性能。笔者曾经将交换机端口配置为 100 M 全双工，而服务器上安装了一块型号为 Intel 100 M EISA 网卡，安装以后一切正常，但在大流量负荷数据传输时，速度变得极慢，最后发现这款网卡不支持全双工。将交换机端口改为半双工以后，故障消失了。这说明交换机的端口与网卡的速率和双工方式必须一致。目前有许多自适应的网卡和交换机，按照原理，应能正确适应速率和双工方式，但实际上，由于品牌的不一致，往往不能正确实现全双工方式。明明服务器网卡设为全双工，但交换机的双工灯就是不亮，只有手工强制设定才能解决。因此，在设置网络设备参数时，一定要参考服务器或者其他工作站上的网络设备参数，尽量能使个设备匹配工作。

2. 交换机配置注意事项

（1）登录交换机时请注意在超级终端串口配置属性流控选择"无"。

（2）启动时按"ctrl+B"可以进入到 boot menu 模式。

（3）当交换机提示"Please Press ENTER"，敲完回车后请等待一下，设备需要一定的时间才能进入到命令行界面（具体的时间视产品而定）。

（4）请在用户视图输入"system - view"（输入"sys"即可）进入系统视图（如 [Quidway]）。

（5）对使用的端口、Vlan、Interface Vlan 进行详细的描述。

（6）如果配置了 telnet 用户，一定要设置权限或配置 super 密码。

（7）除了 S5516 使用 SFP 模块，S8016 和 S6500 系列使用模块，其他产品使用模块不可以带电插拔。

（8）某产品使用其他产品模块前请确认该模块是否可以混用。

（9）配置 acl 时请注意掩码配置是否准确。

（10）二层交换机配置管理 IP 后，请确保管理 vlan 包含了管理报文到达的端口。

（11）配置完毕后请在用户视图下采用 save 命令保存配置。

（12）请确保在设备保存配置的时候不掉电，否则可能会导致配置丢失。

（13）如果要清除所有配置，请在用户视图下采用 reset saved - configuration，并重启交换机。

3. 交换机以太通道配置注意事项

（1）必须是 2 个或 4 个端口捆绑在一起形成以太通道，而不能是 3 个。

（2）捆绑的这些端口在交换机上必须是连续的。

（3）参与捆绑的端口必须属于同一个 VLAN 中。如果是在中继模式，那么，要求所有参加捆绑的端口都是在中继模式下。并且所有端口上配置相同的准许 VLAN 范围。如果当通道中所有中继的准许 VLAN 范围不相同时，不允许某个 VLAN 的中继端口将丢弃那个 VLAN 的数据包，而允许该 VLAN 的端口将为其传送数据。

(4) 如果端口配置的是中继模式，那么，应该在链路两端将通道中的所有端口配置成相同的中继模式。

(5) 所有参与捆绑的端口的物理参数设置必须相同，应该有同样的速度和全/半双工模式设置。

4. 路由器配置注意事项

配置之前一定要先备份 running - config 和 startup - config 文件（在特权模式下使用命令 copy run tftp 和 copy start tftp 即可，当然你必须已经开启了 tftp 服务器），不要动 ios 镜像文件，一旦它出现问题，路由器恢复起来要大费周折。只要备份 run 和 start 这两个配置文件就够了，路由器配置最容易出现问题的就是这两个地方。

千万小心使用命令 w（write），他会把你可能有错的配置信息导入到路由器的启动芯片里，这样如果你配置错了，那么就无法采用重启这种简单的方法恢复正确的配置。记住对于运行中的路由器有影响的配置文件只有 running - config 文件，startup - config 是不起任何作用的，只要你的配置命令完成，它会立刻起作用，如果没有出现你希望看到的结果，那么只能说明你配置错了，不要试图用 write 来"实现刷新当前配置"。

二、网络设备简单配置方法

网络设备的品牌不同，配置的方法、规则也不一样。现在以国内常用的华为3 Com公司的产品为例，简单介绍交换机和路由器的配置方法。详细的配置命令和内容可以参见华为设备操作命令手册。

1. 进入配置界面

步骤1：使用配置线，一端连接计算机的串口，另一端连接交换机或路由器的"Console"配置端口。

步骤2：单击计算机的"开始"→"程序"→"附件"→"通讯"→"超级终端"。选择菜单如图4—119所示。

步骤3：在打开的配置窗口中，开始输入使用的配置命令。配置窗口如图4—120所示。

2. 配置交换机

用户在交换机的通用端口，限定用户的 IP 地址为 61.167.4.78/79/80 三个地址，并且限定端口的上行速率为 5 M 下行速率为 10 M。

图4—119 选择菜单　　　　图4—120 配置窗口

(1) tzelnet 3526 进入配置模式。

telnet 61.158.*.210

quidway♯conf t

quidway（conf）♯

(2) 创建一个二层 Vlan，包含网吧的物理端口。

quidway（conf）♯vlan 100

quidway（conf‐vlan100）♯switch eth 1/4

(3) 创建 vlan 100 的三层接口，在接口上配置用户的网关地址。

quidway（conf）♯int vlan 100

quidway（conf‐int‐vlan100）♯ip add 61.*.4.1 255.255.255.0

(4) 在用户端口下面限制地址，并和其他端口隔离广播。

quidway（conf）♯int eth 1/4

quidway（conf‐eht1/4）♯am ip‐pool 61.*.4.78 3

quidway（conf‐eth1/4）♯am iso eth 0/1 to eth 1/6

地址是以地址池的方式存在的，并且对于连续的地址需要输入地址池的长度。如果一个地址可以填写1，也可以直接回车。

除了上行口外，该端口要和其他在同一个 vlan 的端口进行隔离。

(5) 对于用户的上行流量要设定一个流向。

zquidway（conf）♯access—list 216 permit ingress interface Ethernet1/4 egress interface GigabitEthernet3/1

编号从200开始，到299结束。定义了从物理口 ETH1/4 到上行 GI3/1 的流向。

(6) 在端口下限定上行流量。

quidway（conf‐eth1/4）♯rate‐limit input link—group 216 subitem 0.5

(7) 在端口上限定下行流量。

quidway（conf - eth1/4）♯line - rate 10

(8) 限制在端口下学习的 mac 地址数量。

quidway（conf - eth1/4）♯mac max 3

(9) 查看 mac 地址表，该表能够接在端口 1/4 下的在线主机。

quidway（conf）♯show mac

218.7.98.159 00e0.4c5b.b58b 3 Ethernet0/2 Dynamic

(10) 查看 arp 表项，如果用户配置的主机地址正确，78/79/80，在 arp 的表项内能够看到该用户的 IP 地址。

qzuidway（conf）♯show

arp218.7.98.6　2　3　Invalid　Ethernet0/2　00－e0－4c－76－03－7e 1

(11) 将用户的数据保存并退出。

quidway♯wr

quidway♯exit

3. 配置路由器

(1) ip route

配置或删除静态路由。

[no] ip route ip - address {mask mask - length} {interfacce - name gateway - address} [preference preference - value] [reject blackhole]

1) 参数说明。ip - address 和 mask 为目的 IP 地址和掩码，点分十进制格式，由于要求掩码 32 位中"1"必须是连续的，因此点分十进制格式的掩码可以用掩码长度 mask－length 来代替，掩码长度为掩码中连续"1"的位数。

interfacce - name 指定该路由的发送接口名，gateway - address 为该路由的下一跳 IP 地址（点分十进制格式）。

preference - value 为该路由的优先级别，范围 0～255。

reject 指明为不可达路由。

blackhole 指明为黑洞路由。

2) 缺省情况。系统缺省可以获取到去往与路由器相连子网的子网路由。在配置静态路由时如果不指定优先级，则缺省为 60。如果没有指明 reject 或 blackhole，则缺省为可达路由。

3) 命令模式。全局配置模式。

4) 配置静态路由的注意事项。

①当目的 IP 地址和掩码均为 0.0.0.0 时，配置的缺省路由，即当查找路由表失败后，根据缺省路由进行包的转发。

②对优先级的不同配置，可以灵活应用路由管理策略，如配置到达相同目的地的多条路由，如果指定相同优先级，则可实现负载分担；如果指定不同优先级，则可实现路由备份。

③在配置静态路由时，既可指定发送接口，也可指定下一跳地址，到底采用哪种方法，需要根据实际情况而定：对于支持网络地址到链路层地址解析的接口或点到点接口，指定发送接口即可；对于 NBMA 接口，如封装 X.25 或帧中继的接口、拨号口等，支持点到多点，这时除了配置 IP 路由外，还需在链路层建立二次路由，即 IP 地址到链路层地址的映射（如 dialer map ip、x.25 map ip 或 frame-relay map ip 等），配置静态路由不能指定发送接口，应配置下一跳 IP 地址。

【例 4—1】

配置缺省路由的下一跳为 129.102.0.2。

Quidway（config）#ip route 0.0.0.0 0.0.0.0 129.102.0.2

【相关命令】

show ip route，show ip route detail，show ip route static

（2）show ip route

显示路由表摘要信息。

show ip route

1) 命令模式。特权用户模式。

2) 使用指南。该命令输出以列表方式显示路由表，每一行代表一条路由，内容包括：

目的地址/掩码长度；协议；优先级；度量值；下一跳；输出接口。

【例 4—2】

以下是引用片段：

Quidway#show ip route

Routing Tables：

Destination/Mask Proto Pref Metric Nexthop Interface

127.0.0.0/8 Static 0 0 127.0.0.1 127.0.0.1 (LO0)

127.0.0.1/32 Direct 0 0 127.0.0.1 127.0.0.1 (LO0)

138.102.128.0/17 Direct 0 0 138.102.129.7 138.102.129.7 (EN0)

202.38.165.0/24 Direct 0 0 202.38.165.1 202.38.165.1 (SL1)

【相关命令】

ip route，show ip route detail，show ip route static

(3) show ip route detail

显示路由表详细信息。

show ip route detail。

1) 命令模式。特权用户模式。

2) 使用指南。该命令输出信息帮助用户进行路由方面的故障诊断。

【例 4—3】

以下是引用片段：

Quidway#show ip route detail

Route state description

NoAdv：do not advertiset Int：AS Interior route

Ext：AS External route Del：route to be deleted

Active：current route Retain：route retains in the routing table

Rej：rejecting route Black：black hole route

Routing Tables：

Generate Default：no

＋＝Active Route，－＝Last Active，＊＝Both

Destinations：4 Routes：4

Holddown：0 Delete：9 Hidden：0

＊＊Destination：127.0.0.0 Mask：255.0.0.0

Protocol：＊Static Preference：0

NextHop：127.0.0.1 Interface：127.0.0.1 (LO0)

State：$#@60；NoAdv Int Active Retain Rej $#@62；

Age：19：31：06 Metric：0/0

＊＊Destination：127.0.0.1 Mask：255.255.255.255

Protocol：＊Direct Preference：0

NextHop：127.0.0.1 Interface：127.0.0.1 (LO0)

State：$#@60；NoAdv Int Active Retain $#@62；

Age：114：03：05 Metric：0/0

先显示用于路由状态描述的符号，然后输出整个路由表的统计数字，最后依次输出每条路由的详细描述。其含义如表 4—1 所示。

表 4—1　　　　　　　　　　　　　　路由表信息

分类	域	意义
路由状态描述	NoAdv	每个寻径路由协议在对外按照策略发布路由时，不发布 NOADVISE 路由
	Int	该路由由内部网关协议（IGP）找到
	Ext	该路由由外部网关协议（EGP）找到
	Del	路由已被删除
	Active	真正有效的路由
	Retain	一般情况下，在某个路由协议正常退出时会删除所有由它找到的路由。而设置了 Retain 标志的路由则不会被删除
	Rej	这种路由不像正常的路由那样指导转发包，标志为 Reject 的路由使选择该路由的包被丢弃，并往包的源端发送 ICMP unreachble 消息。Reject 路由通常用于网络测试实验
	Black	Blackhole 路由类似 Reject 路由，只不过它省略了往包的源端发送 ICMP unreachble 消息
路由表统计信息	Holddown	Holddown 路由指的是：一些 distance vector 路由协议（如 RIP），为了避免错误路由的扩散，提高路由不可达信息的快速准确传播，而采用的一种路由发布策略。它往往在一段时间间隔内固定地发布某条路由，而不管当前实际找回的到同一目的的路由发生了什么变化。其细节参见具体的路由协议。在路由表统计中显示的是当前被 Holddown 的路由数目
	Delete	当前被删除的路由数目
	Hidden	有些路由由于某种原因（如接口 Down）暂时不可用，但是又不希望被删除，把这种路由隐藏起来，以便以后能重新恢复在路由表统计中显示的是当前被隐藏的路由数目

【相关命令】

ip route，show ip route，show ip route static

（4）show ip route static（显示静态路由表）

show ip route static。

1）命令模式。特权用户模式。

2）使用指南。根据该命令输出信息，可以帮助用户确认对静态路由的配置是否正确。

【例 4—4】

Quidway#show ip route static

Static routes for family INET：(＊indicates gateway (s) in use)

1.2.3.0/24 pref 60 ＄＃@60；Int＄＃@62；intf EN0

127.0.0.0/8 pref 0 ＄＃@60；NoAdv Int Retain Rej ＄＃@62；intf 127.0.0.1

以列表的方式显示静态路由表，每一行代表一条静态路由，从左到右依次为：

目的地址/掩码长度；

优先级；

＄＃@60；状态参数＄＃@62；

输出接口和下一跳。

【相关命令】

ip route，show ip route，show ip route detail。

4. 配置实例

使用4台PC（pc多和少，原理是一样的，所以这里只用了4台pc），华为路由器（R2621）、交换机（S3026e）各一台，组建一VLAN，实现虚拟网和物理网之间的连接。实现防火墙策略和访问控制（ACL）。

四台PC的IP地址、掩码如下列表：

P1 192.168.1.1 255.255.255.0 网关IP为192.168.1.5

P2 192.168.1.2 255.255.255.0 网关IP为192.168.1.5

P3 192.168.1.3 255.255.255.0 网关IP为192.168.1.6

P4 192.168.1.4 255.255.255.0 网关IP为192.168.1.6

路由器上Ethernet0的IP为192.168.1.5；

Ethernet1的IP为192.168.1.6；

firewall设置默认为deny；

交换机上设置，划分VLAN：1。

实施命令列表：

//切换到系统视图

[Quidway] vlan enable

[Quidway] vlan2

[Quidway - vlan2] port e0/1 to e0/8

[Quidway - vlan2] quit

//默认所有端口都属于VLAN1，指定交换机的e0/1到e0/8八个端口属于VLAN2

[Quidway] vlan3

[Quidway - vlan3] port e0/9 to e0/16

[Quidway - vlan3] quit

//指定交换机的 e0/9 到 e0/16 八个端口属于 VLAN3

［Quidway］dis vlan all

［Quidway］dis cu

路由器上设置，实现访问控制：

［Router］interface ethernet 0

［Router - Ethernet0］ip address 192.168.1.5 255.255.255.0

［Router - Ethernet0］quit

//指定 ethernet 0 的 ip

［Router］interface ethernet 1

［Router - Ethernet1］ip address 192.168.1.6 255.255.255.0

［Router - Ethernet1］quit

//开启 firewall，并将默认设置为 deny

［Router］fire enable

［Router］fire default deny

//允许 192.168.1.1 访问 192.168.1.3

//firewall 策略可根据需要再进行添加

［Router］acl 101

［Router - acl - 101］rule permit ip source 192.168.1.1 255.255.255.0 destination 192.168.1.3 255.255.255.0

［Router - acl - 101］quit

//启用 101 规则

［Router - Ethernet0］fire pa 101

［Router - Ethernet0］quit

［Router - Ethernet1］fire pa 101

［Router - Ethernet1］quit

本章思考题

1. 网络中的涉及的设备有哪几类？
2. 什么是线路设备？主要功能是什么？
3. 信息插座有哪些种类？

4. 根据端接双绞线的方式，信息模块分为哪两类？
5. 连接双绞线的连接器是什么？连接细同轴电缆的连接器的英文名称是什么？
6. 光纤的连接器有哪几种常用的种类？
7. 线槽的作用是什么？
8. 桥架的特点是什么？主要划分为几类？
9. 母线槽的特点是什么？
10. 配线架是用来做什么的？
11. 管材的种类及各自特点是什么？
12. 网卡在计算机中主要的分类有哪些种？
13. 交换机的种类有很多，主要的功能是什么？
14. 选择交换机时，需要注意哪些事项？
15. 路由器的功能有哪些？
16. 如何连接计算机和交换机？
17. 路由器通常安装在网络的哪部分？
18. 配置交换机时应注意哪些内容？
19. 如何设置交换机上的VLAN？

第5章 软件系统运行维护

本章主要讲解网络操作系统的安装与配置和使用，WWW服务器的配置与使用以及设备驱动程序的安装与使用。

5.1 网络操作系统的安装

 学习目标

➢ 了解网络操作系统的发展、功能、分类
➢ 了解 Windows 2000 Server 的特性
➢ 能够安装 Windows 2000 Server

一、网络操作系统的发展

操作系统是用户与计算机之间的接口，用户可以通过它来管理系统中的资源，并且能够方便地使用计算机。随着计算机网络技术的发展和网络应用普及，网络操作系统已成为在计算机网络环境下，特别是局域网环境下必不可少的系统软件。

在计算机网络上配置网络操作系统 NOS（Network Operating System），是为了管理网络中的共享资源，实现用户通信以及方便用户使用网络，因而网络操作系统是作为网络用户与网络系统之间的接口。

UNIX 操作系统是 20 世纪 60 年代开发的第一个操作系统，它功能强大，处理能力强，主要运行于小型计算机上，特别是早期因特网的发展主要是在 UNIX 上完成的。它能够为用户提供高效、稳定、安全的网络应用服务。

20 世纪 80 年代之后，随着微机技术的发展，PC 应用得到了快速的普及，90 年代末开始，各企业纷纷建立基于文件共享的局域网，UNIX 这种适合大型网络功能强大的操作系统不再适用，于是出现了第一个基于微机的网络操作系统——Novell 公司的 Netware 操作系统，它主要提供网络中的文件服务。

Netware 操作系统是一种基于字符用户界面操作系统，它只支持 IPX/SPX 通信协议集，不能及时跟上 Internet 技术的发展，被后来居上的 Microsoft Windows NT 操作系统占据了大部分市场。

目前，并非单一的网络操作系统一统天下，而是多种网络操作系统并存的状态。因为各种操作系统在网络应用方面都各有优势，而实际应用又千差万别，使得各种网络操作系统都极力提供跨平台操作的能力。

二、网络操作系统的功能

网络操作系统应该具有通常的操作系统具有的功能例如：处理器管理、存储器管理、设备管理、文件管理等，还应具有通信能力和网络服务功能。网络操作系统的基本功能包括：

1. 文件服务——网络操作系统中最基本最重要的服务功能

网络操作系统提供对存放在文件服务器上的共享文件的安全管理与保密功能。基于文件服务器的局域网中，管理员可以使用操作系统提供的功能，实现对服务器磁盘空间的管理。

2. 打印服务——基本的网络服务功能

设置专门的网络打印服务器，或由工作站或文件服务器来兼任打印服务器。将输出设备连接到打印服务器上，就可以使网络中的所有用户使用此设备。打印服务器本着"先来先服务"的原则，为网络用户提供服务。

3. 数据库服务——重要的网络服务功能

通过数据库服务功能，客户端只需要用简单的 SQL 向数据库发出查询请求，数据库处理后只将结果送回。简化了客户端处理请求，减少了网络中通信量，改善了网络应用系统的性能。

4. 通信服务——基本的功能

任务是在源主机和目标主机之间，实现无差错的数据传输。网络操作系统提供的通信服务有：工作站之间的直接通信；工作站之间通过文件服务器的通信；工作站之间的计算机屏幕对话、屏幕监控。

5. 分布式服务——分布式目录服务

通过分布式数据库使用户可以用简单的方法就可以访问大型互联局域网系统。

6. 网络管理服务

提供网络性能分析、网络状态监控、存储管理等多种网络管理服务。

网络管理最主要的任务是安全管理，一般这是通过"存取控制"来确保存取数据的安全性；以及通过"容错技术"来保证系统故障时数据的安全性。

7. Internet/Intranet 服务

为了适应 Internet/Intranet 的应用，局域网操作系统一般都支持 TCP/IP，提供各种 Internet 服务并支持 JAVA 应用开发工具，使网络服务器很容易地成为 Web Server，全面支持 Internet 与 Intranet 访问。

三、网络操作系统的分类

前面已经提过，目前使用的网络操作系统有很多，用户根据自己的需求不同，可以选择不同的网络操作系统，下面从不同的方面讨论网络操作系统的分类。

1. 按网络操作系统承担的任务分类

（1）面向任务型网络操作系统

此系统是为某一特殊网络应用要求而设计的，它只完成该网络需求的功能。

（2）通用型网络操作系统

系统提供基本的网络服务功能，支持在各个领域的应用需求，普通用户使用的是通用型网络操作系统。又分为变形级操作系统、基础级操作系统。

变形级操作系统是以原单机操作系统为基础，通过增加网络服务功能构成网络操作系统。

基础级操作系统是以计算机裸机为基础，根据网络服务的特殊要求，直接利用计算机硬件与少量软件资源，对系统结构进行专门的设计，开发出高效、安全、可靠的网络操作系统。

2. 按网络操作系统的功能分类

网络操作系统主要用于管理共享资源。网络操作系统软件即可以分布在网络上的所有节点，也可以将主要部分驻留在中心节点管理资源，按功能可以分为四种工作模式：

(1)"集中处理的主机"——终端模式

这种模式取决于网络的拓扑结构和体系结构。现在基本上已经淘汰。

(2)"对等网络"模式——在一般的操作系统上加上网络功能

网络中的每一台工作站都能充当网络服务的请求者和提供者。这种类型的网络软件被设计成每一个实体都能完成相同或相似的功能。

(3)"专用服务器模式"——由若干台微机加一台或多台服务器组成网络,网络中的工作站可以使用服务器上共享的文件和设备。

网络以服务器为中心,严格地定义了每个工作实体的工作角色,即网络中的工作站无法在彼此之间直接进行文件传输,需要通过服务器作为媒介,所有的文件读取、消息传送等也都在服务器的掌握之中。

(4)"客户机/服务器"模式——主从模式

把应用程序所要完成的任务分派到客户机和服务器计算机上共同完成,客户机和服务器没有严格的界限,服务器端所提供的功能不仅仅是数据库服务、文件服务,还有计算和通信等能力。在工作时,由客户机和服务器各自承担一部分计算或通信的功能。

3. 按网络操作系统的厂商分类

(1) UNIX 操作系统。

(2) Windows NT / Server 2000 / Server 2003。

(3) Linux 操作系统。

四、网络操作系统的规划

网络操作系统有很多,网络操作系统的选择要从网络应用出发,分析网络需要提供什么服务,然后分析各种操作系统提供这些服务的性能与特点,最后确定使用的品牌。

操作系统的选择应遵循的一般原则:标准化、可靠性、安全性、经济性、易用性。

五、Windows 2000 Server

1. Windows 2000 Server 概要

Windows 2000 Server 是为服务器开发的多任务操作系统,对用户提供文件和打印、应用软件、Web 和通信等各种服务。

Windows 2000 Server 中最重要的改进是使用了"活动目录","活动目录"与 Windows 2000 Server 的系统集成在一起。它能够有效地简化网络用户及各类共享资源的管理，使用户更容易地找到企业网为他们提供的各类共享资源。

Windows 2000 Server 以更为强大的系统结构、更先进的错误检测工具以及集成的群集支持等功能，为用户提供了更可靠、扩展性更好的操作平台。

Windows 2000 Server 能够帮助管理员更好的管理和保护网络、服务器和客户系统。

2. Windows 2000 Server 的新功能

(1) 可扩展性

提供终端服务、增强 ASP 性能、IIS 支持的多站点容留、支持高吞吐率和有效带宽利用。

(2) 可靠性

支持内核方式写保护、Windows 文件保护、驱动程序证书，以及 IIS 应用程序保护。并提供备份、磁盘整理等工具。

(3) 可用性

支持作业对象 API、应用程序证书与 DLL 保护、多主复制（活动目录副本的相互复制性）、分布式文件系统、磁盘限额、分级存储管理等。

(4) 安全性

支持最新安全标准、活动目录集成、Kerberos 身份验证、公钥基础架构（PKI）、智能卡、文件系统加密、安全的网络通信、路由选择和远程访问服务、虚拟专用网络（VPN）。

(5) 可操作性

支持动态卷管理、磁盘碎片整理、安全模式引导、备份与恢复。

(6) Web 特性

提供增强 IIS5.0、ASP 编程环境、分布式 Internet 应用体系结构、组件对象模型 COM＋、多媒体平台、具有目录功能的应用程序、Web 文件夹、Internet 打印等。

(7) 管理性

基于活动目录（Active Directory）的资源管理、Microsoft 管理控制台、智能镜像、远程安装等。

3. 系统和硬件设备要求

(1) 系统需求

在安装服务器程序之前，确保所选硬件支持 Windows 2000 Server。

1) 133－MHz 奔腾或更高的中央处理器（CPU），每台计算机最多可支持 4

个 CPU。

2）建议最好有 256 MB RAM（最少 64 MB，最多 4 GB）。

3）硬盘分区有足够的可用空间（2GB）来执行安装程序。至少需要大约 1 GB 的自由空间。也可能需要更多的空间，这取决于以下因素：

①所安装的组件：组件越多，需要的磁盘空间就越大。

②所使用的文件系统：FAT 需要的可用磁盘空间比其他文件系统多 100～200 MB。

③安装方法：如果从网络安装，需要比从 CD-ROM 安装多 100～200 MB 的可用磁盘空间。

④页面文件的大小。

⑤升级比全新安装需要更多的磁盘空间。

4）VGA 或更高分辨率的监视器。

5）标准键盘或其他可兼容的键盘。

6）鼠标或其他定点输入设备。

（2）选择安装方式

对于不同的环境，用户可以采用从光盘安装、从安装盘安装及从网络安装。

（3）确定文件系统

Windows 2000 Server 操作系统支持四种文件系统类型，这四种文件系统各有自己的优缺点，在安装时要选择适当的文件系统。

提示：NTFS 格式可节约磁盘空间、提高安全性和减小磁盘碎片。但同时存在很多问题。例如 DOS 和 98/Me 下看不到 NTFS 格式的分区。

（4）规划磁盘空间

在运行安装程序之前，需要确定 Windows 2000 Server 的分区大小，基本规则就是为一同安装在该分区上的操作系统、应用程序及其他文件预留足够的磁盘空间。

（5）选择附加组件

在运行安装程序之前，需要确定 Windows 2000 Server 的可选组件，也可以在安装完成之后通过"添加/删除程序"来完成。

（6）确定许可证方式

在安装 Windows 2000 Server 时，用户需要为每个连接到这台服务器的客户机提供客户访问协议。可以选择客户或服务器。

(7) 选择启动方式

有时用户需要在不同的情况下使用不同的操作系统，为此需要选择不同的启动方式，在多种系统并存时要注意相应的问题。

4. 准备工作

(1) 准备好 Windows 2000 Server 简体中文版安装光盘，并检查光驱是否支持自启动。

(2) 可能的情况下，在运行安装程序前用磁盘扫描程序扫描所有硬盘、检查硬盘错误并进行修复，否则安装程序运行时如检查到有硬盘错误就会很麻烦。

(3) 用纸张记录安装文件的产品密钥（安装序列号）。

(4) 可能的情况下，用驱动程序备份工具（如驱动精灵 2004 V1.9 Beta.exe）将原 Windows 2000 下的所有驱动程序备份到硬盘上（如 F:\Drive）。最好能记下主板、网卡、显卡等主要硬件的型号及生产厂家，预先下载驱动程序备用。

(5) 如果想在安装过程中格式化 C 盘或 D 盘（建议安装过程中格式化 C 盘），请备份 C 盘或 D 盘有用的数据。

5. 安装操作步骤

安装 Windows 2000 Server 系统时对于不同的环境，用户可以利用不同的方式启动 Windows 2000 Server 安装程序，下面以常见的利用 Windows 2000 Server 安装盘进行安装。

步骤1：确定启动方式

确定要安装的计算机是否可以从光盘驱动器启动，是否执行全新安装，只有满足以上两点才可以继续。

步骤2：设定系统从光盘启动

开始或重新启动计算机后，及时按下相应的键就可进入 CMOS 设置界面如图 5—1a 所示，在图 5—1a 中选择 "Advanced BIOS Features" 进入 CMOS 设置启动顺序为从光盘启动（见图 5—1b）。

提示：

◆BOOT SEQUENCE（开机优先顺序）这是常常调整的功能，通常使用的顺序是：A、C、SCSI、CDROM，如果您需要从光盘启动，那么可以调整为 ONLY CDROM，正常运行最好调整由 C 盘启动。

◆不同主板的 CMOS 设置界面并不完全相同，在具体设置时要依据主板型号要求进行设置。

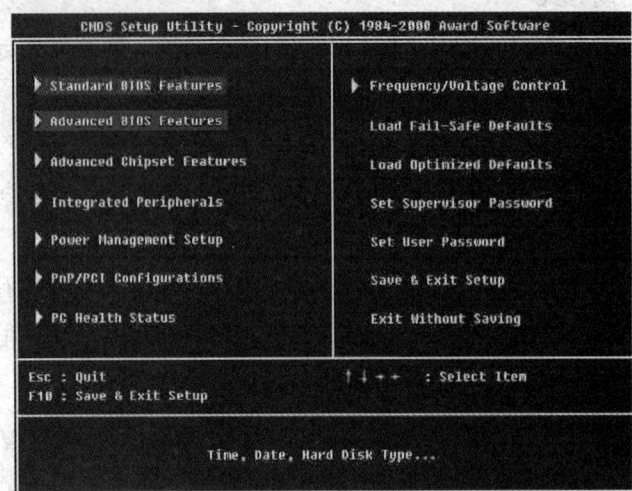

图 5—1 设定系统从光盘启动

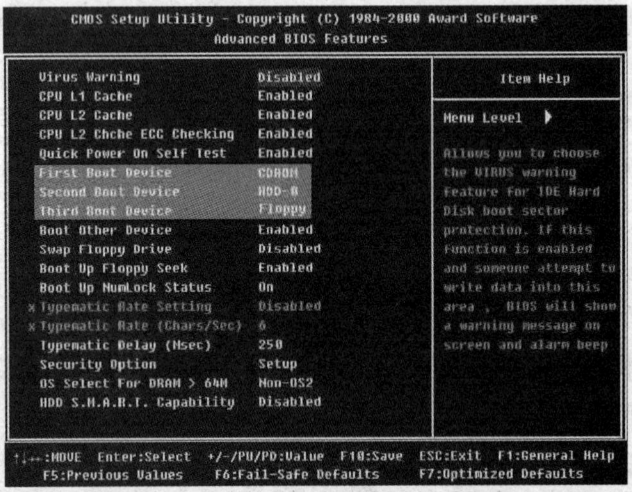

a) CMOS 设置界面   b) 设置启动顺序

步骤 3：用光盘启动系统

将 2000 安装光盘放入光驱，重新启动系统，如无意外即可见到安装界面（见图 5—2）。

步骤 4：许可协议

图 5—2 中有三个选项：

(1) 要开始安装 Windows 2000，请按 ENTER。

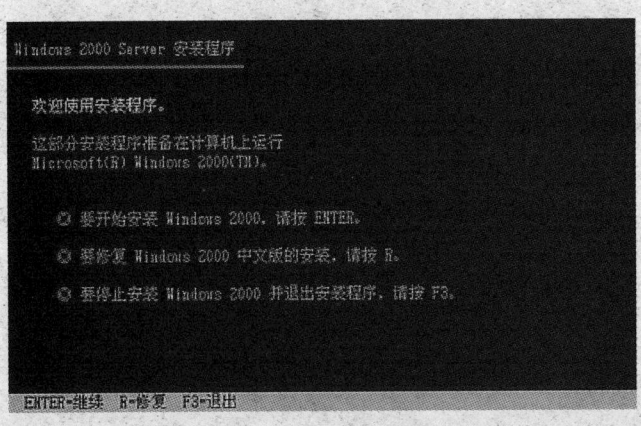

图 5—2 安装界面

（2）要修复 Windows 2000 中文版的安装，请按 R。

（3）要停止安装 Windows 2000 并退出安装程序，请按 F3。

在这里选第一项按"Enter"键回车，出现图 5—3 所示界面。

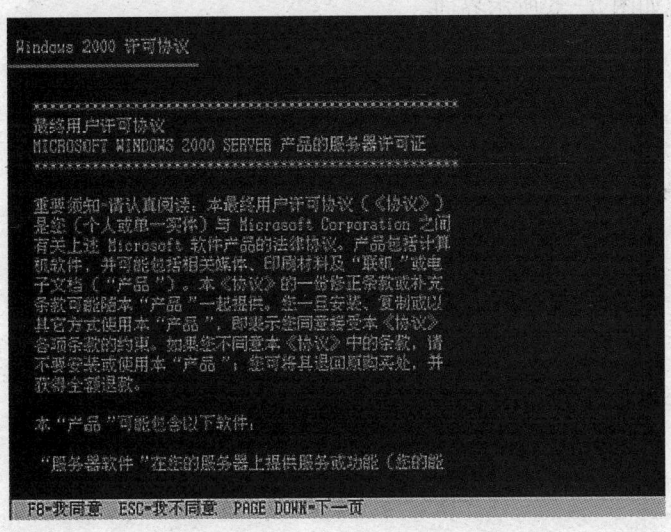

图 5—3 许可协议界面

步骤 5：选择安装分区

在许可协议界面下，毫无选择，只能按 F8 表示同意，会出现如图 5—4 所示选择安装分区界面。

步骤 6：确认分区

在图 5—4 中用"向下或向上"箭头键选择安装系统所用的分区，选择好分区

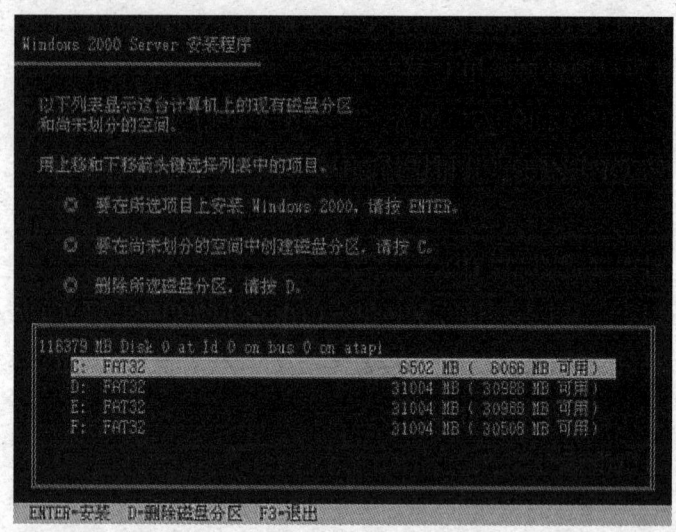

图 5—4 选择安装分区

后按"Enter"键回车,安装程序将检查所选分区,如果这个分区已经安装了另一个系统会出现如图 5—5 所示界面。

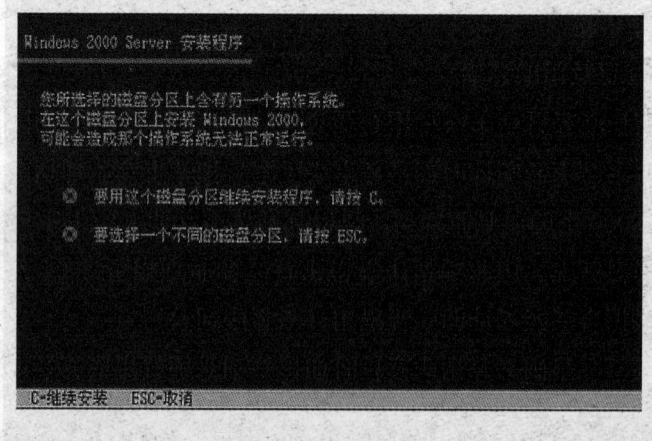

图 5—5 确认安装分区

步骤 7:选择文件系统

要使用所选的分区安装,按"C"键后,出现如图 5—6 所示选择文件系统界面。依据需要选择合适的文件系统。

步骤 8:格式化分区

对所选分区可以进行格式化,从而转换文件系统,或保存现有文件系统,有多种选择的余地,在这里选"用 FAT 文件系统格式化磁盘分区",按"Enter"键回车,出现如图 5—7 所示界面。

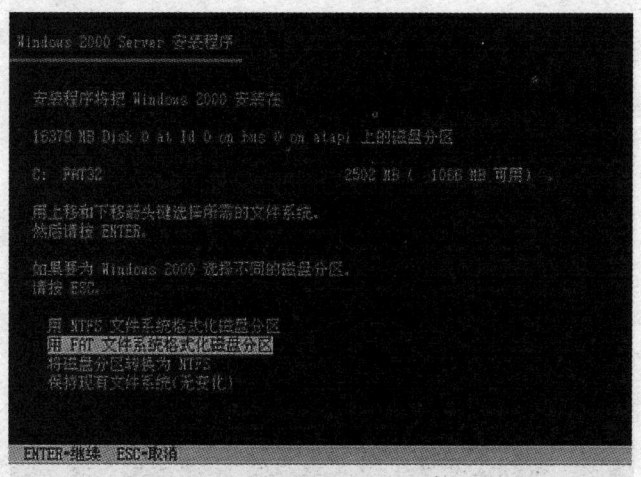

图 5—6　选择文件系统

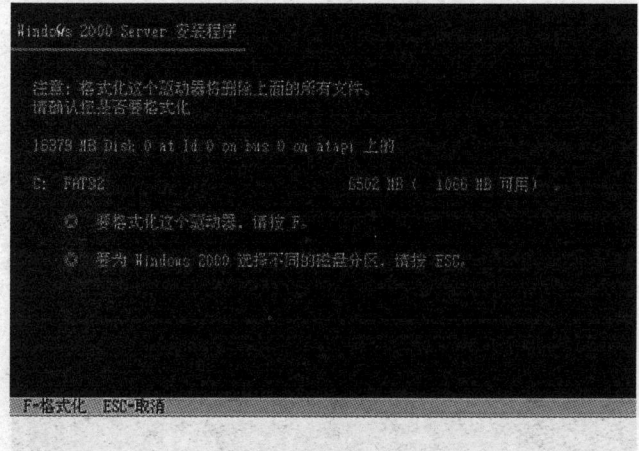

图 5—7　格式化分区

步骤 9：确认格式化

按 F 键以后，会出现如图 5—8 所示的确认分区的界面。

提示：由于所选分区 C 的空间大于 2 048 M（即 2 G），FAT 文件系统不支持大于 2 048 M 的磁盘分区，所以安装程序会用 FAT32 文件系统格式对 C 盘进行格式化。

步骤 10：完成格式化

在上图中按"ENTER"键后，会出现如图 5—9 所示的格式化界面。

提示：只有用光盘启动或安装启动软盘启动 Windows 2000 安装程序，才能在安装过程中提供格式化分区选项；如果用 MS－DOS 启动盘启动进入 DOS 下，运行 i386\winnt 进行安装 Windows 2000 时，安装 Windows 2000 时没有格式化分区选项。

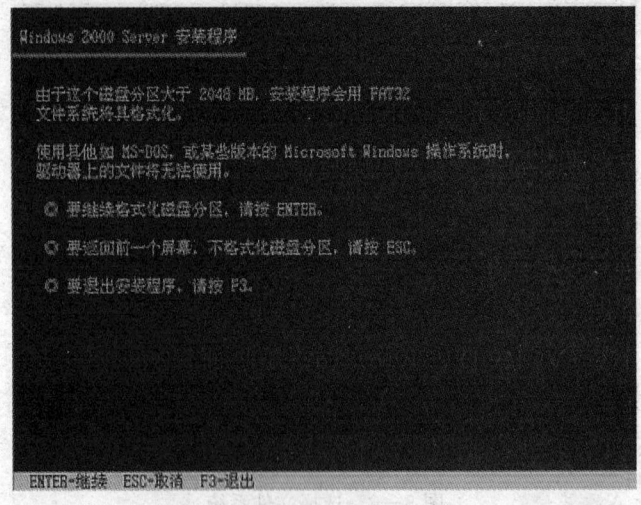

图 5—8 确认格式化分区

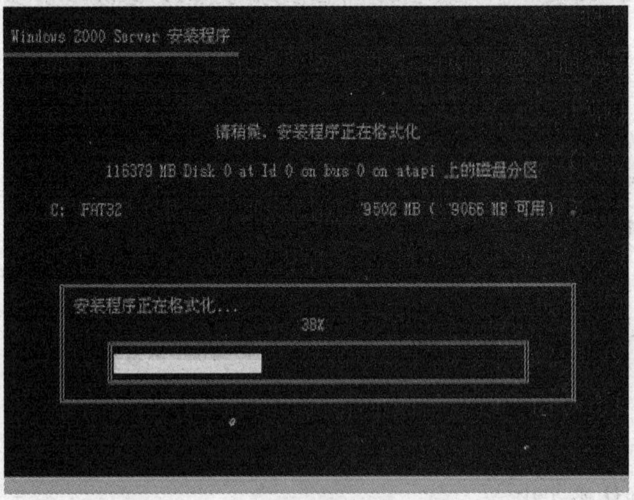

图 5—9 完成格式化

步骤11：复制文件

格式化分区完成后，安装程序开始从光盘中复制文件（见图 5—10）。

提示：复制完文件后系统将会自动在 15 s 后重新启动，这时要注意，请在系统重启时将硬盘设为第一启动盘或者临时取出安装光盘启动后再放入，使系统不至于进入死循环又重新启动安装程序。

步骤12：重新启动系统

系统重新启动后会出现如图 5—11 所示界面。

提示：启动后开始检测设备和安装设备，其间会黑屏二次，这是正常的。

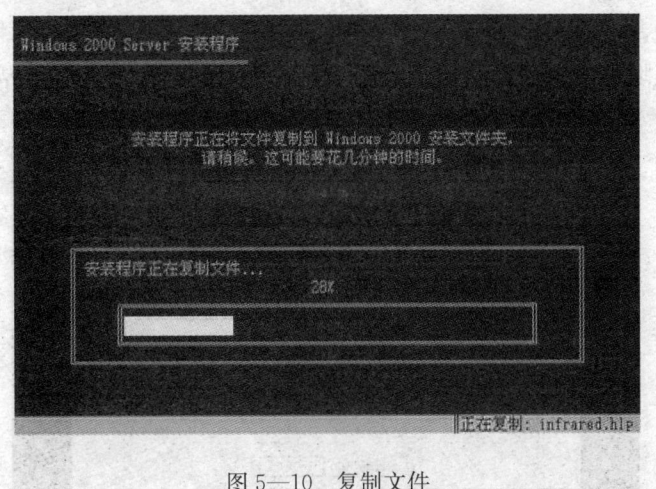

图 5—10　复制文件

图 5—11　重新启动系统界面

步骤 13：区域和语言设置

启动后会出现如图 5—12 所示的设置区域和语言界面。

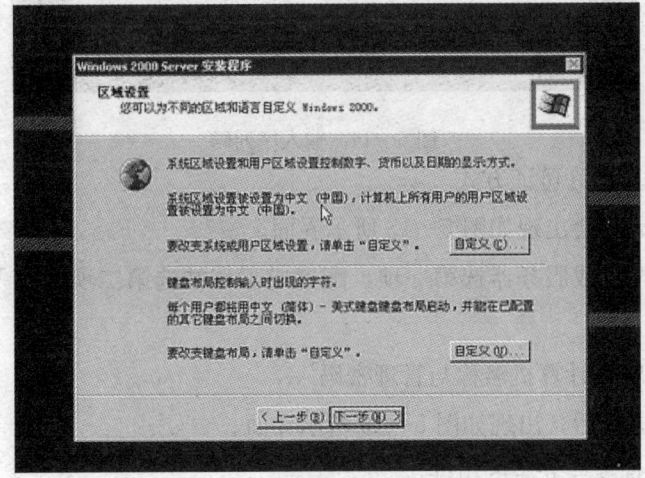

图 5—12　设置区域和语言

步骤14：输入个人信息

设置好区域和语言后，会出现如图5—13所示的输入个人信息界面。

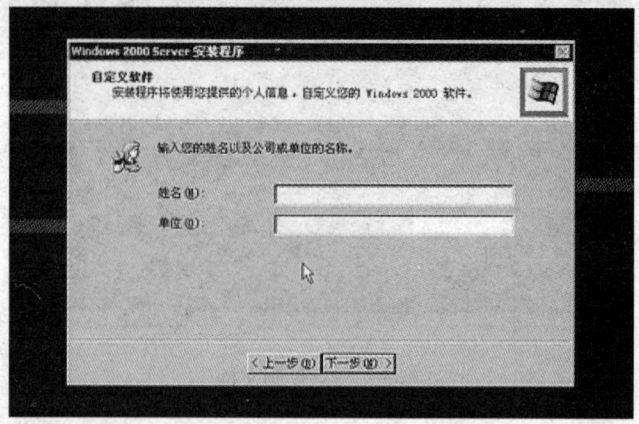

图5—13　输入个人信息

步骤15：输入序列码

输入个人信息后，会出现如图5—14所示的输入序列码界面。

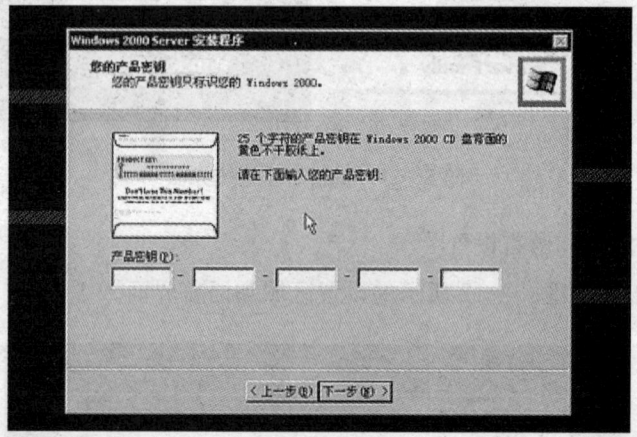

图5—14　输入序列码

步骤16：选择许可证方式

输入序列码后会出现如图5—15所示界面。

提示：想配置成服务器选第一项，配置成工作站选第二项（同Windows 2003一样）。

步骤17：输入计算机名称与管理密码

选择许可方式后，出现如图5—16所示界面。

步骤18：选择要安装的组件

输入相关信息后，会出现如图5—17所示的安装组件界面。

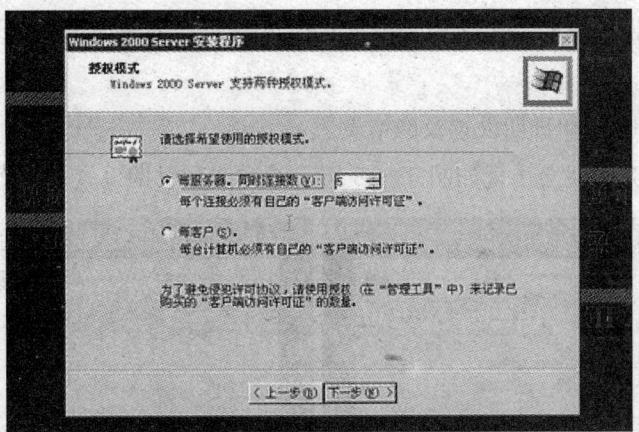

图 5—15　选择许可证方式

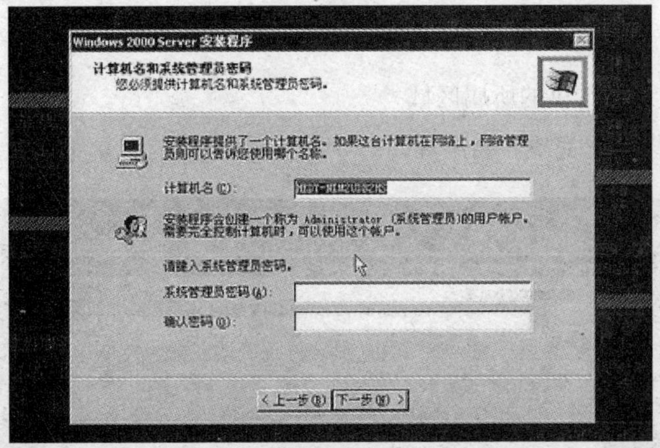

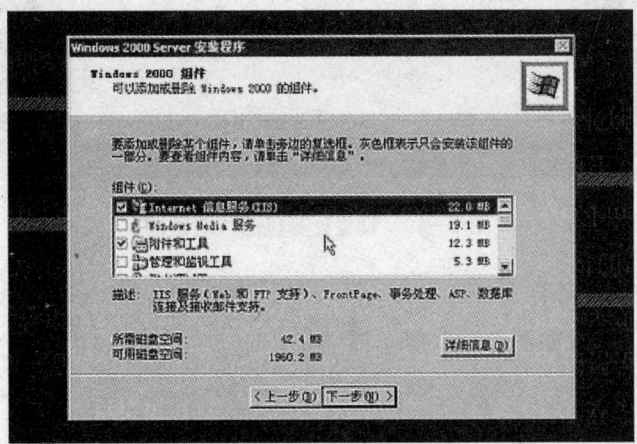

图 5—16　确定名称和密码

图 5—17　选择安装组件

提示：可以根据需要选择相关组件，也可以在安装完毕以后，通过"添加/删除程序"完成。

步骤19：时间和日期设置及网络设置

组件安装完毕就会出现如图5—18所示的时间和日期设置及网络设置界面。

 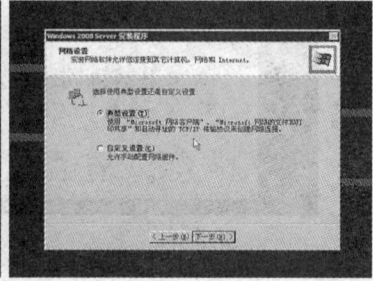

图5—18　时间和日期设置及网络设置

步骤20：设置本机的所属区域

时间和日期设置完毕，会出现如图5—19所示界面。

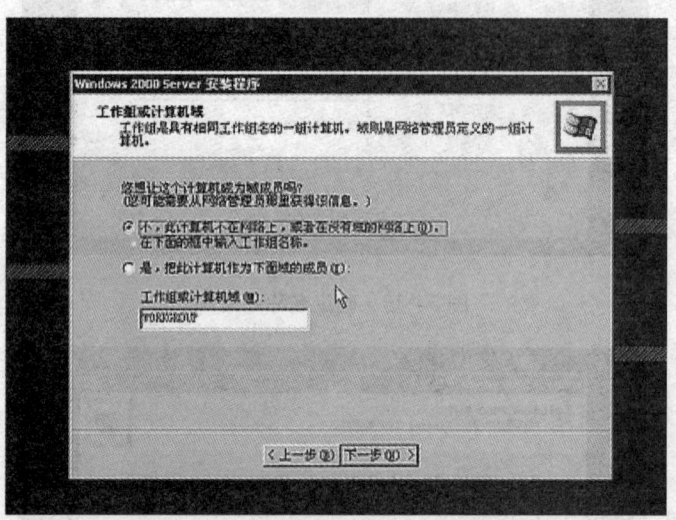

图5—19　设置计算机的所属区域

步骤21：安装完毕

安装完毕，出现如图5—20所示界面。

提示：

◆安装完成后，后期工作比安装所用的时间要长很多。

◆安装完成后，接着要检查设备驱动程序是否已经全部安装。

第 5 章 软件系统运行维护

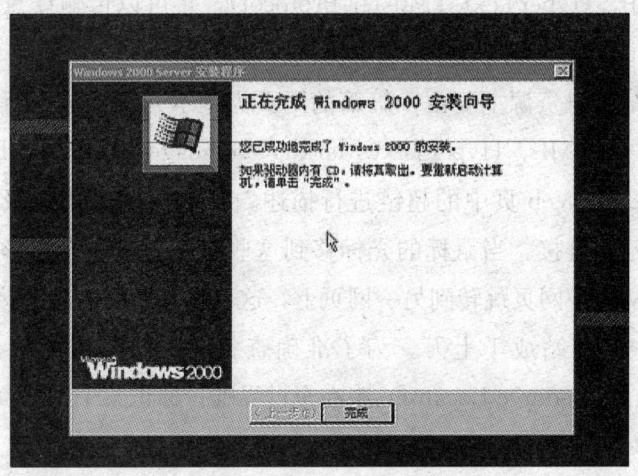

图 5—20　安装完毕界面

◆设置上网连接，上网更新系统。

◆安装软件。

◆优化和备份系统。

5.2　Web 网络软件系统的安装配置与使用

5.2.1　IE 浏览器的使用

 学习目标

➢掌握 web 服务的基本概念

➢了解 web 服务的相关协议

➢能够使用 IE 浏览器操作

World Wide Web（也称 Web、WWW 或万维网）是 Internet 上集文本、声音、动画、视频等多种媒体信息于一身的信息服务系统，整个系统由 Web 服务器、浏览器（Browser）及通信协议等 3 部分组成。WWW 采用的通信协议是超文本传输协议（HTTP，HyperText Transfer Protocol），它可以传输任意类型的数据对象，是 Internet 发布多媒体信息的主要协议。

WWW 中的信息资源主要由一篇篇的网页为基本元素构成，所有网页采用超文本标记语言（HTML，HyperText Markup Language）来编写，HTML 对 Web 页的内容、格式及 Web 页中的超链进行描述。Web 页间采用超级文本（HyperText）的格式互相链接。当鼠标的光标移到这些链接上时，光标形状变成一手掌状，单击即可从这一网页跳转到另一网页上，这也就是所谓的超链接。

Internet 中的网站成千上万。为了准确查找。人们采用了统一资源定位器（URL，Uniform Resource Locator）来在全世界唯一标识某个网络资源。其描述格式为：协议://主机名称/路径名/文件名：端口号。

IE 浏览器的外观如图 5—21 所示。

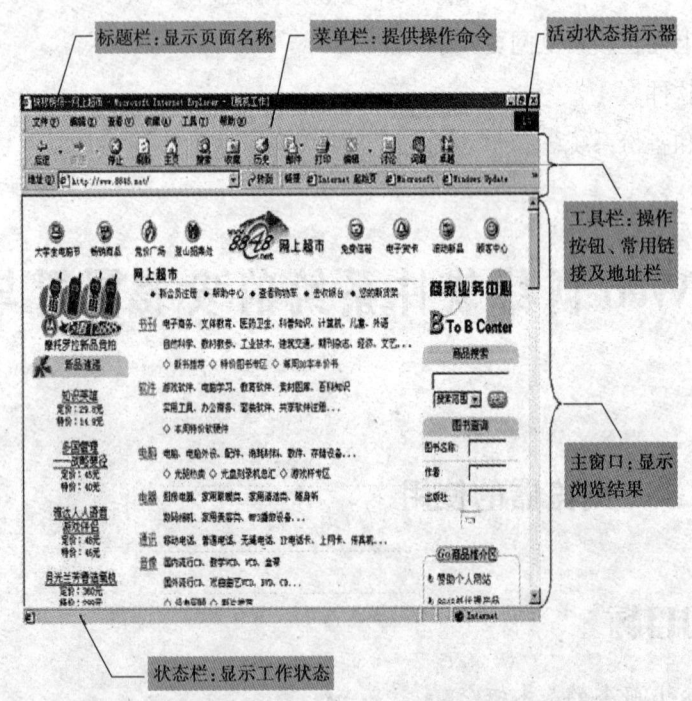

图 5—21　IE 浏览器外观

一、设定 IE 使用的缺省主页

单击工具，选择 Internet 选项→常规，界面如图 5—22 所示。在图中地址的位置输入默认的主页地址即可。如 www.sohu.com，在打开 IE 浏览器时会自动打开搜狐网站。

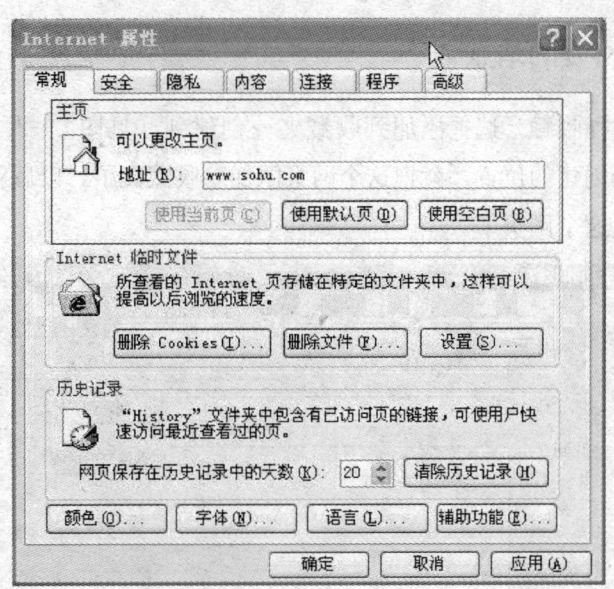

图 5—22　设置缺省主页

二、浏览 WWW 网站

若想浏览某网站,在浏览器的地址栏中输入网站地址即可。如想浏览新浪网,在地址栏中输入 www.sina.com 即可。

三、关闭多媒体信息,提高浏览速度

单击工具,选择 Internet 选项→高级(见图 5—23)。

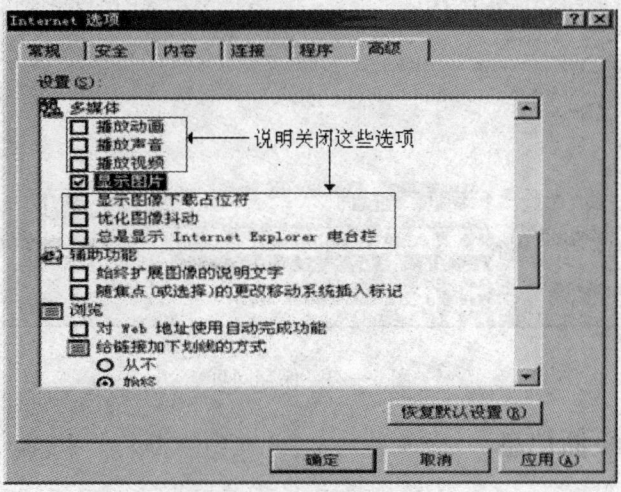

图 5—23　设置高级选项

四、收藏喜爱的站点

在网页中选择收藏,选择添加到收藏夹→创建到(见图 5—24)。在名称后面输入名字,选择创建的位置,就把这个网页添加到收藏夹了,以后就可以通过收藏夹→名字来浏览这个网页了。

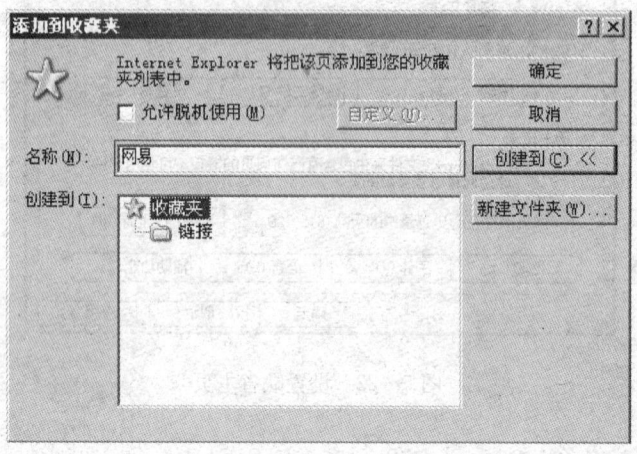

图 5—24 收藏站点

五、保存页面信息

在网页中选择文件,选择另存为,界面如图 5—25 所示。在适当位置输入文件名和保存类型,即可完成网页文件的保存。

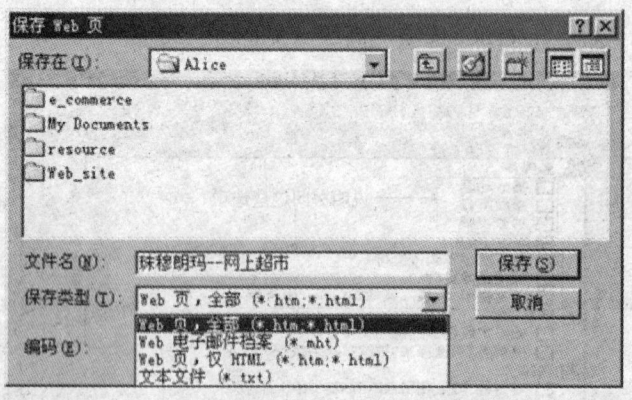

图 5—25 保存网页

六、打印页面信息

在网页中选择文件,选择打印,界面如图 5—26 所示。如同打印 word 文档一样，选择打印机、打印范围和份数即可。

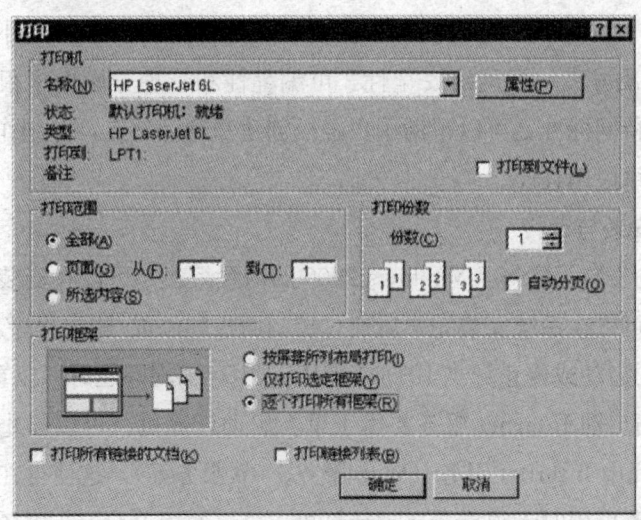

图 5—26　打印页面

5.2.2　IIS 的安装及运行

 **学习目标**

➤理解 IIS 服务的概念及其所具有的功能。
➤掌握 IIS 服务的安装、运行方法。

一、IIS 基本知识

IIS 是 Internet Information Server 的缩写，是随 Windows NT Server 4.0 一起提供的文件和应用程序服务器，是在 Windows NT Server 上建立 Internet 服务器的基本组件。它与 Windows NT Server 完全集成，允许使用 Windows NT Server 内置的安全性以及 NTFS 文件系统建立强大灵活的 Internet/Intranet 站点。

1. IIS 的功能

IIS（Internet Information Server，互联网信息服务）是一种 Web（网页）服务组件，其中包括 Web 服务器、FTP 服务器、NNTP 服务器和 SMTP 服务器，分别用于网页浏览、文件传输、新闻服务和邮件发送等方面，它使得在网络（包括互联网和局域网）上发布信息成了一件很容易的事。利用 IIS 可以在操作系统上建立以上的服务器。

2. IIS 的功能特性

IIS 提供了集成、可靠、可扩展、安全的及可管理的内联网、外联网和互联网 Web 服务器解决方案，在网络安全性、可编程性和管理方面做了很大的改进，并支持更多的因特网标准，可以帮助用户轻松创建和管理站点，并制作易于升级、灵活性更高的网络应用程序。

3. IIS 的安装与运行

（1）IIS 的安装：IIS 是 Windows 2000 的内置组建，可以在安装系统时选择安装该组件，也可以在系统安装完毕后通过控制面板的添加/删除程序来完成。

（2）IIS 的启动或停止：当 IIS 应用程序或内存出现问题时可以重新启动 Internet 服务。重新启动 Internet 服务要优于重新启动计算机。可以停止或重新启动所有 IIS 管理单元中 Internet 服务（Web 服务、ftp 服务等），这使得在应用程序运行不正常或变得不可用时无须重新启动计算机。可以使用 Internet 服务管理单元来启动和停止 IIS。

二、IIS 的安装操作步骤

1. IIS 的安装

默认情况下，在 Windows 2000 Server 安装过程中会自动选择安装 IIS，也可以在安装时不安装这些组件，而在需要时再安装。

步骤1：安装 IIS 组件

在"控制面板"中选择"添加/删除程序"，单击"添加/删除 Windows 组件"，出现如图 5—27 所示界面，选中 IIS 前面的复选框。

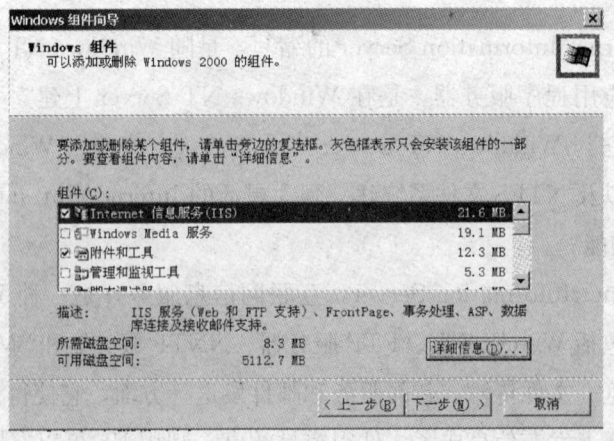

图 5—27 添加组件

步骤2：选择必要的子组件

选中"Internet 信息服务（IIS）"的"详细信息"清单，配置 IIS 的组件，出现如图5—28所示界面，必选其中"Internet 服务管理器"及"公用文件"，如果你的服务器作为 WWW 或 FTP 服务器，则分别选中"World Wide Web 服务器"和"文件传输协议（FTP）服务器"，对于不需要的服务，最好不要安装。

步骤3：寻找组件位置

单击"确定"，返回图5—27，在图5—27中单击下一步按钮，开始 IIS 系统文件的安装。此过程中会要求插入 Windows 2000 Server 安装光盘。出现如图5—29所示的组件配置界面。

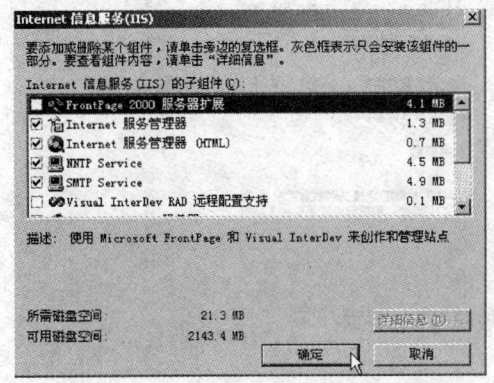
图5—28　Internet 信息服务组件

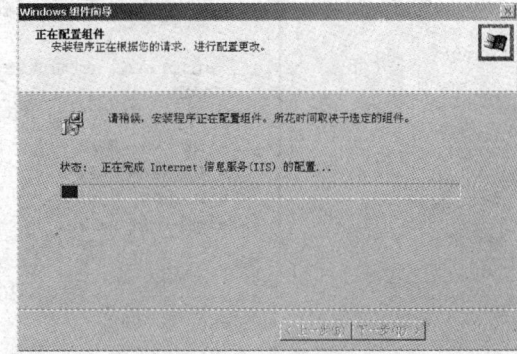
图5—29　配置组件

步骤4：完成添加

配置完成后，单击完成，即完成了 IIS 的添加。

2. 检验 IIS 是否安装成功

在 IE 中输入：http://localhost，就会打开默认的主页文件 localstart.asp，如图5—30所示表示安装成功。

3. IIS 的启动和停止

进入"开始"→"程序"→"管理工具"→"Internet 服务管理器"以打开 IIS 管理器，可以通过鼠标右击左边树窗格的本地计算机（wlh）来启动或停止整个 IIS。也可以操作单个服务，对于需要启动或停止的服务，均在其上单击右键，选"启动"/停止来开启（见图5—31）。

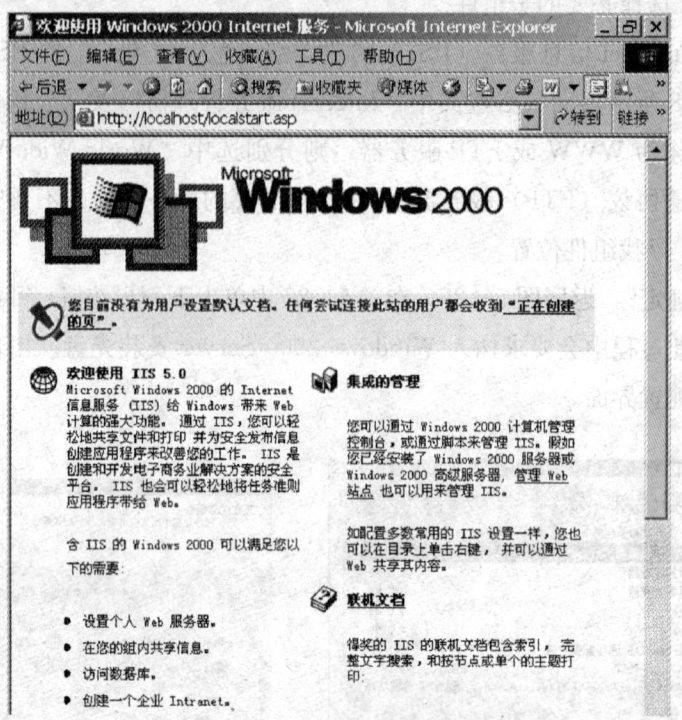

图 5—30 检验 IIS 的界面

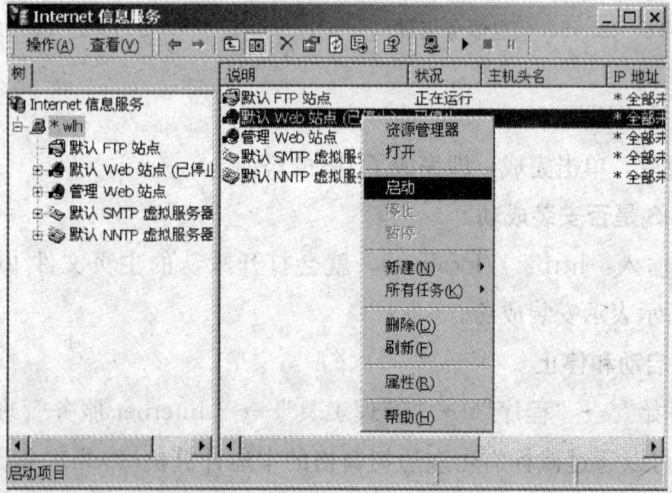

图 5—31 启动 IIS 服务

5.2.3 利用 IIS 配置 Web 站点

 学习目标

➢掌握 Web 的工作原理
➢掌握 WWW 服务的配置包括 IP 地址、端口号、默认文档、安全等设定。
➢了解虚拟目录服务的作用
➢能够通过创建虚拟目录的，了解除了主目录外，并使用其他目录存放 WEB 页文件

一、Web 的工作原理

Web 是客户/服务器模型工作的、基于超文本 HTML 方式的信息查询工具。Web 是由三种构件协调一致共同工作的。

1. 第一种构件

第一种构件是客户机上的浏览器软件，用来显示网页内容或发送/接受信息。常用软件包括：IE、Netscape。

2. 第二种构件

第二种构件是 Web 服务器，为客户端提供信息服务，Web 服务器存放着大量的网页，目前广泛使用的 Web 服务器管理软件有：

（1）支持 ASP 服务器（WIN 下运行）的 IIS、PWS。
（2）支持 PHP 服务器（Unix Linux 下运行）的 Apache。
（3）支持 JSP 服务器（多种平台下运行）的 JSWDK、TOMCAT。

3. 第三种构件

第三种构件是 HTTP 协议，用来在 Internet 上传送超文本的协议，C/S 根据这个协议来传送信息。

二、Web 页与 Web 站点

Web 页就是 World Wide Web 文档，通常称为网页。Web 页一般由 HTML 文件组成，包含相关的文本、图像、声音、动画等，位于特定计算机的特定目录中，其位置可以根据 URL 确定。

Web 站点有一组相关的 HTML 文件和其他文件组成，这些文件存储在 Web

服务器上,当用户访问一个Web站点时,该站点中有一个页面是首先被打开的,该页面称为首页或主页。

三、目录

1. 主目录

一旦启动了Web服务,Web服务器就可以对通过浏览器的请求做出响应。为了实现这种响应,要求将网页文件保存在Web服务器的特定文件夹中,通常是保存在Web站点的主目录或其子目录中,主目录的默认设置时\inetpub\wwwroot文件夹。

2. 虚拟目录

虚拟目录就是在URL地址中使用的目录名称,有时也称作URL映射。

如果希望在Web站点的主目录或其子目录之外的其他文件夹中保存网页文件,则必须对该文件夹设置Web共享选项,使之成为Web站点内的一个虚拟目录。

四、IIS使用操作步骤

1. 打开IIS管理窗口

依次单击"开始"→"程序"→"管理工具"→"Internet服务管理器",打开Internet信息服务窗口。如图5—32所示,窗口显示此计算机上已经安装好的Internet服务,而且都已经自动启动运行,其中Web站点有两个,分别是默认Web站点及管理Web站点。

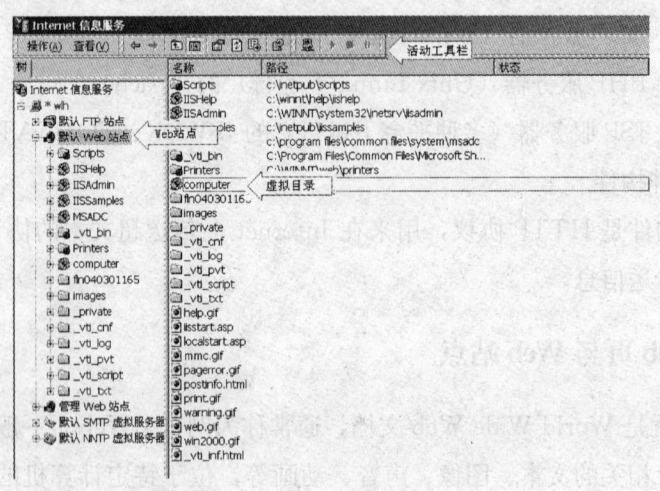

图5—32 Internet信息服务控制台

2. 使用默认站点

（1）复制站点文件到主目录

将制作好的主页文件（html 文件）复制到 \ Inetpub \ wwwroot 目录，该目录是安装程序默认 Web 站点预设的发布目录。

（2）修改默认主页文件

将主页文件的名称改为 Default.htm。IIS 默认要打开的主页文件是 Default.htm 或 Default.asp，而不是一般常用的 Index.htm。

（3）浏览网站

打开本机或客户机浏览器，在地址栏中输入此计算机 IP 地址或 http://localhost 来浏览站点。主页文件如图 5—33 所示。

3. 修改默认站点

（1）修改默认站点的端口并验证

右键单击"默认 Web 站点"，单击"属性"出现"默认 Web 站点属性"对话框，Web 站点属性如图 5—34 所示。

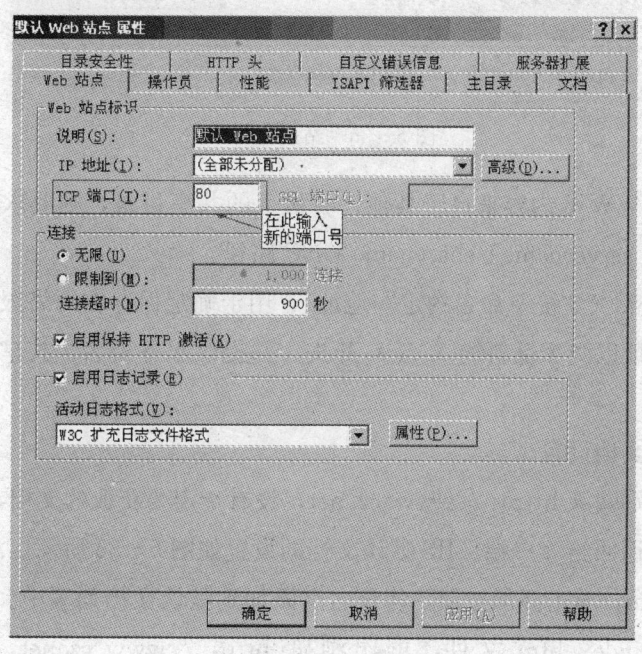

图 5—33　主页文件

图 5—34　Web 站点属性

默认情况下，默认 WEB 站点 TCP 端口号为 80，浏览网页地址分别用 http：//ns.cz.net 和 http：//ns.cz.net：80 比较。修改其端口为 8080，用 http：//ns.cz.net：8080 测试。

(2) 主目录设置

单击"主目录"选项卡（见图 5—35）。WEB 文档的主目录路径默认是"盘符：\inetpub\wwwroot"，修改其默认路径如：E:\music，则将 WEB 页所有内容放在 E:\music 下。

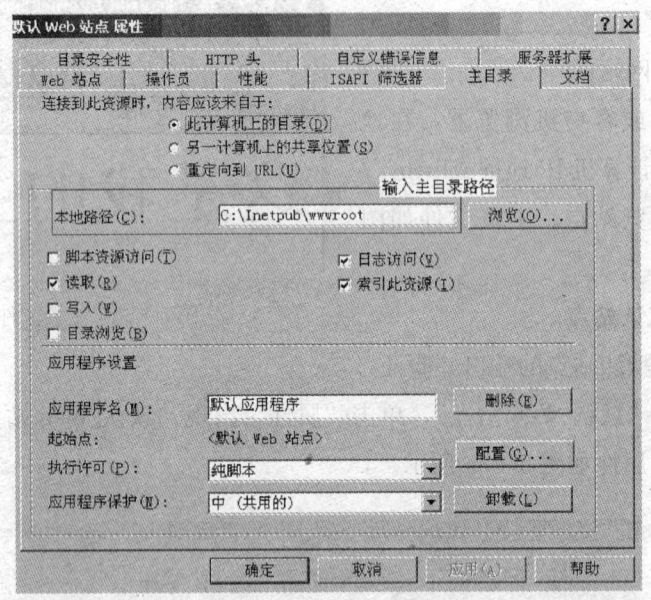

图 5—35 站点主目录

如果选择 WWW 内容来自于其他计算机上的共享目录，则要求输入相应的网络目录路径 \\servername\sharename UNC 路径。

提示：UNC（"统一命名约定"地址），用于确定保存在网络服务器上的文件位置。这些地址以两个反斜线（\\）开头，并提供服务器名、共享名和完整的文件路径。

(3) 默认文档设置

当在客户端输入 http：//www.cz.net，没有指定要获取的文档，IIS 查找默认文档，并将其返回给客户端。IIS 默认文档的设置如图 5—36 所示。添加默认文档，例如 index.htm，单击添加按钮，将该名字添加到默认文档列表中。在 E:\music 下放入一个 index.htm 文件，再次浏览 http：//www.cz.net，显示的将是 index.htm 页面的内容。

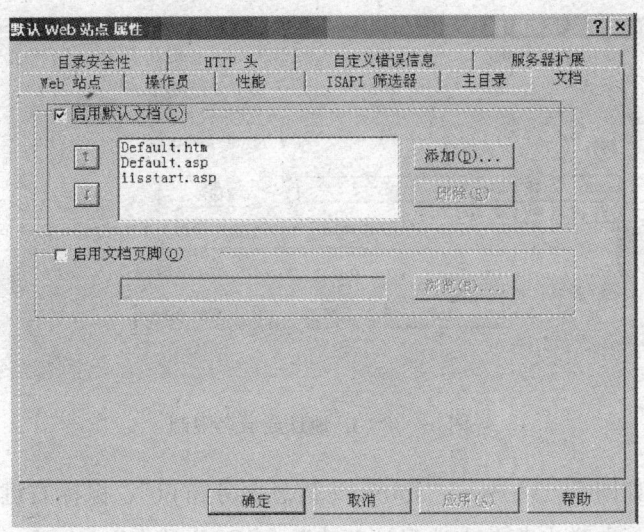

图 5—36　站点默认文档

（4）目录安全性设置

目录安全性如图 5—37 所示，在此可设置是否允许匿名访问站点，可限制访问站点的用户的 IP 地址或域名。默认情况下，允许匿名访问，不限制用户 IP 地址。限制邻居机器 IP 地址，看是否有效。

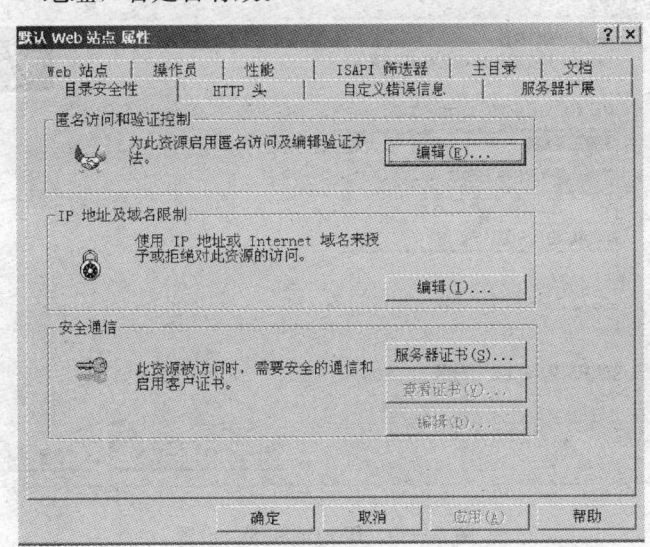

图 5—37　目录安全性

IP 地址或域名限制如图 5—38 所示。

4. 添加新站点

除了可以修改默认站点的主目录外，也可以新建站点。

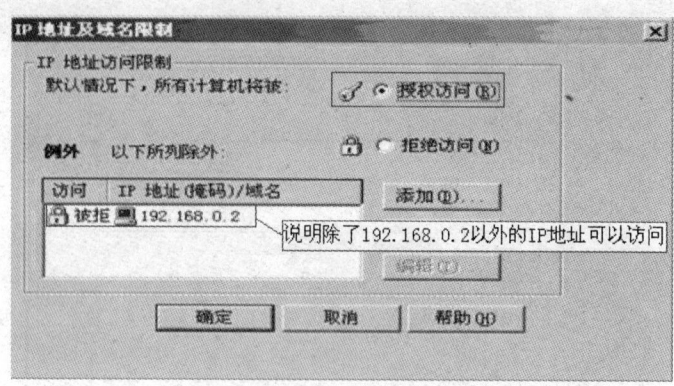

图 5—38　IP 地址或域名限制

（1）打开如图 5—32 所示"Internet 信息服务窗口"，鼠标右键单击要创建新站点的计算机，在弹出菜单中选择"新建"/"Web 站点"，出现"Web 站点创建向导"，单击"下一步"继续。

（2）设置站点的 IP 地址和端口号：在"Web 站点说明"文本框中输入说明文字，单击"下一步"继续，出现如图 5—39 所示窗口，输入新建 Web 站点的 IP 地址和 TCP 端口地址。

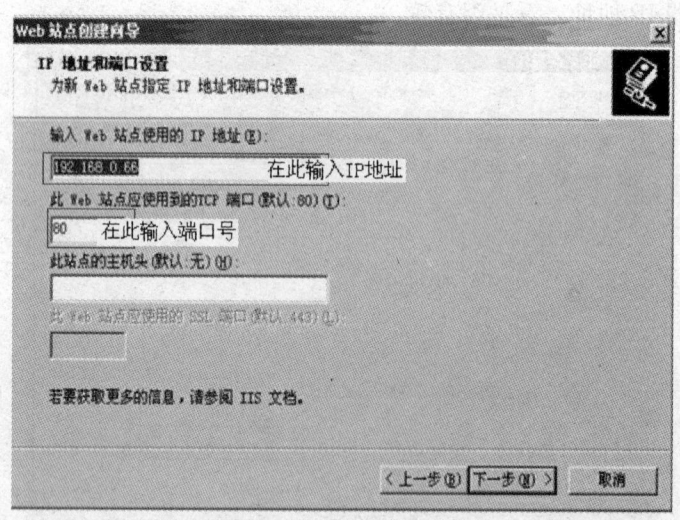

图 5—39　IP 地址和端口设置

（3）设置站点的主目录路径及访问权限：单击"下一步"，如图 5—40 所示对话框，输入站点的主目录路径，然后单击"下一步"，选择 Web 站点的访问权限，如图 5—41 所示，单击"下一步"完成设置。

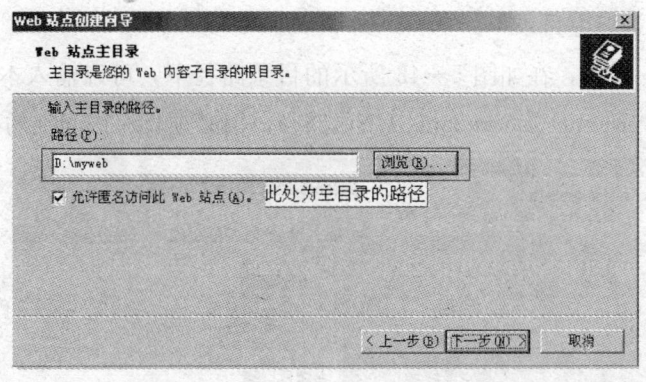

图 5—40 设置主目录

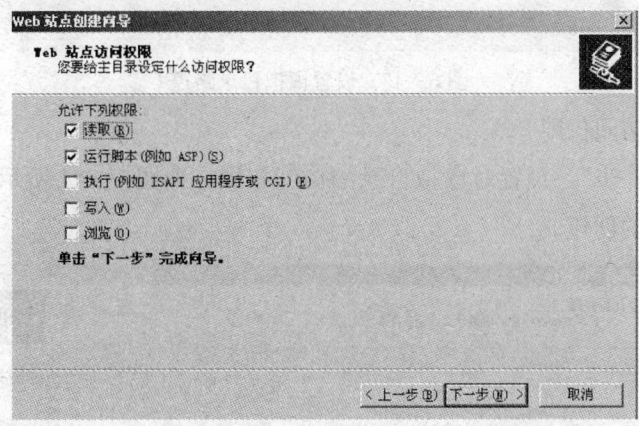

图 5—41 设置访问权限

5. 设置虚拟目录

（1）设置站点别名

右键单击"默认 Web 站点"，单击"新建""虚拟目录"，出现"虚拟目录创建向导"对话框。单击"下一步"，如图 5—42 所示，设置该站点的别名，如 myweb。

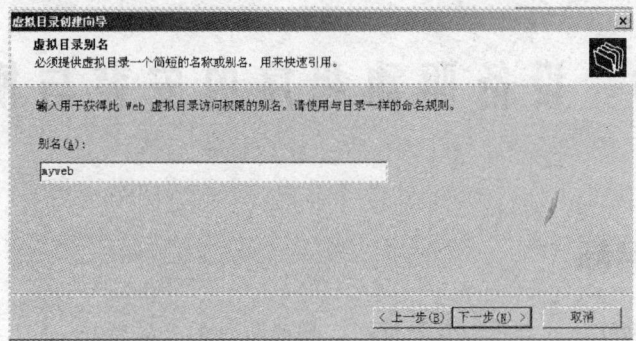

图 5—42 设置虚拟目录站点名称

(2) 设置站点主目录

单击"下一步",在如图5—43所示的目录路径下,可以输入本地目录,也可以输入 \\ servername \ sharename UNC 路径,但必须具有访问别的机器的权限。

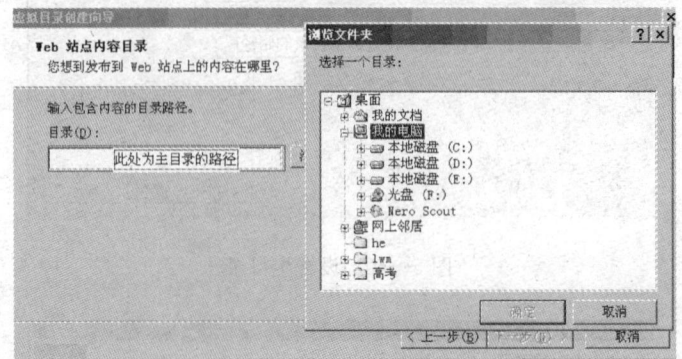

图5—43 设置虚拟目录路径

(3) 设置访问权限

单击"下一步",设置对虚拟目录的访问权限,如图5—44所示。单击下一步完成虚拟目录的创建。

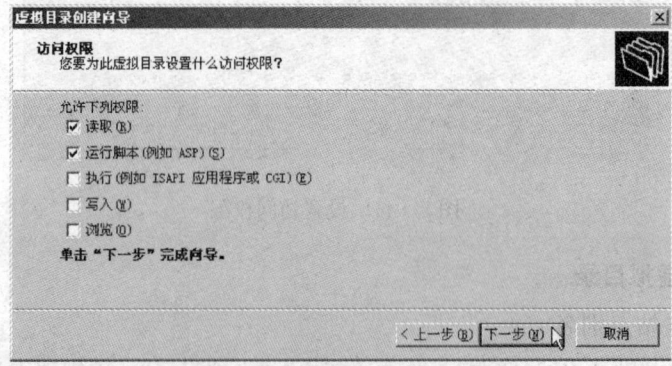

图5—44 设置虚拟目录访问权限

5.3 设备驱动程序的安装与使用

 学习目标

➤掌握驱动程序的作用、获取途径、驱动程序的安装顺序

➤能够安装网卡驱动程序,并验证安装正确性方法

一、驱动程序的作用与获取途径

1. 驱动程序的作用

驱动程序是直接工作在各种硬件设备上的软件，其"驱动"这个名称也十分形象的指明了它的功能。正是通过驱动程序，各种硬件设备才能正常运行，达到既定的工作效果。就如同计算机只有安装了操作系统之后才能工作一样。

从理论上讲，所有的硬件设备都需要安装相应的驱动程序才能正常工作。但像 CPU、内存、主板、软驱、键盘、显示器等设备却并不需要安装驱动程序也可以正常工作，而显卡、声卡、网卡等却一定要安装驱动程序，否则便无法正常工作。这是为什么呢？

这主要是由于这些硬件对于一台个人计算机来说是必需的，所以早期的设计人员将这些硬件列为 BIOS 能直接支持的硬件。换句话说，上述硬件安装后就可以被 BIOS 和操作系统直接支持，不再需要安装驱动程序。从这个角度来说，BIOS 也是一种驱动程序。但是对于其他的硬件，如网卡、声卡、显卡等等却必须要安装驱动程序，不然这些硬件就无法正常工作。

2. 驱动程序的获取途径

既然驱动程序有着如此重要的作用，那么该如何取得相关硬件设备的驱动程序呢？这主要有以下几种途径：

（1）使用操作系统提供的驱动程序

Windows 系统中已经附带了大量的通用驱动程序，这样在安装系统后，无须单独安装驱动程序就能使这些硬件设备正常运行。

不过系统附带的驱动程序总是有限的，所以在很多时候系统附带的驱动程序并不合用，这时就需要手动来安装驱动程序了。

（2）使用附带的驱动程序盘中提供的驱动程序

一般来说，各种硬件设备的生产厂商都会针对自己硬件设备的特点开发专门的驱动程序，并采用软盘或光盘的形式在销售硬件设备的同时一并免费提供给用户。这些由设备厂商直接开发的驱动程序都有较强的针对性，它们的性能无疑比 Windows 附带的驱动程序要高一些。

（3）通过网络下载

除了购买硬件时附带的驱动程序盘之外，许多硬件厂商还会将相关驱动程序放到网上供用户下载。由于这些驱动程序大多是硬件厂商最新推出的升级版本，它们的性能及稳定性无疑比用户驱动程序盘中的驱动程序更好，有上网条件的用户应经常下载这些最新的硬件驱动程序，以便对系统进行升级。

二、驱动程序的安装顺序

一般来说，在操作系统安装完成之后紧接着要安装的就是驱动程序了。而各种驱动程序安装的顺序比较普遍的是：主板、各种板卡、各种外设。

1. 主板

这里所谓的主板在很多时候指的就是芯片组的驱动程序。

2. 各种板卡

在安装完主板驱动之后，接着要安装的就是各种插在主板上的板卡的驱动程序了。如显卡，声卡，网卡之类。

3. 各种外设

在进行完上面的两步工作之后，接下来要安装的就是各种外设的驱动程序了。如打印机、鼠标、键盘等。

三、网卡的类型、速度和选择

网卡又称网络适配器（network adapters）是计算机网络中最基本的元素。在计算机网络中，如果一台计算机没有网卡，那么这台计算机将不能和其他计算机通信。

网卡是连接计算机和其他网络设备的桥梁和纽带。每块网卡都带有全球唯一的物理地址（MAC 地址），在网卡出厂时被刻录在网卡上。

1. 网卡类型

根据网络技术的不同，网卡的分类也有所不同，网卡按照不同的标准可作如下的分类。

（1）按总线接口类型划分

1) ISA 总线网卡。20 世纪 80 年代末，90 年代初期几乎所有内置板板卡都是采用 ISA 总线接口类型。

ISA 总线接口由于 I/O 速度较慢，最高仅为 33 Mb/s，随着 20 世纪 90 年代初 PCI 总线技术的出现，很快被淘汰了。

2) PCI 总线网卡。是目前最主流的一种网卡接口类型。I/O 速度远比 ISA 总线型的网卡快，PCI 2.2 标准 32 位的 PCI 接口数据传输速度最高可达 133 Mb/s）。目前主流的 PCI 规范有 PCI 2.0、PCI 2.1 和 PCI 2.2 三种。

3) PCI—X 总线网卡：在服务器上使用的网卡。比 PCI 接口具有更快的数据传输速度（2.0 版本最高可达到 266 Mb/s 的传输速率）。PCI-X 总线接口的网卡一般 32 位总线宽度，也有的是用 64 位数据宽度的。

4) PCMCIA 总线网卡：这种类型的网卡是笔记本计算机专用的。PCMCIA 总线分为两类，一类为 16 位的 PCMCIA，另一类为 32 位的 CardBus。

(2) 按网络接口划分

1) RJ-45 接口网卡。这是最为常见的一种网卡，也是应用最广的一种接口类型网卡，这主要得益于双绞线以太网应用的普及。

2) BNC 接口网卡。这种接口网卡对应用于用细同轴电缆为传输介质的以太网或令牌网中。目前这种接口类型的网卡较少见。

3) AUI 接口网卡。这种接口类型的网卡对应用于以粗同轴电缆为传输介质的以太网或令牌网中。这种接口类型的网卡目前更是少见。

4) FDDI 接口网卡：这种接口的网卡适应于 FDDI 网络中，这种网络具有 100 Mb/s 的带宽，所使用的传输介质是光纤，因此这种 FDDI 接口网卡的接口也是光模接口的。

5) ATM 接口网卡：这种接口类型的网卡应用于 ATM 光纤（或双绞线）网络中。它能提供物理的传输速度达 155 Mb/s，接口可以为 MMF-SC 光接口或 RJ45 电接口。

(3) 按带宽划分

目前主流的网卡主要有 10 Mb/s 网卡、100 Mb/s 以太网卡、10 Mb/s/100 Mb/s 自适应网卡、1 000 Mb/s 千兆以太网卡四种。

(4) 按网卡应用领域来分

如果根据网卡所应用的计算机类型来分，可以将网卡分为应用于工作站的网卡和应用于服务器的网卡。

2. 网卡速度

(1) 10 Mb/s 网卡

10 Mb/s 网卡是比较老式、低档的网卡。它的带宽限制在 10 Mb/s，这在当时的 ISA 总线类型的网卡中较为常见，目前 PCI 总线接口类型的网卡中也有一些是 10 Mb/s 网卡，不过目前这种网卡已不是主流。这类带宽的网卡仅适应于一些小型局域网或家庭需求，中型以上网络一般不选用，但它的价格比较便宜，一般仅几十元。

(2) 100 Mb/s 网卡

100 Mb/s 网卡它的传输 I/O 带宽可达到 100 Mb/s，这种网卡一般用于骨干网络中。目前这种带宽的网卡在市面上已逐渐得到普及，但它的价格稍贵，一些名牌的此带宽网卡一般都要几百元以上。杂牌的 100 Mb/s 网卡虽然相对便宜但不能向下兼容 10 Mb/s 网络。

(3) 10 Mb/s/100 Mb/s 网卡

这是一种 10 Mb/s 和 100 Mb/s 两种带宽自适应的网卡，也是目前应用最为普及的一种网卡类型，因为它能自动适应两种不同带宽的网络需求，保护了用户的网络投资。它既可以与老式的 10 Mb/s 网络设备相连，又可应用于较新的 100 Mb/s 网络设备连接。这种带宽的网卡会自动根据所用环境选择适当的带宽，如与老式的 10 Mb/s 旧设备相连，那它的带宽为 10 Mb/s，但如果是与 100 Mb/s 网络设备相连，那它的带宽为 100 Mb/s，仅需简单的配置即可（也有不用配置的）。也就是说它能兼容 10Mb/s 的老式网络设备和新的 100 Mb/s 网络设备。

(4) 1 000 Mb/s 以太网卡

千兆以太网（Gigabit Ethernet）是一种高速局域网技术，它能够在铜线上提供 1 Gb/s 的带宽。与它对应的网卡就是千兆网卡了，这类网卡的带宽也可达到 1 Gb/s。千兆网卡的网络接口也有两种主要类型，一种是普通的双绞线 RJ－45 接口，另一种是多模 SC 型标准光纤接口。

3. 网卡的选择

网卡看似一个简单的网络设备，它的作用却是决定性的。加上目前网卡品牌、规格繁多，稍不留意，很可能所购买的网卡根本就用不上，或者质量太差，用得根本就不称心。如果网卡性能不好，其他网络设备性能再好也无法实现预期的效果。依据以下原则选择合适的网卡。

(1) 网卡的材质和制作工艺。
(2) 选择恰当的品牌。
(3) 根据网络类型选择网卡。
(4) 根据计算机插槽总线类型选购网卡。
(5) 根据使用环境来选择网卡。

四、网卡驱动程序的安装步骤

网卡虽然安装了，但如果不进行驱动程序的安装与系统的配置也是不能起到网络连接的作用的。不过随着微软 Windows 系统对硬件支持范围的扩大，许多网卡的驱动程序都已内置，所以通常是不需要另外提供网卡的厂家驱动程序，当系统进入后即可检测到硬件，然后安装相应 Windows 系统中自带的驱动程序，真正实现

"即插即用"。但为了实现网卡的真正性能,如果有网卡厂家的驱动程序,建议还是安装厂家提供的驱动程序;如果没有,当然可以使用 Windows 系统自带的了,网卡也可正常工作;如果 Windows 系统没有提供此型号网卡的驱动程序,则一定要安装厂家的驱动程序或者选择一个兼容该型号网卡的其他型号驱动程序。

1. 网卡硬件的安装

在安装网卡之前,先应准备好必要的工具如钳子,和网卡驱动程序,一般厂家都有附带相应的驱动程序。

步骤1:按前面所作的介绍准备合适的网卡,关闭电源,打开机箱,释放静电,根据所购买的网卡总线类型,选择相应的插槽。

步骤2:把网卡插入到计算机相应的空余插槽(PCI 或 ISA)内,然后用螺钉固定在机箱上。

提示:在计算机中插入网卡的方法与其他 PCI 板卡的插入方法完全一样,PCI 插槽也没有规定,只是有 PCI 空闲即可利用。

步骤3:盖合机箱,将网线与网卡连接。

2. 网卡驱动程序的安装

完成硬件安装后,可以采用两种方式来安装网卡驱动程序。一种是关机重新启动,这时系统将自动搜寻新安装的网卡,并自动安装网卡驱动程序。另一种方式是通过"控制面板"中的"添加/删除硬件"进行安装。下面以在控制面板中的安装为例进行说明。

步骤1:打开安装向导

在控制面板中双击"添加/删除硬件"选项,出现如图 5—45 所示的添加新硬件向导对话框。

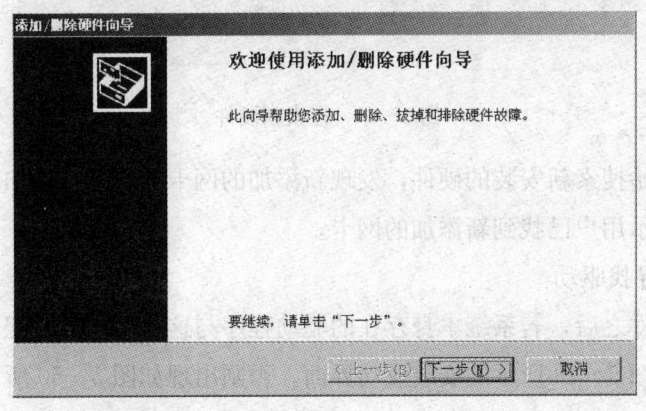

图 5—45 添加/删除硬件向导

步骤2：选择将要执行的任务

单击"下一步"按钮，出现如图5—46所示对话框。

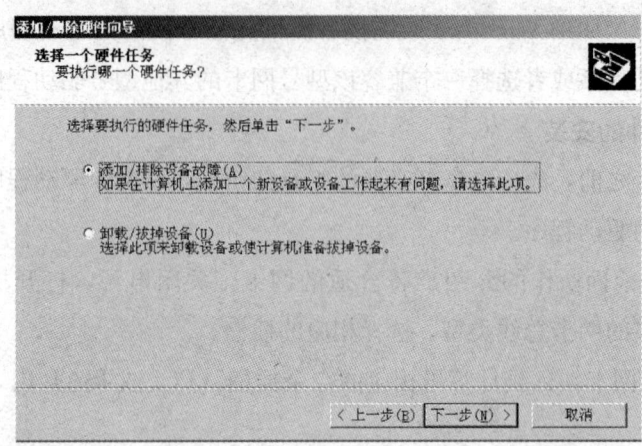

图5—46 选择执行的硬件任务

步骤3：寻找硬件

单击"下一步"按钮，出现如图5—47所示对话框。这个对话框提示用户系统将对新添加的硬件进行搜索。

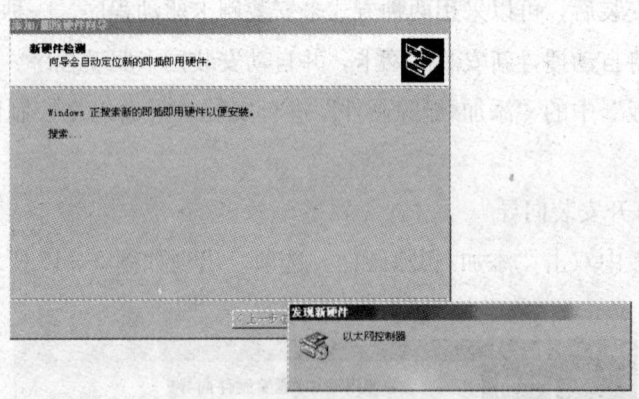

图5—47 搜索新硬件

系统即开始搜索新安装的硬件，发现新添加的网卡后，即出现如图5—48所示的提示框，提示用户已找到新添加的网卡。

步骤4：寻找驱动

找到新硬件之后，若系统本身存在的驱动程序与这个新硬件匹配，就会自动找到驱动出现如图5—49所示的安装成功界面。否则出现如图5—50所示手动安装界面。

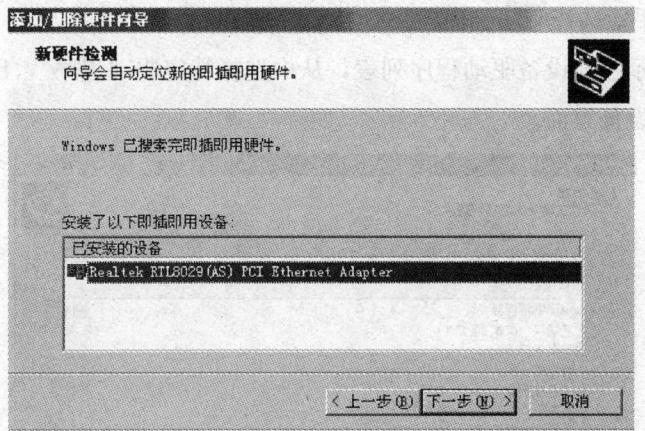

图 5—48 找到新硬件

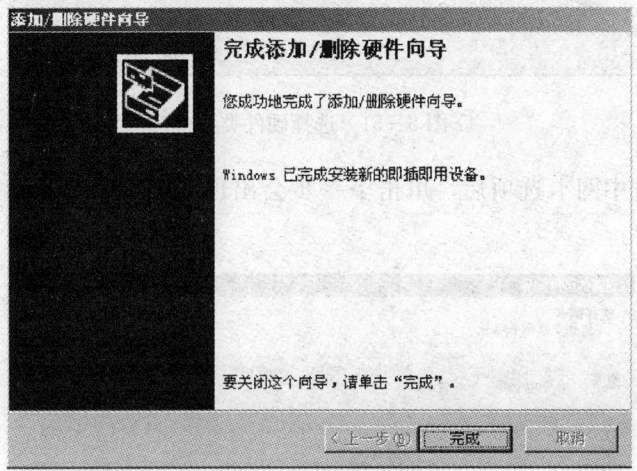

图 5—49 安装成功

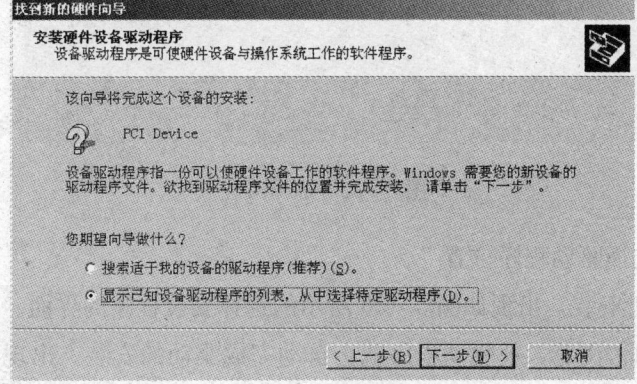

图 5—50 手动安装驱动

步骤5：手动选择驱动程序

选择"显示已知设备驱动程序列表，从中选择特定驱动程序"，出现如图5—51所示选择硬件设备界面。

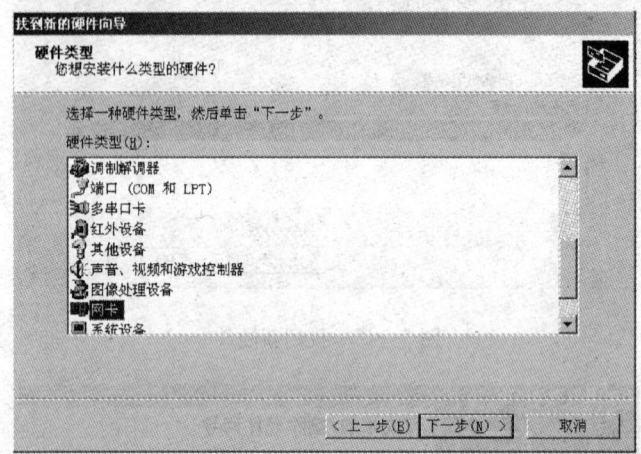

图5—51　选择硬件类型

步骤6：选中网卡选项后，单击下一步会出现如图5—52所示选择网卡的界面。

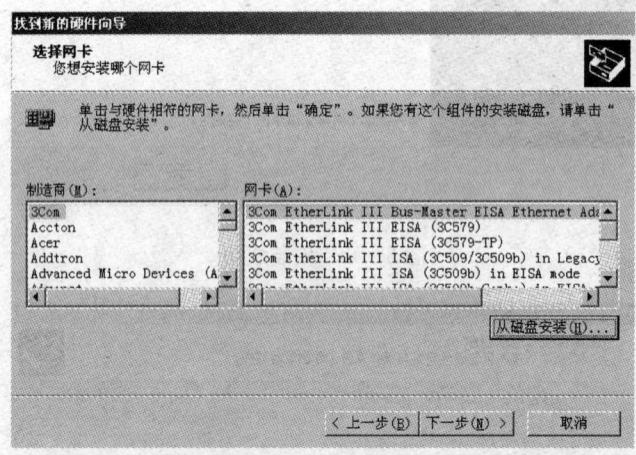

图5—52　选择网卡

步骤7：选择驱动程序位置

单击从磁盘安装，出现如图5—53所示的选择安装程序的界面。

步骤8：单击浏览，找驱动程序就会自动完成驱动的安装。出现如图5—49所示的安装成功界面。

安装成功之后还可以对网卡进行优化，以发挥其最大性能。

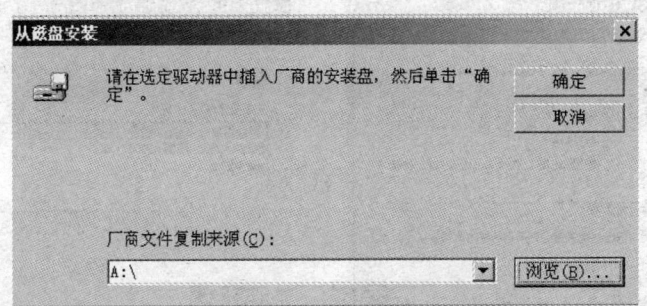

图 5—53 选择安装盘

3. 验证安装是否成功

网卡驱动程序安装后，若设备能正常启动，且各个端口没有冲突变化，基本上没有什么问题。检验步骤如下：

步骤1：打开设备管理器。右击我的计算机，选择"属性"→"硬件"→"设备管理器"打开网卡选项出现如图 5—54 所示界面。

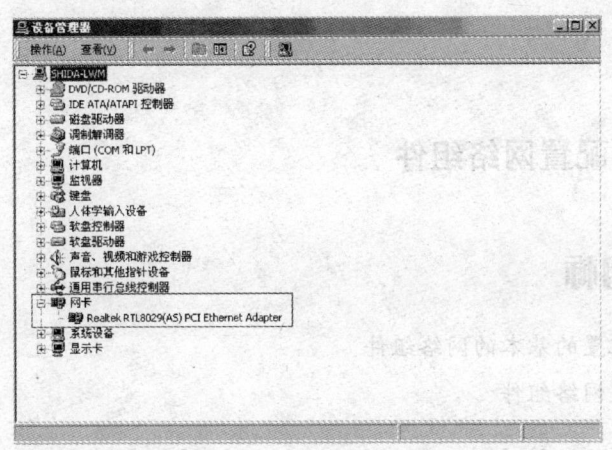

图 5—54 设备管理器界面

步骤2：查看网卡属性。选中网卡右击选择属性选项，会出现如图 5—55 所示界面，表示设备已经启用。

步骤3：查看是否有硬件冲突。单击资源选项，界面如图 5—56 所示。

网卡硬件及驱动程序安装完成后，就可以配置 TCP/IP 协议，并用 Ping 命令等进行测试。

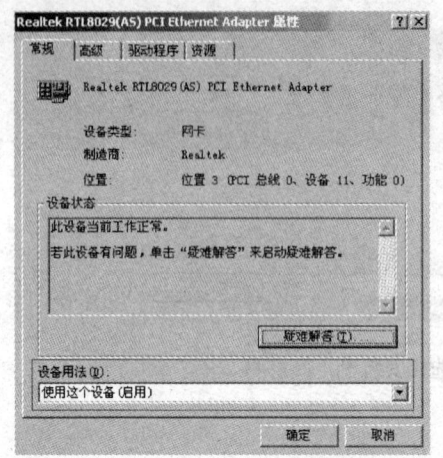
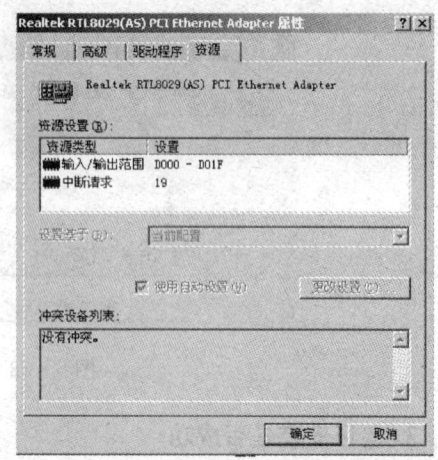

图 5—55　网卡属性界面　　　　　图 5—56　网卡设备是否冲突

5.4　网络操作系统的配置与使用

5.4.1　配置网络组件

学习目标

➢掌握应配置的基本的网络组件
➢能够配置网络组件

一、网络组件简介

Windows 2000 Server 操作系统在网络应用方面提供了许多核心组件，主要包括由安装程序自动安装的许多管理工具，由它们为系统提供最基本的网络功能。

当然还有很多附加的组件可供用户选择，以扩大网络操作系统的网络功能，最基本的网络组件包括：安装网络协议、安装网络服务、安装网络客户、安装其他网络组件和配置 TCP/IP。

二、安装网络协议

在使用网络时，用户必须安装能使网络适配器与网络正确通信的网络协议，协议的类型取决于所在网络的类型。

步骤1：打开本地连接属性对话框

鼠标右击"网上邻居"选择属性，在出现的"网络和拨号连接"右击"本地连接"打开如图5—57所示的本地连接属性对话框。

步骤2：打开选择网络组件类型对话框

在"此连接使用下列选定的组件"列表框中列出了已经安装过的网络组件。单击"安装"出现如图5—58所示的"选择网络组件类型对话框"。

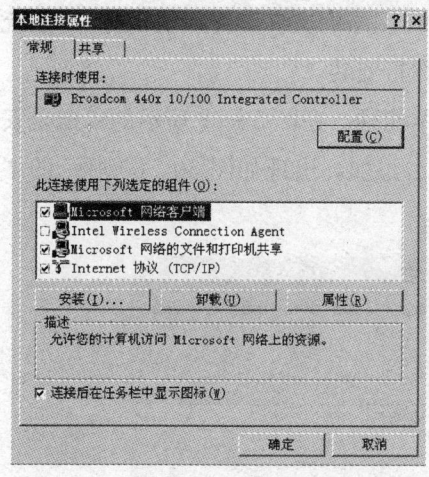
图5—57 本地连接属性对话框

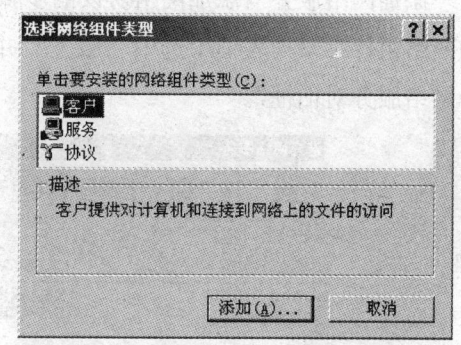
图5—58 选择网络组件类型对话框

步骤3：打开选择网络协议对话框

在"单击要安装的网络组件类型"列表框中选中"协议"并单击添加，出现如图5—59所示的"选择协议类型对话框"。

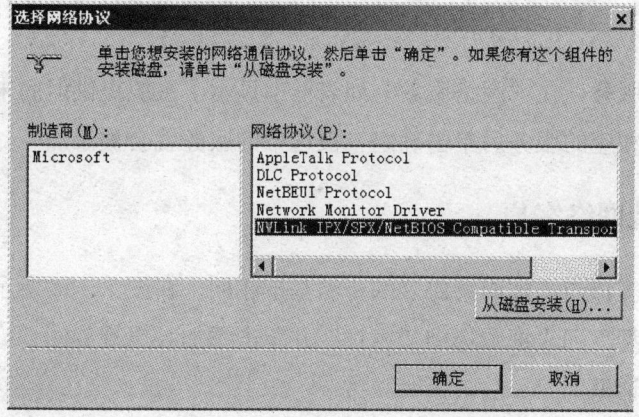
图5—59 选择网络协议对话框

步骤4：添加网络协议

在"网络协议"列表框中显示了系统提供但尚未安装的网络协议，选择相应的协议后单击确定，被选中的协议就会被添加到"本地连接属性"列表中。

提示：若用户有特殊需要，需要安装特殊的网络协议，而在列表中没有提供的话，用户可以通过单击图5—59中的"从磁盘安装"来完成。

三、安装网络服务

在安装系统是已经默认安装了"Microsoft网络的文件和打印机服务"，系统还提供了其他类型的服务，用户可以根据需要自行安装。

添加网络服务与添加网络协议的步骤基本相同。在图5—58所示的单击要安装的网络组件类型列表框中选中"服务"并单击添加，出现如图50—60所示的"选择网络服务对话框"。

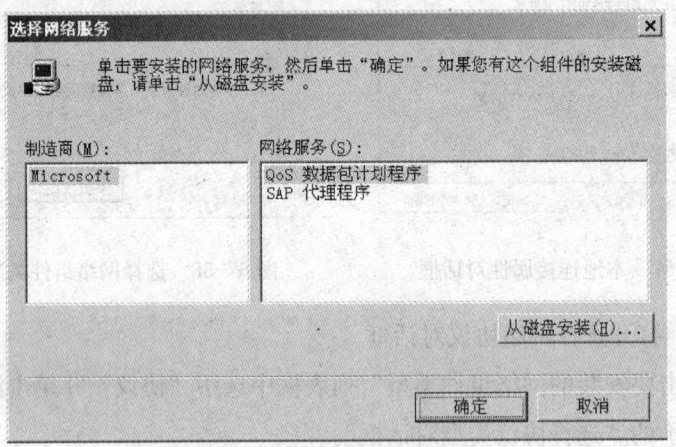

图5—60 选择网络服务对话框

添加网络服务，在"网络服务"列表框中显示了系统提供但尚未安装的网络服务选项，选择相应的服务后单击确定，被选中的服务就会被添加。

四、安装网络客户

添加网络客户与添加网络协议的步骤基本相同。在图5—58所示的单击要安装的网络组件类型"列表框中选中"客户"并单击添加，出现如图5—61所示的"选择网络客户对话框"。

添加网络客户，在"选择网络客户"列表框中显，选择相应的客户后单击确定，被选中的客户就会被添加。

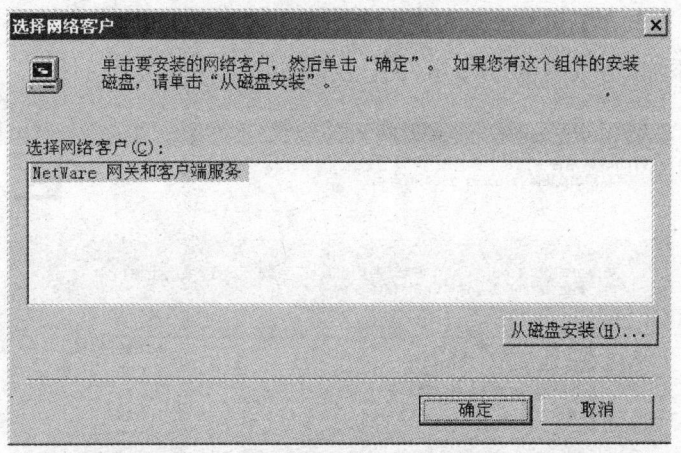

图 5—61　选择网络客户对话框

五、安装其他网络组件

用户需要服务器启动某些管理或服务功能，但在安装操作系统时，并未安装这些网络组件，还可以手动的方式来添加。

步骤1：打开添加/删除应用程序对话框

"开始"→"设置"→"控制面板"→"删除/添加程序"出现如图 5—62 所示对话框。

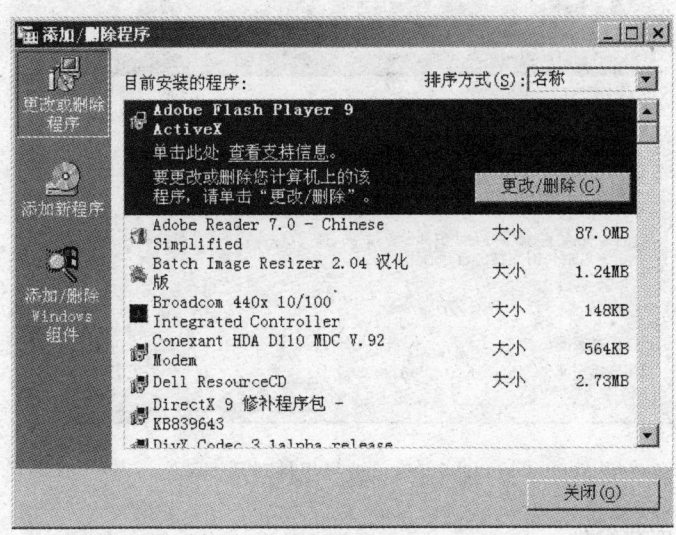

图 5—62　添加/删除程序对话框

步骤 2：打开 Windows 组件向导对话框

单击"添加/删除 Windows 组件"，出现如图 5—63 所示对话框。

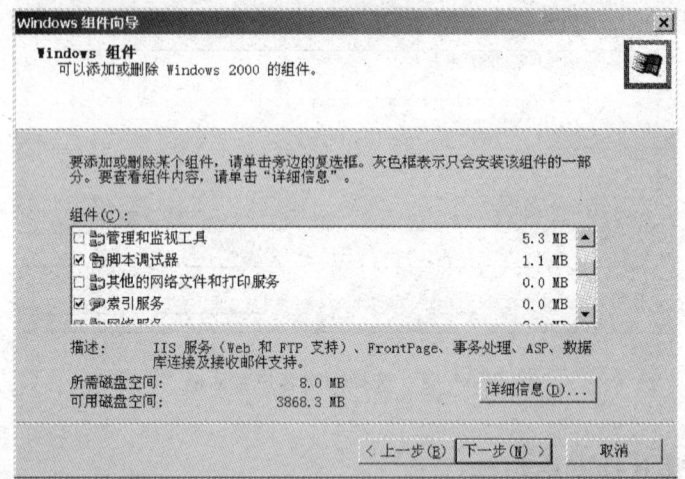

图 5—63　Windows 组件向导对话框

步骤 3：选择相应组件

单击组件旁边的复选框，可以选定组件。也可以单击"详细信息"打开该组件的详细内容如图 5—64 所示来具体选择安装某个组件。

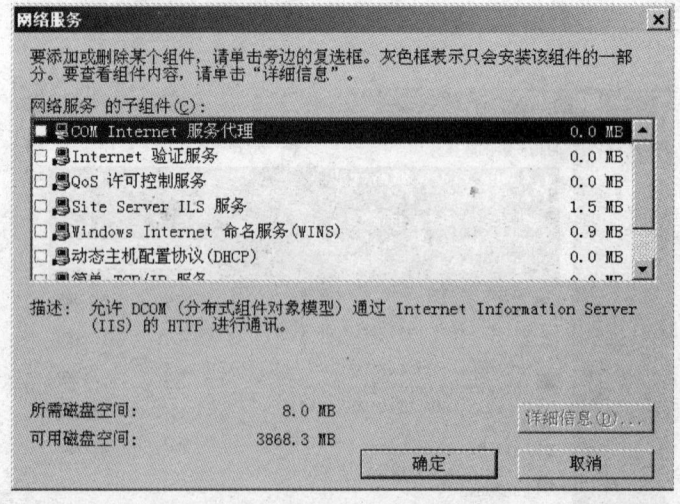

图 5—64　选择组件对话框

步骤 4：安装组件

选好组件后，单击"下一步"即可完成组件的安装。

提示：在安装组件的过程中需要 Windows 2000 Server 安装盘的支持。

5.4.2 TCP/IP 的配置及测试网络

 **学习目标**

➢了解 TCP/IP 协议参数
➢理解 IP 地址、子网掩码、网关等概念
➢能够配置相应参数

一、TCP/IP 协议

在整个计算机网络通信中,使用最为广泛的通信协议就是 TCP/IP 协议。它是网络互联的标准协议,连入网络的计算机要进行信息的交换及传输都要使用该协议。在 Windows 2000 Server 操作系统下实现和其他操作系统的连接与通信,以及配置各种专门功能的服务器的过程中,TCP/IP 也是使用的最为频繁的一个网络组件。

TCP/IP 协议是一个协议簇。其中包括很多协议如图 5—65 所示:

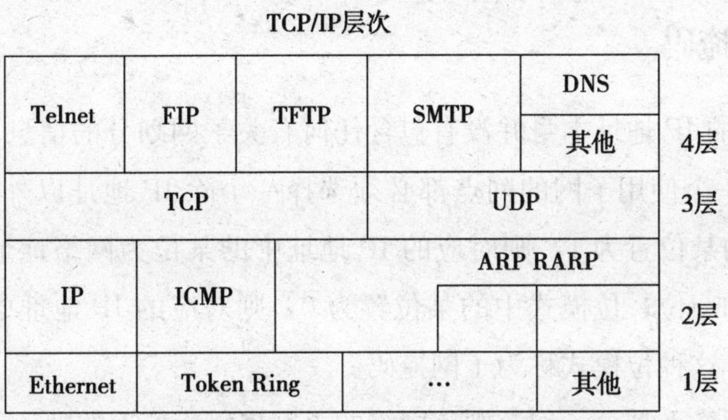

TCP/IP层次

Telnet	FIP	TFTP	SMTP	DNS	4层
				其他	
TCP			UDP		3层
IP	ICMP		ARP RARP		2层
Ethernet	Token Ring	…	其他		1层

图 5—65 TCP/IP 簇

在 Windows 2000 Server 操作系统里,TCP/IP 包含以下几个方面的内容:IP 协议、文件传输协议(FTP)、简单网络管理协议(SNMP)、TCP/IP 网络打印、动态主机配置协议(DHCP)、域名服务(DNS)、TCP/IP 实用程序等。

二、IP 地址

在 TCP/IP 中采用两种地址:物理地址和网际地址。由于物理网络技术的不同,物理地址也必然不同,为了统一异种网络的地址,TCP/IP 引入了 IP 地址,即网际地址。它是一种层次型的地址,携带关于对象位置的信息。

所谓 IP 地址就是给每一个连接在 Internet 上的主机分配一个在全世界范围是唯一的 32 bit 地址。它并不只是一个计算机的号，而是指出了连接到某个网络上的某个计算机。

Internet 的 IP 地址分成为五类，即 A 类到 E 类。常用的 A 类、B 类和 C 类地址都由两个字段组成。IP 地址的分类如图 5—66 所示。

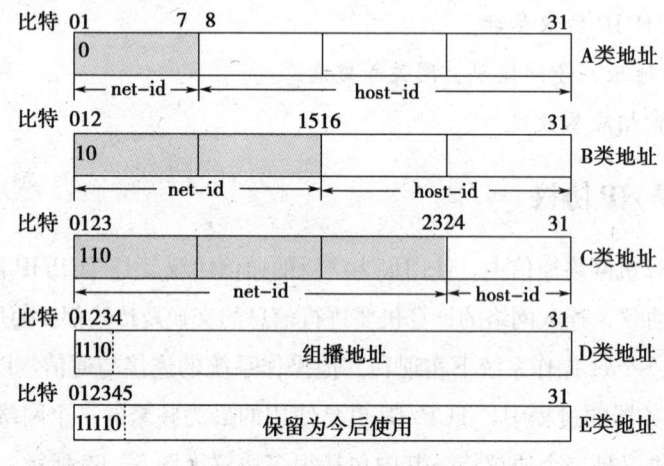

图 5—66　IP 地址的分类

三、子网掩码

因为 32 位的 IP 地址本身并没有包含任何有关子网划分的信息，所以在 TCP/IP 中规定：每一个使用子网的网点都必须选择一个除 IP 地址以外的 32 位的位模式。位模式中的某位置为 1，则对应的 IP 地址中的某位为网络地址（包括网络号和子网号）中的一位；位模式中的某位置为 0，则对应的 IP 地址中的某位为主机地址中的一位，这种位模式称为子网掩码。

如果一个网络不划分子网，则该网络的子网掩码为如下的默认子网掩码：

（1）A 类地址的默认子网掩码：255.0.0.0；

（2）B 类地址的默认子网掩码：255.255.0.0；

（3）C 类地址的默认子网掩码：255.255.255.0。

子网掩码的最大用途是让 TCP/IP 协议能够快速判断两个 IP 地址是否属于同一个子网。只要将子网掩码和 IP 地址按位（Bit）进行"与"运算，就可以立即得出网络地址来（包括网络号和子网号的地址）。

子网掩码一方面可以用来判断两个 IP 地址是否属同一子网，另一方面也可以用来找出子网的地址。例如，假设有两个 IP 地址 172.16.3.4 和 172.16.4.4 则对应的二进制表示为：

十进制 172.16.3.4　　二进制 10101100.00010000.00000011.00000100
十进制 172.16.4.4　　二进制 10101100.00010000.00000100.00000100

这两个 IP 地址对应的子网掩码：

十进制 255.255.255.0　二进制 11111111.11111111.11111111.00000000

若判断两个 IP 地址是否在同一子网，其操作是将每个 IP 地址与子网掩码进行按位"与"运算，如果所得结果相同，则表示两个 IP 地址在一个子网，否则不在一个子网。

将上例"与"后得：10101100.00010000.00000011.00000000
　　　　　　　　　10101100.00010000.00000100.00000000

这两个不相同，说明不在一个子网内。

四、网关

网关是一种充当转换重任的计算机系统或设备。在使用不同的通信协议、数据格式或语言，甚至体系结构完全不同的两种系统之间，网关是一个翻译器。与网桥只是简单地传达信息不同，网关对收到的信息要重新打包，以适应目的系统的需求。同时，网关也可以提供过滤和安全功能。

众所周知，从一个房间走到另一个房间，必然要经过一扇门。同样，从一个网络向另一个网络发送信息，也必须经过一道"关口"，这道关口就是网关。顾名思义，网关（Gateway）就是一个网络连接到另一个网络的"关口"。网关实质上是一个网络通向其他网络的 IP 地址。

理解了网关，默认网关也就好理解了。就好像一个房间可以有多扇门一样，一台主机可以有多个网关。默认网关的意思是一台主机如果找不到可用的网关，就把数据包发给默认指定的网关，由这个网关来处理数据包。现在主机使用的网关，一般指的是默认网关。

一台计算机的默认网关是不可以随随便便指定的，必须正确地指定，否则一台计算机就会将数据包发给不是网关的计算机，从而无法与其他网络的计算机通信。默认网关的设定有手动设置和自动设置两种方式。具体的设置将在操作步骤中介绍。

五、DNS 服务器

TCP/IP 互联网中，可以使用 IP 地址标示主机，对一般用户而言，IP 地址非常抽象，不是十分直观用户希望利用好读、易记的字符串（域名）来标识主机。因此必须提供一种机制进行域名与 IP 地址之间的映射，这项工作就由 DNS 来完成。

Internet 的域名系统 DNS 被设计成为一个联机分布式数据库系统，在分布式数据库中的每一个数据单元都是按名字进行索引的，并采用客户服务器模式。解析方式可以分为递归解析和反复解析。

（1）域名服务器——服务器

一个服务器软件，运行在指定的主机上，完成域名－IP 地址映射。

一个域名服务器通常保存着它所管辖区域内的域名与 IP 地址对照表。

（2）域名解析器——客户

请求域名解析服务的客户软件。

一个域名解析器可以利用一个或多个域名服务器进行域名解析。

六、TCP/IP 的配置

用户将所需的网络组件都安装到系统中后，还必须对组件进行许多配置。只是安装到系统中并不能启动他们，如 DNS 等服务器功能的启动依赖于与之捆绑在一起的协议、客户端组件的正常工作。

1. 配置前的准备

用户在 Windows 2000 Server 操作系统计算机上配置 TCP/IP 之前，需要知道一些信息，只有在明确了以上的信息后，方可以进行具体的配置工作。需要掌握的具体信息如下：

（1）如果没有 DHCP 服务器连接在网络上，就必须为安装在计算机上的每一块网卡分配 IP 地址和子网掩码。

（2）本地 IP 路由器的 IP 地址。

（3）本计算机是否作为 DHCP 服务器。

（4）本计算机是否是 WINS 代理执行者。

（5）本计算机是否使用 DNS，如果使用的话，必须知道网络上可用的 DNS 服务器的 IP 地址，用户可以选择一个或多个 DNS 服务器。

（6）如果网络上有一个可用的 WINS 服务器，还必须知道它的 IP 地址。

2. 设置 IP 地址

步骤 1：打开本地连接属性对话框

击"网上邻居"图标，在弹出的快捷菜单中选择"属性"，打开"网络和拨号窗口"，右击"本地连接"打开如图 5—67 所示的本地连接属性对话框。

步骤 2：打开常规选项卡

在"本地连接属性对话框"中，选择"Internet 协议"单击"属性"按钮，打开如图 5—68 所示的常规选项卡。

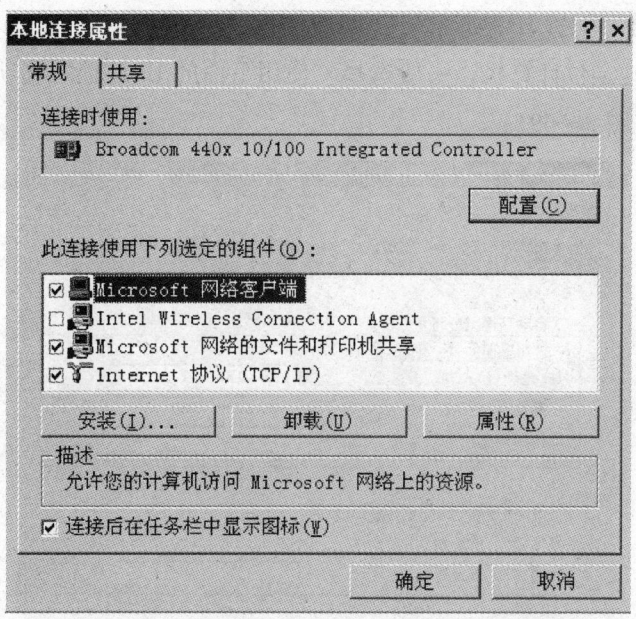

图 5—67 本地连接属性对话框

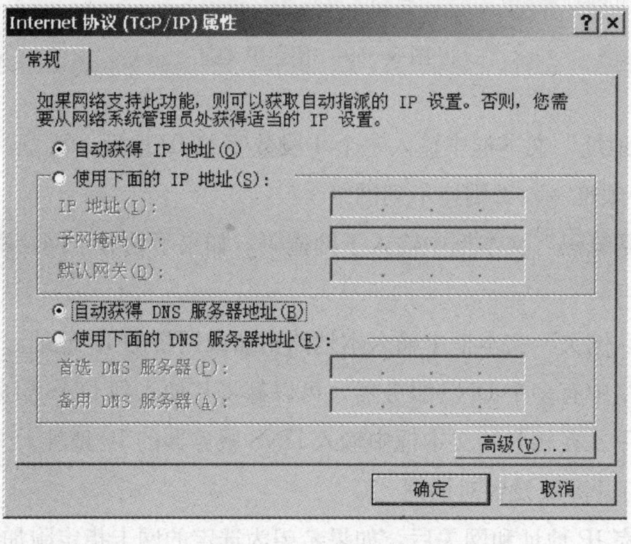

图 5—68 常规选项卡

步骤 3：指定 IP 地址

用户根据本地计算机所在网络的具体情况，决定配置静态 IP 地址或自动获得 IP 地址。若网络中安装了 DHCP 服务器，为了简化管理，可以选择"自动获得 IP 地址"选项，用户无须其他配置，在主机启动后，由 DHCP 服务器为该主机分配 IP 地址、子网掩码、默认网关、DNS 服务器等。

步骤4：静态配置IP地址

为了更好地定位计算机，一般选择"使用下面的IP地址"选项，来静态的配置IP地址（见图5—69）。

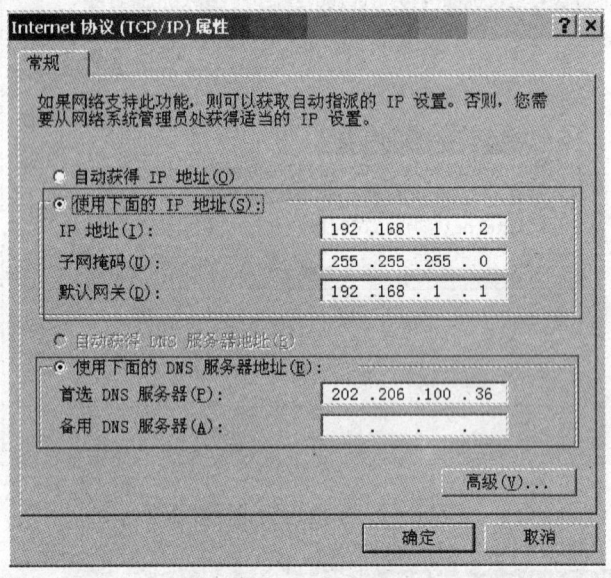

图5—69 指定IP地址

提示：
◆在"IP地址"文本框中输入一个4段数字的IP地址。注意：网络中所有主机的IP地址必须唯一，否则连不到网络。

◆在"子网掩码"文本框中输入子网掩码，如果不划分子网，默认的子网掩码会出现。

◆在"默认网关"文本框中输入本地路由器或网桥的IP地址。

◆如果网络中有多个DNS服务器，可以都将其加入到DNS服务器IP地址中，以方便用户使用。在相应的文本框中输入DNS服务器的IP地址。

步骤5：打开高级设置对话框

手动配置完IP地址和网关后，如果希望为选定的网卡指定附加的.IP地址和子网掩码的话，单击"高级"按钮，打开如图5—70所示的高级设置对话框。

步骤6：添加IP地址

Windows 2000 Server操作系统支持多IP地址，并可以将该服务器配置为路由与远程访问服务器，使该服务器作为路由连接两个不同的网络。如果希望添加新的IP地址，单击"IP地址"区域中的"添加"，打开如图5—71所示的对话框，添加相应的IP地址和子网掩码。用户最多可以添加五个IP地址。

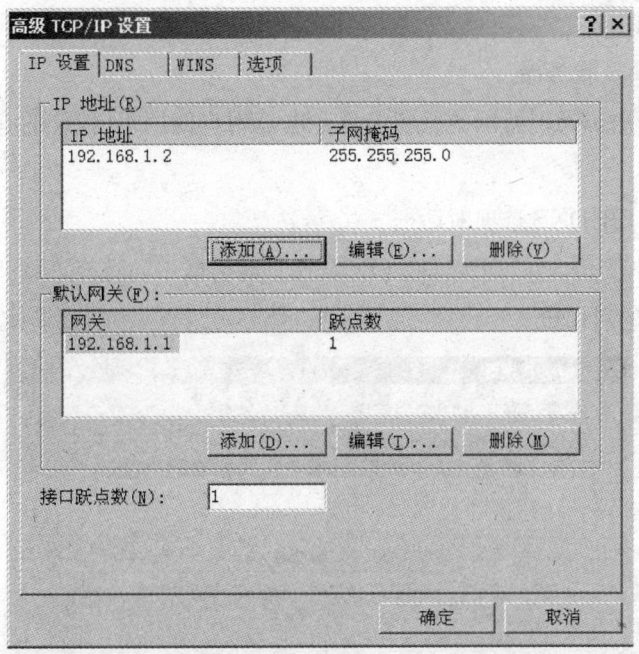

图 5—70　高级 TCP/IP 设置

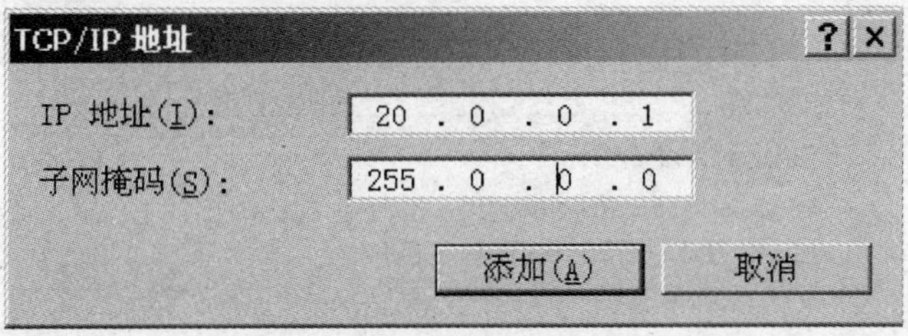

图 5—71　添加 IP 地址对话框

步骤 7：添加默认网关

同样用户可以添加新的默认网关，添加默认网关界面如图 5—72 所示。

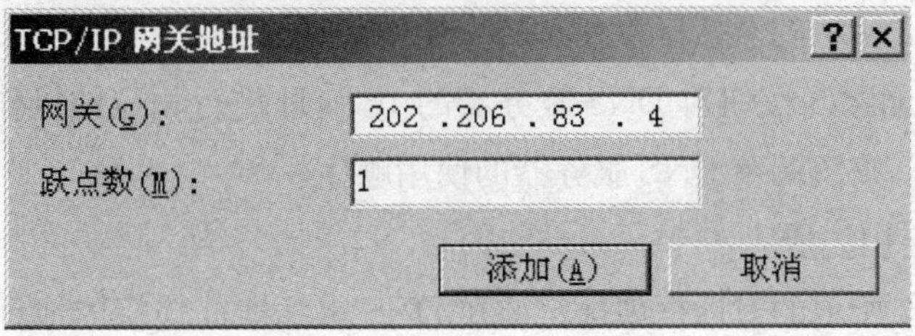

图 5—72　添加默认网关

提示：除了可以添加 IP 地址和默认网关之外，还可以对现有的 IP 地址和默认网关进行编辑。在图 5—70 所示的对话框中，选中需要编辑的 IP 地址或网关，单击"编辑"按钮即可。

3. 设置 DNS 服务器

DNS 是用户访问因特网的有利工具，也是用户使用 IP 地址的有效途径。配置步骤如下：

步骤 1：打开 DNS 选项对话框

在图 5—70 所示的"高级 TCP/IP 设置"对话框中，选择"DNS"选项打开如图 5—73 所示的对话框。

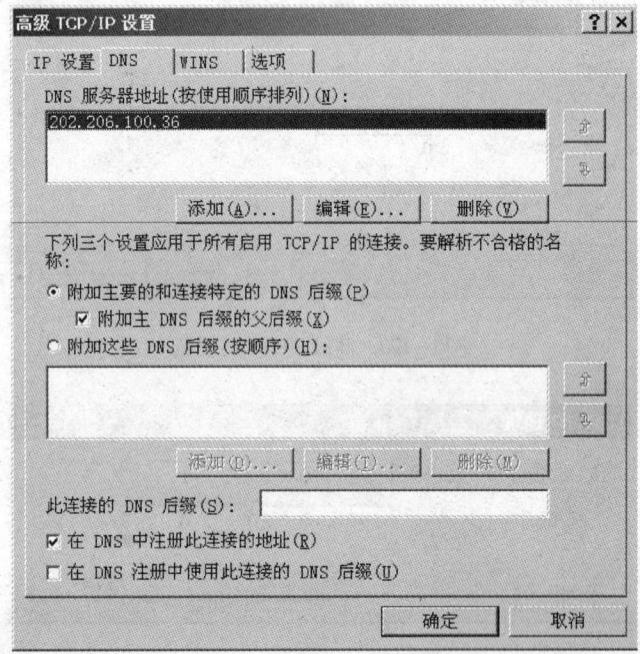

图 5—73 设置 DNS 选项

步骤 2：设置 DNS 服务器

在图 5—73 所示的对话框中现有的 DNS 服务器的 IP 地址，用户可以通过"添加""编辑""删除"按钮对 DNS 服务器的 IP 地址进行相应的操作。也可以通过"向上""向下"按钮调整 DNS 服务器的使用顺序。

步骤 3：启用注册

在图 5—63 所示的对话框中选定"在 DNS 中注册此连接的地址""在 DNS 中注册此连接的 DNS 后缀"便可以将此连接的地址和域名在 DNS 服务器中注册。

4. TCP/IP 选项设置

打开 TCP/IP 选项设置对话框。在图 5—70 所示的"高级 TCP/IP 设置"对话框中，选择"选项"，选项打开如图 5—74 所示的对话框。

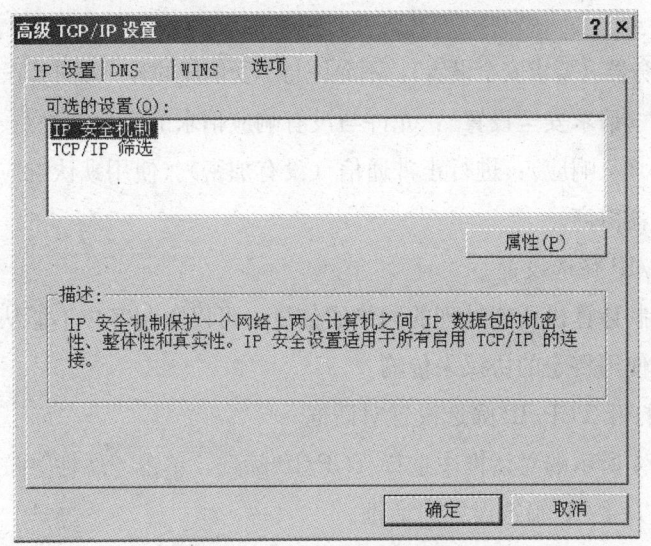

图 5—74　选项设置对话框

(1) IP 安全设置

IP 安全设置主要为网络通信设置某种安全策略。通过安全设置可以保证网络客户在网络上的安全通信。

步骤1：打开安全设置对话框

在图 5—64 所示的对话框中选择 IP 安全机制，单击"属性"按钮可打开如图 5—75 所示的安全设置对话框。

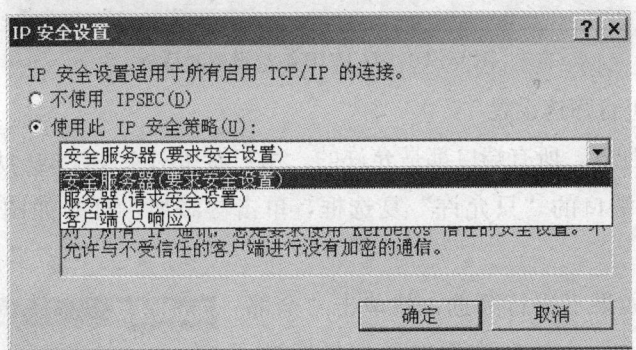

图 5—75　IP 安全设置对话框

步骤2：进行安全设置

如果不想启用安全策略在图 5—75 所示的界面中选择"不使用 IPSPC"单选按钮。否则选择另外的单选按钮，然后在下面的安全策略下拉列表框中选择一种系统提供的安全策略。

提示：

◆安全服务器（要求安全设置）：不允许与不受信任的客户端进行没有加密的通信。

◆服务器（请求安全设置）：允许与没有响应请求的客户端进行不加密的通信。

◆客户端（只响应）：进行正常通信（没有加密）。使用默认响应规则与请求安全设置的服务器协商。

(2) TCP/IP 筛选设置

让用户限制计算机所能处理的网络通信量。可以限制客户不能从特定的端口传输数据，只能使用特定的协议来传输。

步骤1：打开 TCP/IP 筛选设置对话框

在图 5—74 所示的对话框中选择 TCP/IP 筛选，单击"属性"按钮可打开如图 5—76 所示的 TCP/IP 筛选设置对话框。

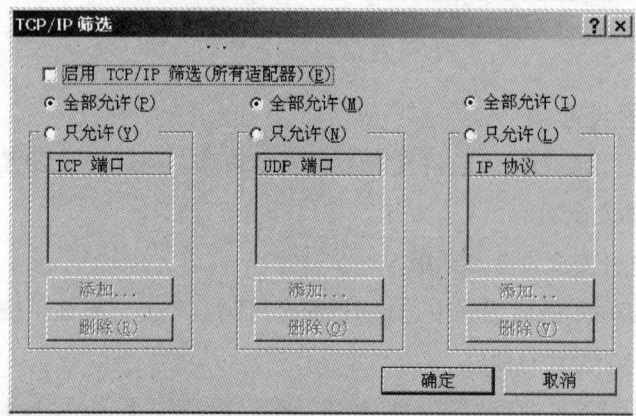

图 5—76 TCP/IP 筛选设置对话框

步骤2：进行筛选设置

对于初始配置，所有端口都是允许的。用户希望对某些端的信息量进行控制，则选中某一种端口的"只允许"复选框，单击"添加"打开如图 5—77 所示对话框。

步骤3：如果不进行筛选，就单击"全部允许"单选按钮，允许所有端口通信量通过。"确定"后，设置完毕，如图 5—78 所示。

提示：在图 5—76 所示的对话框中，如果服务器有多个网卡，则选择"启用 TCP/IP 筛选（所有适配器）"复选框。这样所设置的筛选功能才能应用到所有网卡。

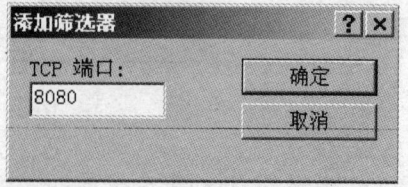

图 5—77 添加允许通过的端口

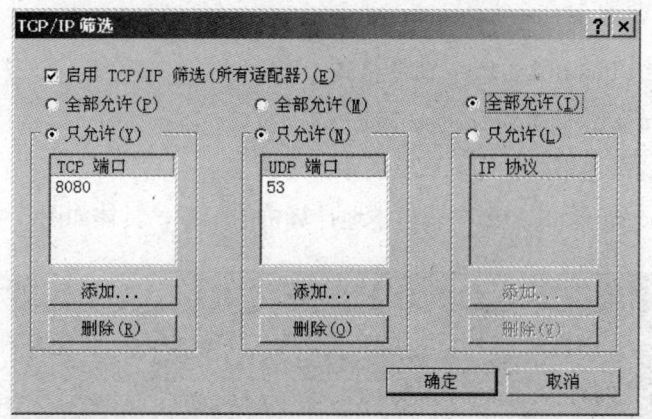

图 5—78 TCP/IP 筛选启用

七、测试网络

1. 测试命令

可以利用很多网络命令来查看、测试网络的情况，比较常用的有：

（1）Ipconfig

该命令可以用于获得主机配置信息，包括 IP 地址、子网掩码和默认网关。用来检验人工配置的 TCP/IP 设置是否正确。

（2）Ping

该命令是常用的网络测试命令，是各种网络操作系统中都含有的一个专用于 TCP/IP 协议的探测工具。网络管理员可以使用该命令查看所测试的网络设备是否可达。

（3）Tracert

该命令是路由跟踪实用程序，用于确定 IP 数据报访问目标所采取的路径。

（4）Netstat

该命令用于显示与 IP、TCP、UDP 和 ICMP 协议相关的统计数据，一般用于检验本机各端口的网络连接情况。

（5）NBTSTAT

该命令用于查看当前基于 NRTBIOS 的 TCP/IP 连接状态，通过该工具你可以获得远程或本地机器的组名和机器名。

要发现和解决 TCP/IP 网络问题时，首先需要检查出现问题的计算机上的 TCP/IP 配置。ipconfig 命令可以用于获得主机配置信息，包括 IP 地址、子网掩码和默认网关。用来检验人工配置的 TCP/IP 设置是否正确。

2. 测试命令格式

这里仅介绍 Ipconfig、Ping 命令格式。

(1) Ipconfig

Ipconfig 的命令格式如图 5—79 所示。

可以用 Ipconfig/all 命令来获得本地计算机的配置，具体如图 5—80 所示。

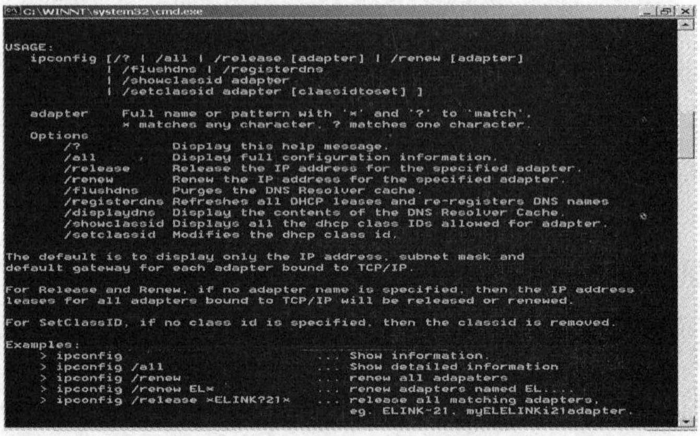

图 5—79　Ipconfig 命令的格式

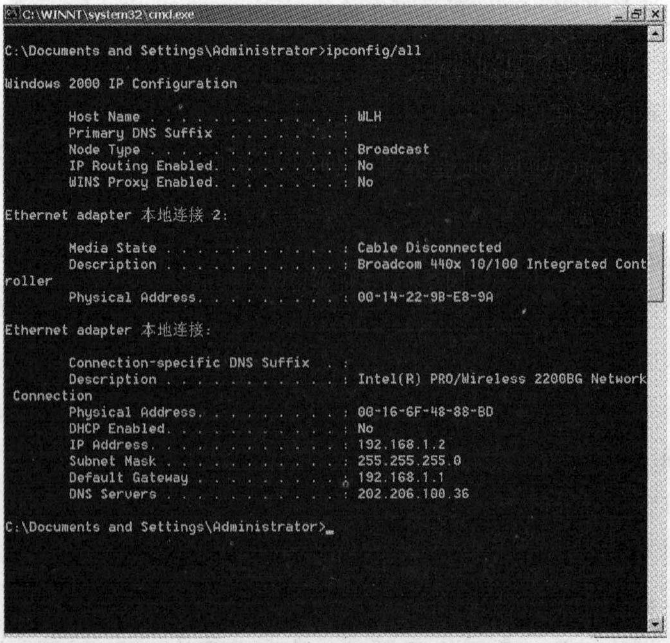

图 5—80　Ipconfig/all 命令

(2) Ping

如果基本的网络配置没有问题，就可以用 Ping 命令试连通性。

Ping 用于确定本地主机是否能与另一台主机交换（发送与接收）数据包。根据返回的信息，就可以推断 TCP/IP 参数是否设置得正确以及运行是否正常。需要注意的是：成功地与另一台主机进行一次或两次数据报交换并不表示 TCP/IP 配置就是正确的，必须执行大量的本地主机与远程主机的数据报交换，才能确信 TCP/IP 的正确性。

Windows 系统中 Ping 命令的格式如图 5—81 所示。

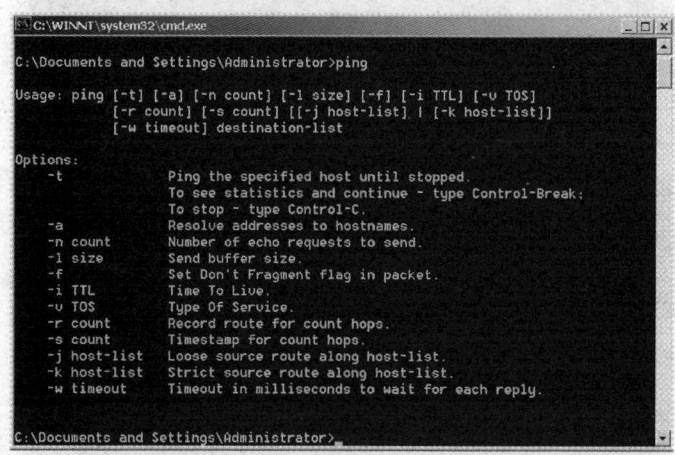

图 5—81　Ping 命令的格式

1) 通过 Ping 检测网络故障的典型次序如下：

①Ping 环回地址。验证是否在本地计算机上安装 TCP/IP 以及配置是否正确。

这个 Ping 命令被送到本地计算机的 IP 软件，该命令永不退出该计算机。如果没有做到这一点，就表示 TCP/IP 的安装或运行存在某些最基本的问题。如果设置正确应该如图 5—82 所示。

②Ping 本机 IP（192.168.1.2）。这个 IP 地址的计算机始终都应该对该 Ping 命令作出应答，如果没有，则表示本地配置或安装存在问题。出现此问题时，局域网用户请断开网络电缆，然后重新发送该命令。如果网线断开后本命令正确，则表示另一台计算机可能配置了相同的 IP 地址。若配置正确应如图 5—83 所示。

③Ping 局域网内其他 IP。这个命令从这台计算机送出并经过网卡及网络电缆到达其他计算机，再返回。收到回送应答表明本地网络中的网卡和载体运行正确。

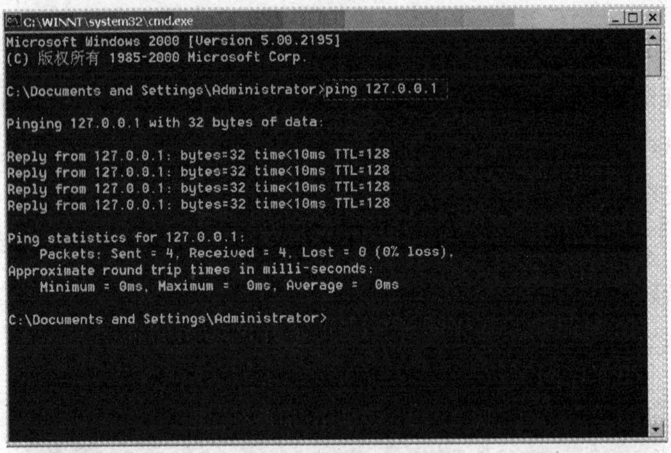

图 5—82　Ping 回环地址

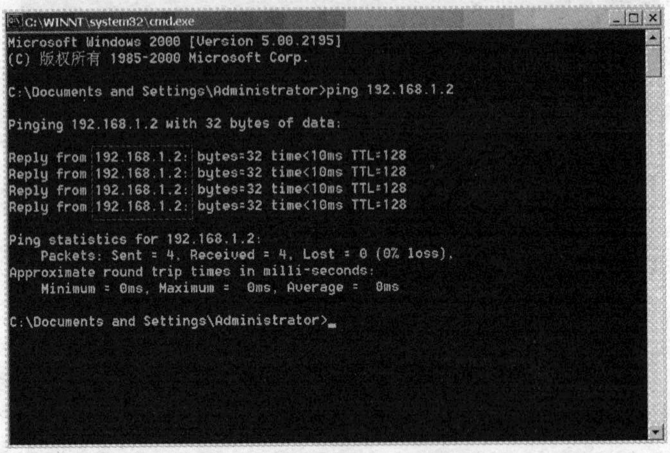

图 5—83　Ping 本机 IP 地址

但如果收到 0 个回送应答，那么表示子网掩码（进行子网分割时，将 IP 地址的网络部分与主机部分分开的代码）不正确或网卡配置错误或电缆系统有问题。若配置不正确如图 5—84 所示。

④Ping 网关 IP（192.168.1.1）。这个命令如果应答正确，表示局域网中的网关路由器正在运行并能够作出应答，若配置正确应如图 5—85 所示。

⑤Ping 远程 IP（202.206.100.36）。如果收到 4 个应答，表示成功的使用了缺省网关。对于拨号上网用户则表示能够成功的访问 Internet（但不排除 ISP 的 DNS 会有问题）。如果配置正确应如图 5—86 所示。

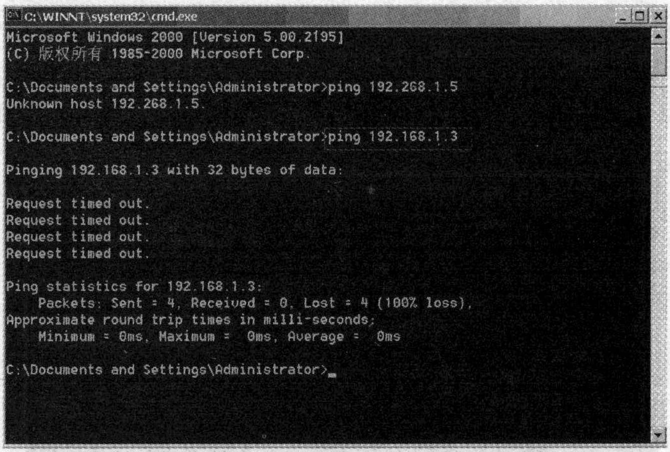

图 5—84　Ping 局域网内其他 IP 地址

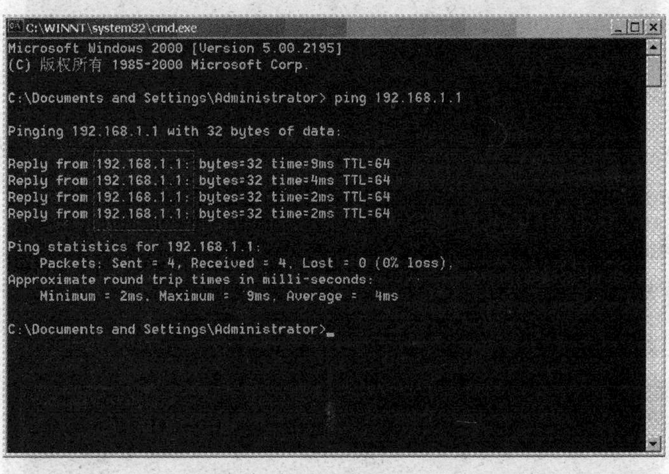

图 5—85　Ping 网关 IP 地址

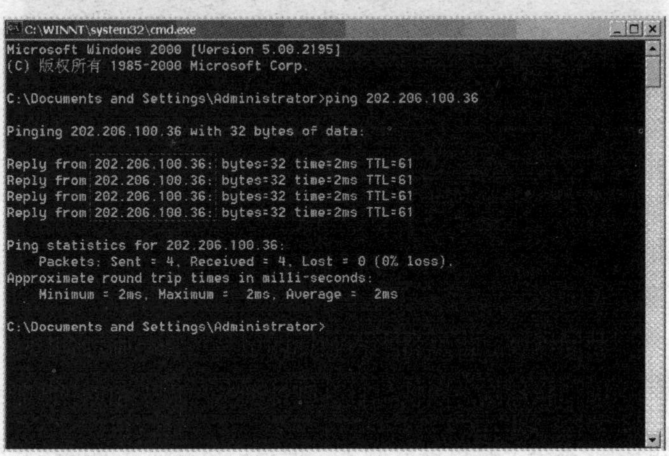

图 5—86　Ping 远程 IP 地址

⑥Ping localhost。localhost 是操作系统的网络保留名，它是 127.0.0.1 的别名，每台计算机都应该能够将该名字转换成该地址。如果没有做到这一点，则表示主机文件（/Windows/host）中存在问题。若配置正确应如图 5—87 所示。

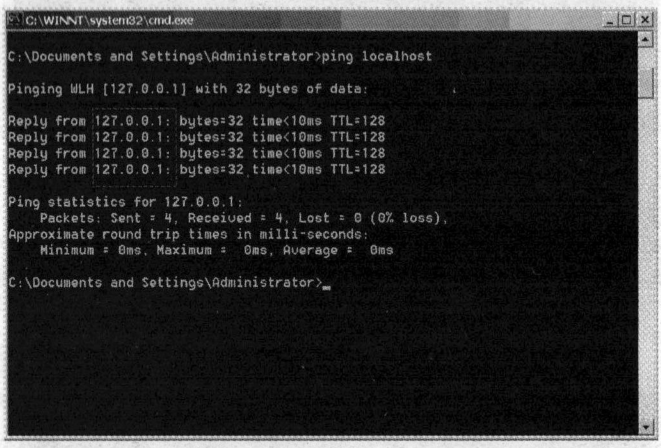

图 5—87　Ping localhost

⑦Ping www.xxx.com（如 www.sina.com 新浪网）。对这个域名执行 Ping www.xxx.com 地址，通常是通过 DNS 服务器，如果这里出现故障，则表示 DNS 服务器的 IP 地址配置不正确或 DNS 服务器有故障（对于拨号上网用户，某些 ISP 已经不需要设置 DNS 服务器了）。另外也可以利用该命令实现域名对 IP 地址的转换功能。若配置正确应如图 5—88 所示。

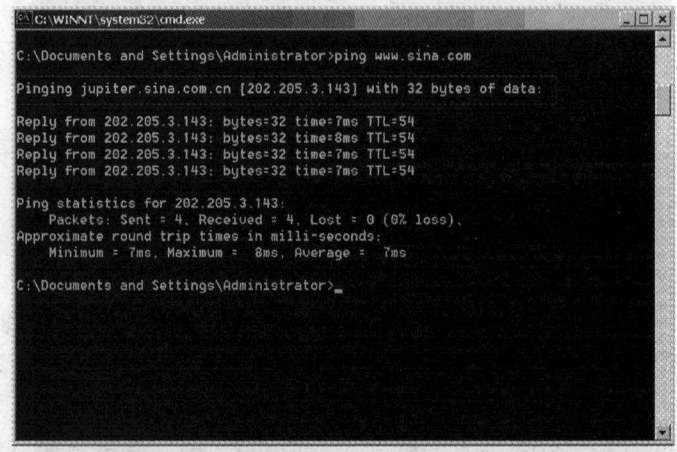

图 5—88　Ping 其他域名

如果上面所列出的所有 Ping 命令都能正常运行，那么对自己的计算机进行本地和远程通信的功能基本上就可以放心了。但是，这些命令的成功并不表示所有的网络配置都没有问题，例如，某些子网掩码错误就可能无法用这些方法检测到。

提示：通过以上操作可以了解到，按照缺省设置，Windows 上运行的 Ping 命令发送 4 个 ICMP（网间控制报文协议）回送请求，每个 32 字节数据，如果一切正常，应能得到 4 个回送应答。Ping 能够以毫秒为单位显示发送回送请求到返回回送应答之间的时间量。如果应答时间短，表示数据报不必通过太多的路由器或网络连接速度比较快。

2) Ping 命令的常用参数选项

①Ping IP‐t：连续对 IP 地址执行 Ping 命令，直到被用户以 Ctrl＋C 中断（见图 5—89）。

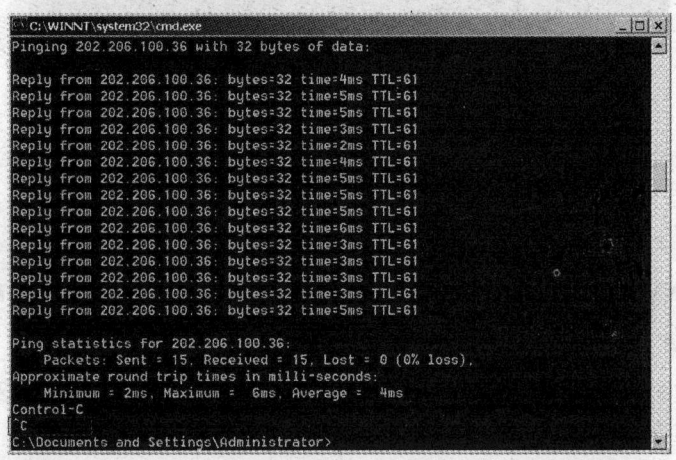

图 5—89　Ping IP‐t

②Ping IP‐l 3000：指定 Ping 命令中的数据长度为 3 000 字节，而不是缺省的 32 字节。如图 5—90 所示。

③Ping IP‐n：执行特定次数的 Ping 命令（见图 5—91）。

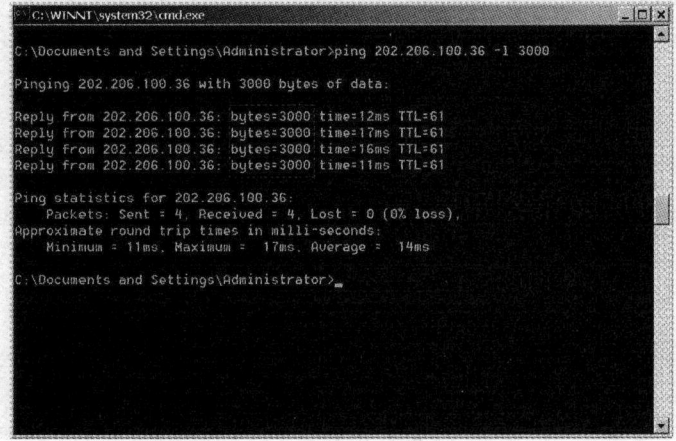

图 5—90　Ping IP‐l 参数的使用

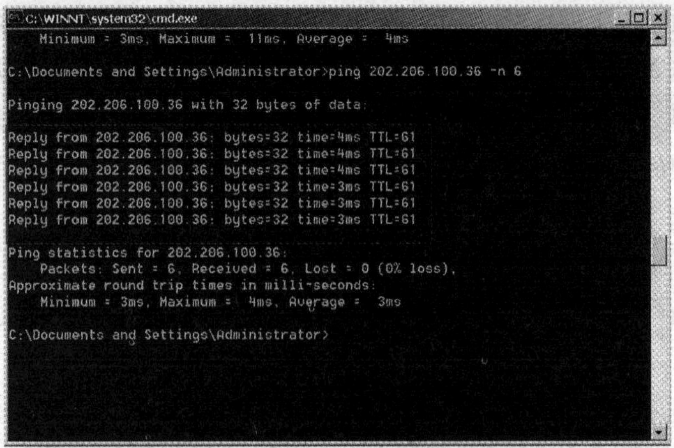

图 5—91　Ping IP - n 参数的使用

本章思考题

1. 在同一 WWW 服务器上能否建立多个 WEB 站点？若能建立，在配置时有哪些注意事项？
2. WWW 虚拟目录的执行和脚本权限的含义各是什么？其使用有何区别？
3. 安装操作系统前的规划工作？
4. 如何测试网络？
5. 安装驱动程序有哪些需要注意的地方？

第 6 章 数据备份与恢复

本章主要介绍了用户数据的备份、数据备份工具的使用、数据存储方法、备份数据的调用、文件备份的方法、文件的还原方法、操作系统的备份等操作技能知识。

6.1 数据的备份与还原

 学习目标

➢ 了解 Outlook 的基本使用方法
➢ 能够备份及恢复 Outlook 中的邮件
➢ 能够备份与恢复通讯簿中的数据

这里仅叙述备份与恢复 Outlook 中的邮件、账户、通讯簿数据。Outlook Express 不是电子邮箱的提供者,它是 Windows 操作系统的一个收、发、写、管理电子邮件的自带软件,即收、发、写、管理电子邮件的工具。

通常在某个网站注册了自己的电子邮箱后,要收发电子邮件,须登录该网站,进入电邮网页,输入账户名和密码,然后进行电子邮件的收、发、写操作。

使用 Outlook Express 后,这些顺序便一步跳过。只要你打开 Outlook Express

界面，Outlook Express 程序便自动与你注册的网站电子邮箱服务器联机工作，收下你的电子邮件。发信时，可以使用 Outlook Express 创建新邮件，通过网站服务器联机发送（所有电子邮件可以脱机阅览）。另外，Outlook Express 在接收电子邮件时，会自动把发信人的电邮地址存入"通讯簿"，供你以后调用。还有，当你单击网页中的电邮超链接时（如网上的《联系》按钮），会自动弹出写邮件界面，该新邮件已自动设置好了对方（收信人）的电邮地址和你的电邮地址，你只要写上内容，单击"发送"按钮即可。

一、Outlook 的基本使用

1. Outlook 中邮件的使用

（1）撰写电子邮件

在工具栏上，单击"新邮件"按钮，出现如图 6—1 所示窗口。在出现的窗口"收件人"一栏填写收件人的电子邮件地址。在"主题"框中，键入邮件的标题。如果一封邮件需要同时传给几个人，可以在"抄送"栏中添上其他的收件人的邮件地址，每个地址之间用逗号（,）或者分号（;）隔开。正文框中键入邮件具体内容。

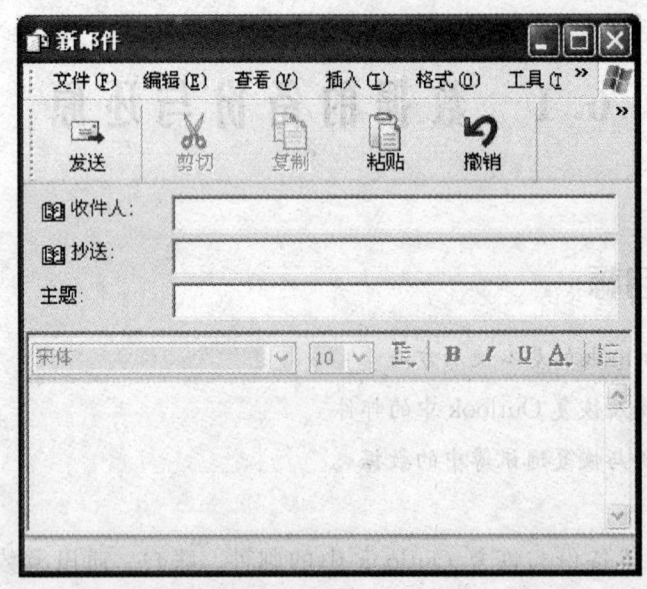

图 6—1　新邮件窗口

如果有图片、预先写好的文件发给别人，可单击"插入"菜单中的"文件附加"，出现如图 6—2 所示窗口。选择要附加的文件后，按"附加"按钮便可在"新邮件"视窗的下部看到附加文件的名称和大小了，按上面要求，完成一篇邮件（见图 6—3）。

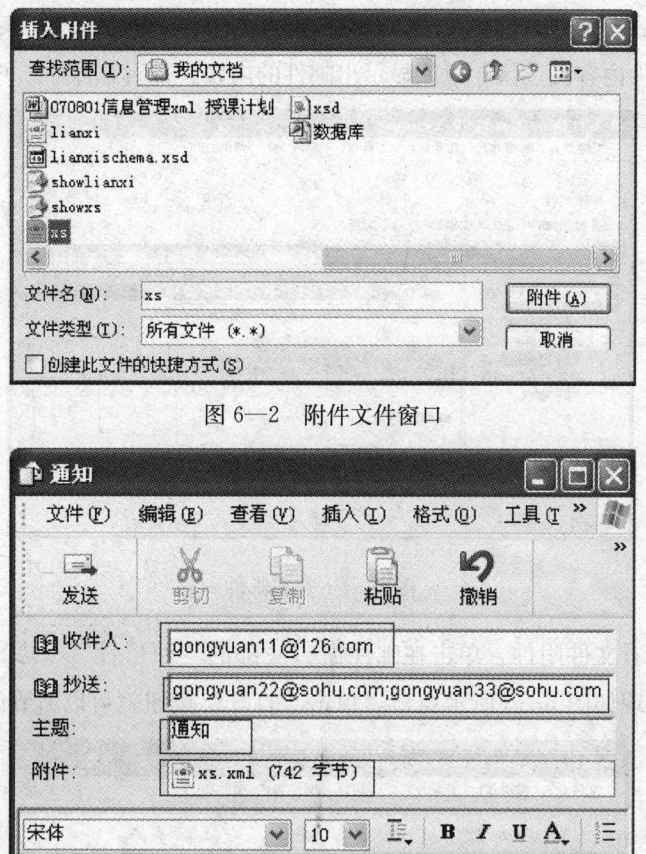

图6—2　附件文件窗口

图6—3　完整的新邮件

如果正在脱机撰写邮件,可以单击"文件"菜单中的"以后发送",将邮件保存在"发件箱"中。

(2) 接收和发送电子邮件

对于新邮件,直接单击6—3图中工具栏上的"发送"按钮,如果是保存下来的邮件,就要单击工具栏上的"发送和接收"按钮。在你拥有几个信箱时,若选择的是"所有账号",Outlook Express将对你的所有账号进行发送和接收;若选择的只是一个账号,Outlook Express就只对该账号进行操作。

(3) 阅读电子邮件

在Outlook Express下载完邮件或你单击工具栏上的"发送和接收"按钮之后,

单击文件夹列表中的"收件箱"图标,打开邮件列表,单击想阅读的邮件,在右面一栏下部的"邮件内容阅读区"里就显示出邮件的内容。查看邮件如图6—4所示。

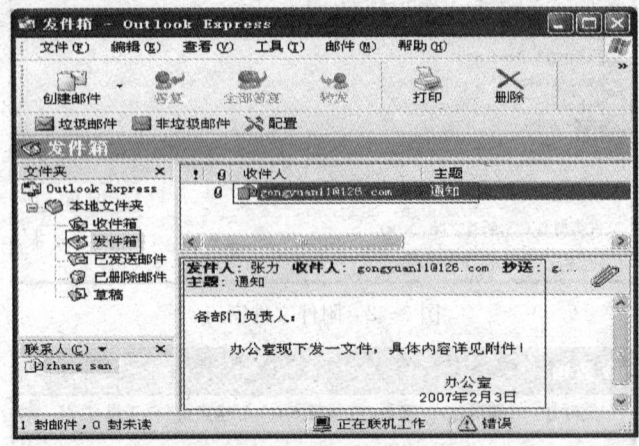

图6—4 查看邮件

如果想查看文件附件,单击在邮件窗口底部的"回形针"(见图6—5),选择附件名字,出现如图6—6所示窗口,单击"打开"按钮就可以看到附件中的内容。

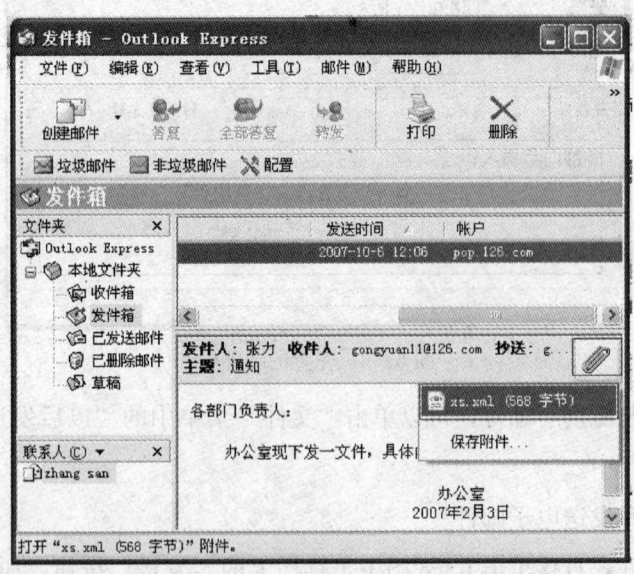

图6—5 选择附件文件

如果要保存文件附件,请单击"文件"菜单,选择"保存附件",出现图6—7,单击"浏览"按钮,选择保存位置和保存的文件命,然后单击"保存"按钮。

(4) 转发电子邮件

打开或选择要转发的邮件,单击工具栏上的"转发"按钮(见图6—8)。

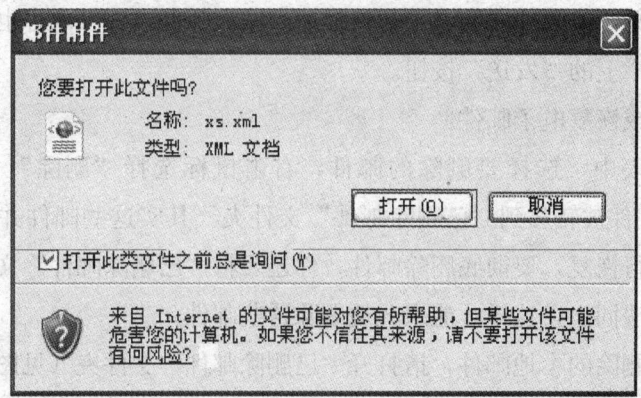

图6—6 打开附件

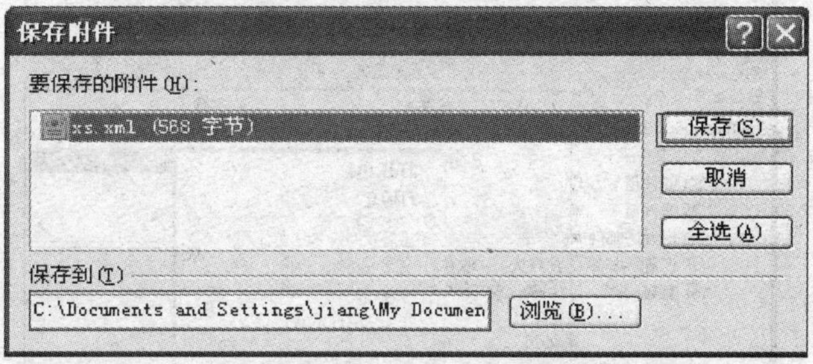

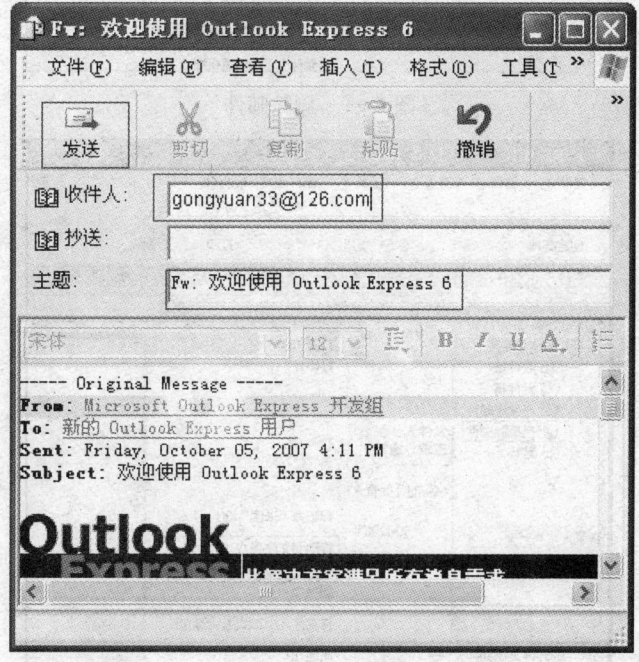

图6—7 保存附件

图6—8 转发邮件

然后键入每一位收件人的电子邮件地址,输入邮件内容(内容也可以不输入),然后单击工具栏上的"发送"按钮。

(5)删除或恢复电子邮件

在邮件列表中,选择要删除的邮件,右击鼠标选择"删除"子菜单(见图6—9),这样邮件被转移到"已删除邮件"文件夹。其实这些邮件并没有被真正删除,还可以进行恢复,要彻底删除邮件,你还要将"已删除邮件"文件夹里的邮件再次删除,方法同上,这样才能永久地删除这些邮件。

要恢复已删除的本地邮件,请打开"已删除邮件"文件夹(见图6—10)。

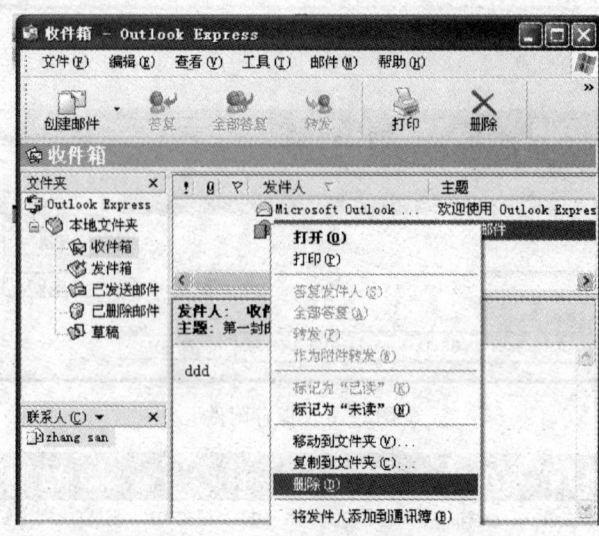

图6—9　删除邮件

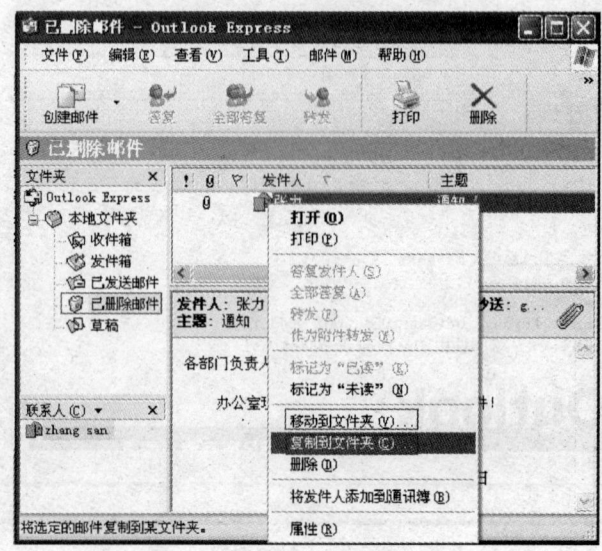

图6—10　移动或复制文件夹

右击邮件选择"复制到文件夹"或"复制文件夹"选项,出现如图 6—11 所示窗口,选择邮件要存放的文件夹内,然后按"确定"按钮。

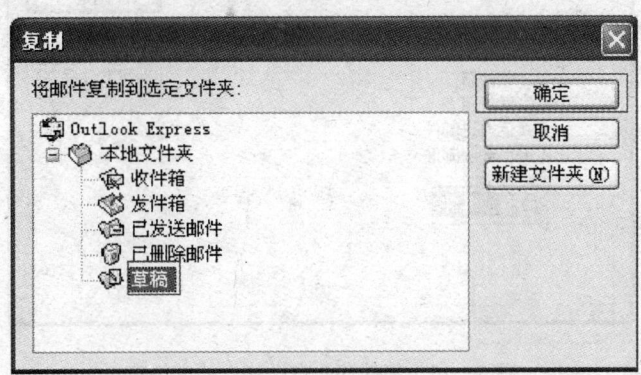

图 6—11 恢复邮件

如果想存放在自己建的文件夹,可以按"新建文件夹"按钮,输入新文件夹的名字(见图 6—12),然后选中新的文件夹,就可以把邮件存在刚刚建好的文件夹里面(见图 6—13)。

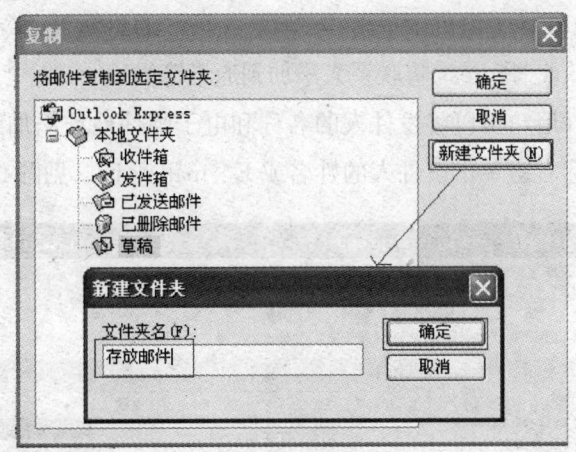

图 6—12 新建文件夹

(6) 将电子邮件移动或复制到其他文件夹

在邮件列表窗口中,用鼠标右键单击邮件,选择"移动到文件夹"或者"复制到文件夹",然后选择目标文件夹,单击"确定"按钮就可以了。

2. Outlook 中建立账户

在使用 Outlook Express 前,先要对它进行设置,即 Outlook Express 账户设置,如没有设置过,自然不能使用。设置的内容是用户注册的网站电子邮箱服务器及用户的账户名和密码等信息。

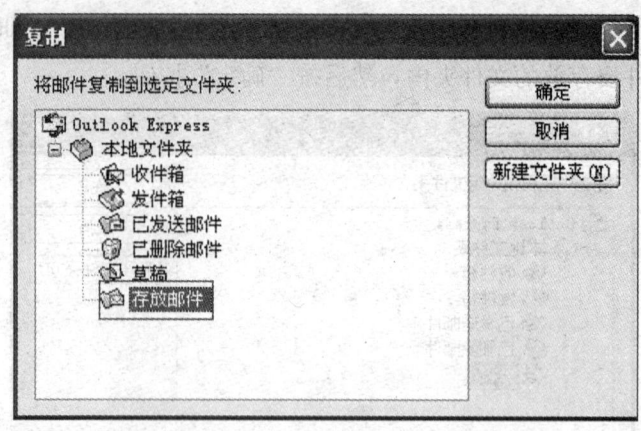

图 6—13　邮件存入自己建立的文件夹

3. Outlook 中通讯簿的使用

Outlook 为了方便使用者，允许设立多个通讯簿，可以在很多地方打开通讯簿，而且可随时进行添加、修改等操作。

提示：只有在 Outlook Express 主面板中打开的通讯簿才拥有最强大的功能，即在 Outlook Express 主窗口中单击"工具"——"通讯簿"命令。

（1）从 Outlook Express 将联系人添加到通讯簿中

收到电子邮件后，可以将发件人的名称和电子邮件地址添加到你的通讯簿中。打开邮件，用鼠标右键单击发件人的姓名或 E‑mail 地址（见图 6—14）。

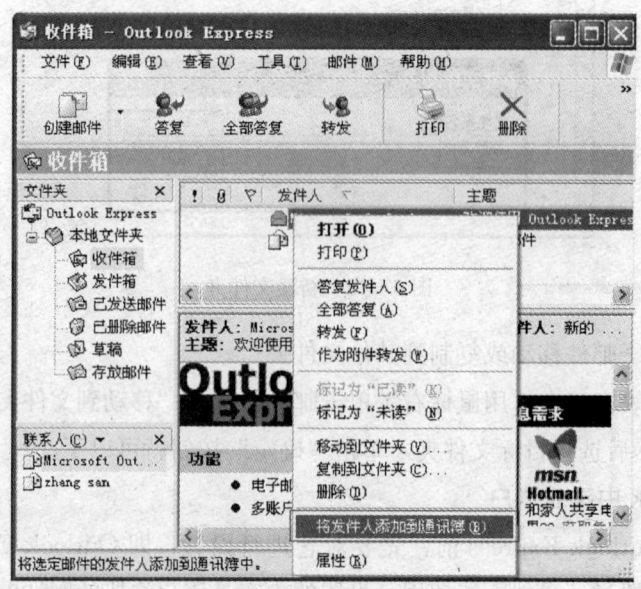

图 6—14　添加联系人

然后单击"添加到通讯簿"。也可以设置 Outlook Express，将回复其邮件的收件人自动添加到你的通讯簿中。在 Outlook Express 中，单击"工具"菜单上的"选项"，在"发送"项卡上，单击"自动将回复邮件时的目标用户添加到通讯簿"即可（见图6—15）。

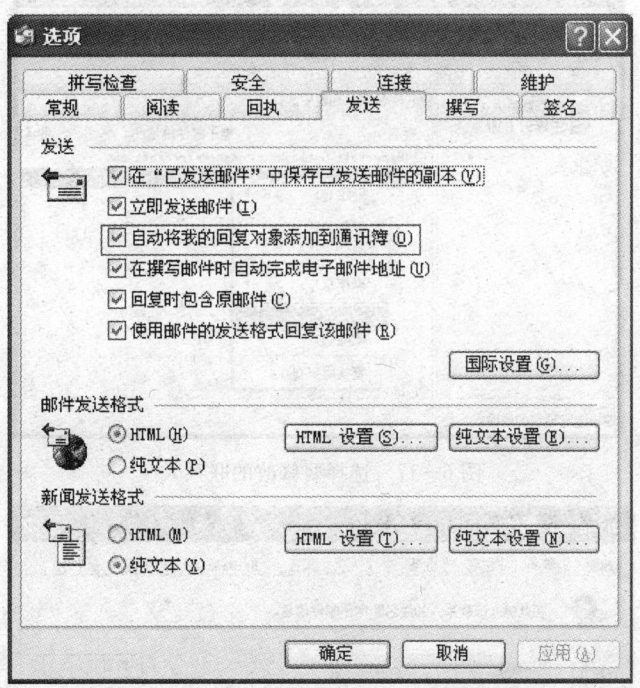

图6—15　自动添加联系人

（2）修改通讯簿

在 Outlook Express 的"工具"菜单中单击"通讯簿"命令，出现图6—16。

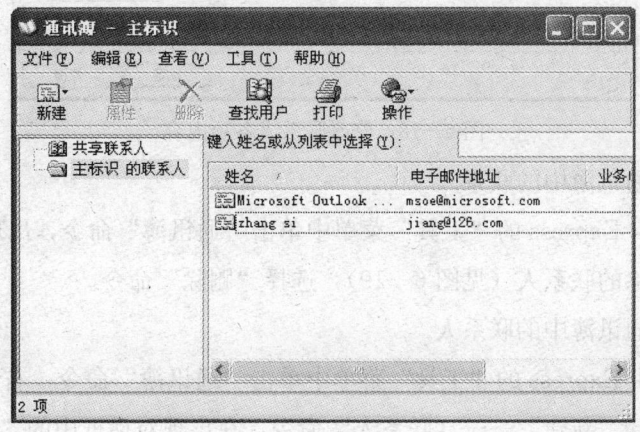

图6—16　通讯簿对话框

右键单击要修改的联系人（见图6—17），选择"属性"命令，出现如图6—18所示窗口。

单击"姓名""住宅"等标签修改里面的内容，然后选择"确定"按钮即可。

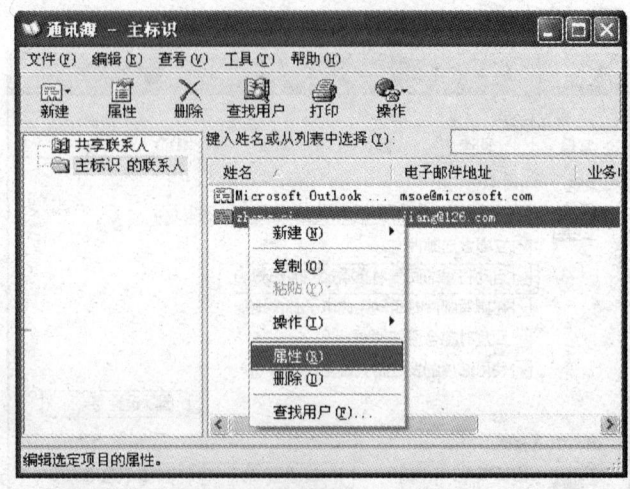

图6—17 选择要修改的联系人

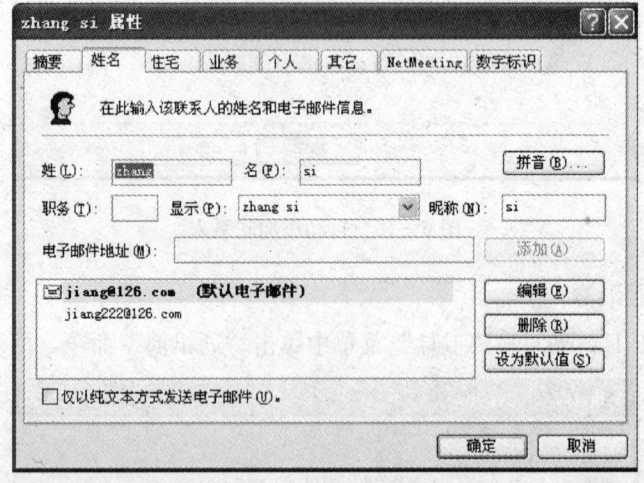

图6—18 修改联系人各项内容

(3) 删除通讯簿中的联系人

在Outlook Express的"工具"菜单中单击"通讯簿"命令，出现上图6—16，右键单击要删除的联系人（见图6—19），选择"删除"命令。

(4) 添加通讯簿中的联系人

在Outlook Express的"工具"菜单中单击"通讯簿"命令，右键单击任意一个联系人，选择"新建"——"联系人"命令，在出现对话框中的"姓名""住宅"等标签中输入相应内容，然后按"确定"按钮就可以了。

第6章 数据备份与恢复

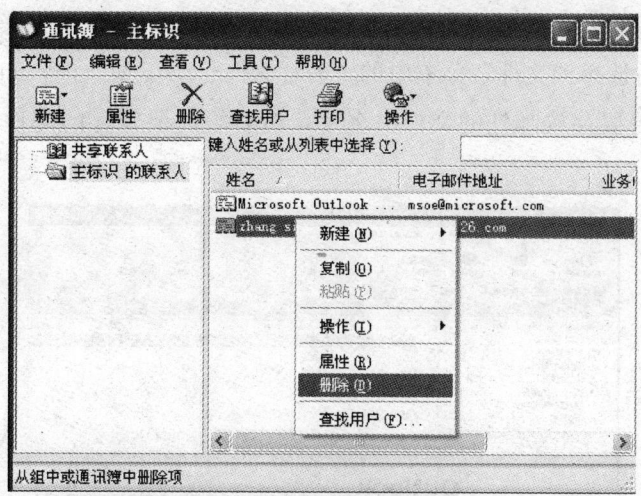

图 6—19 删除联系人

二、备份及恢复 Outlook 中的邮件

1. 备份 Outlook 中的邮件

Outlook Express（OE）是众多人的最爱，它帮用户收发了很多的邮件，也申请了许多的账户。可是一旦出现系统崩溃，你的邮件和账户将随着你的机器的重装而自动删除，可能会给用户带来很大的损失和麻烦，所以随时要对邮件进行备份。

在备份邮件之前，首先应将不需保存的邮件删除掉，然后再按下面的步骤进行备份。

（1）启动 Outlook Express，单击"开始"→"程序"→"Outlook Express"，进入如图 6—20 所示界面。

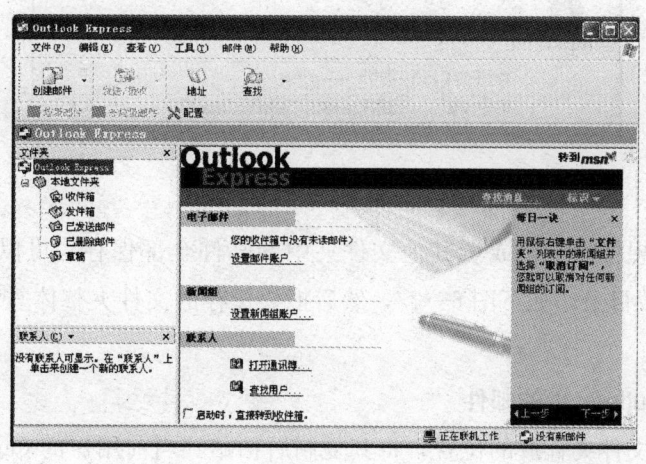

图 6—20 启动 Outlook Express 界面

(2) 单击左侧本地文件夹下的某个文件夹,再选择右侧该文件夹中的邮件,如图 6—21,然后选择"文件"菜单中的"另存为"子菜单项,进入如图 6—22 所示界面,首先选择要存放邮件的文件夹名字,然后填写要保存的邮件名字,按"保存"按钮即可。

图 6—21　选择要备份的邮件

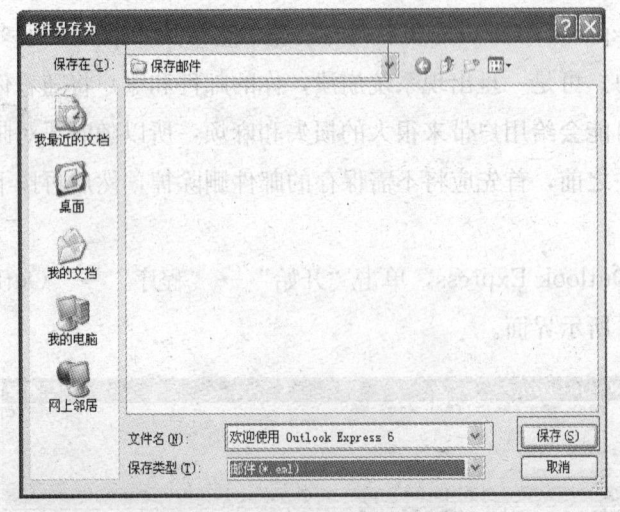

图 6—22　保存邮件对话框

(3) 如果想将收件箱或者其他文件夹中的邮件全部保存,可以找到 Outlook Express 的存放目录,如下图 6—23,然后把要保存的文件夹整体复制到要保存的目录下就可以。

2. 恢复 Outlook 中的邮件

找到备份文件夹存放的位置,将其复制后粘贴到当前用户的 Outlook Express 之所在,然后覆盖就行了。

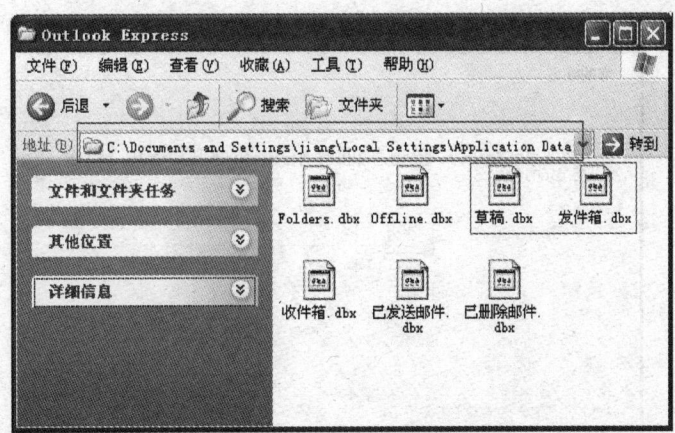

图 6—23 保存多个文件对话框

三、设立账户

(1) 启动 Outlook Express，单击"开始"→"程序"→"Outlook Express"启动之后，选择"工具"菜单中的"账户"子菜单，出现如图 6—24 所示界面。

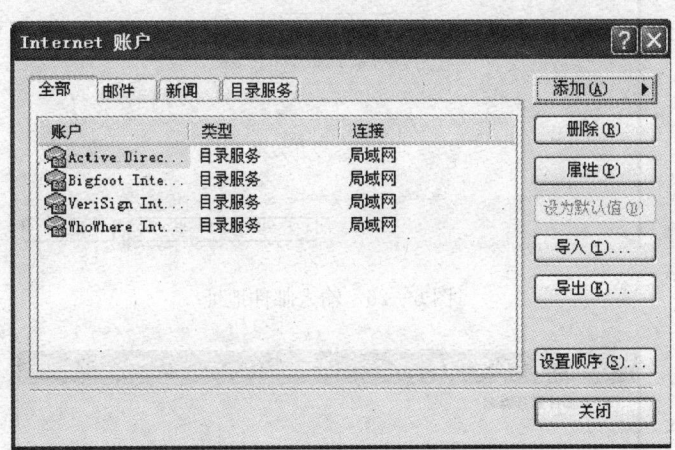

图 6—24 Internet 账户对话框

(2) 选择"邮件"标签，单击"添加"→"邮件"，进入图 6—25 界面，输入"显示名"，然后单击"下一步"。

(3) 输入电子邮件地址，然后单击"下一步"（见图 6—26）。

(4) 输入邮箱服务器地址：pop：pop.126.com；smtp：smtp.126.com，再单击"下一步"（见图 6—27）。

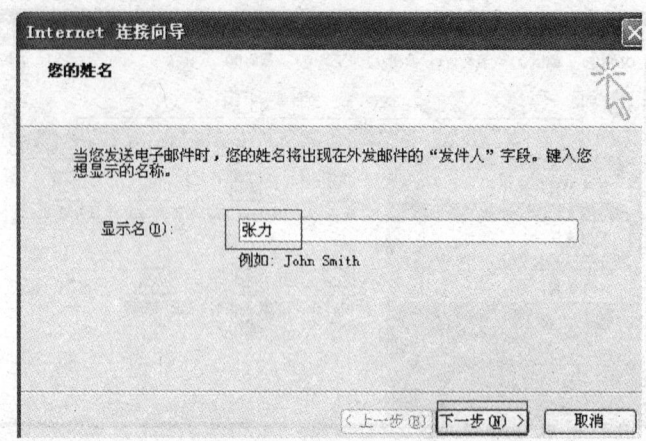

图 6—25　输入用户名对话框

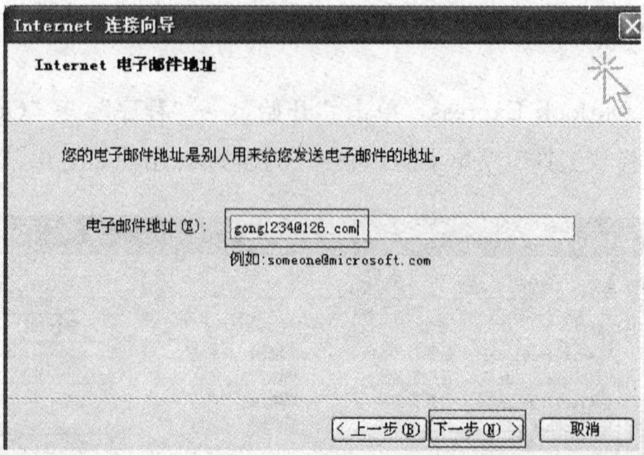

图 6—26　输入邮件地址

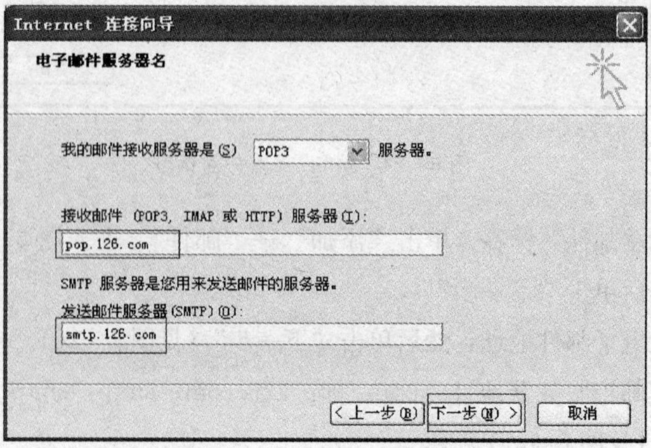

图 6—27　输入服务器地址

(5) 输入账号及密码（此账号为登录此邮箱时用的账号，仅输入@前面的部分），再单击"下一步"（见图6—28）。

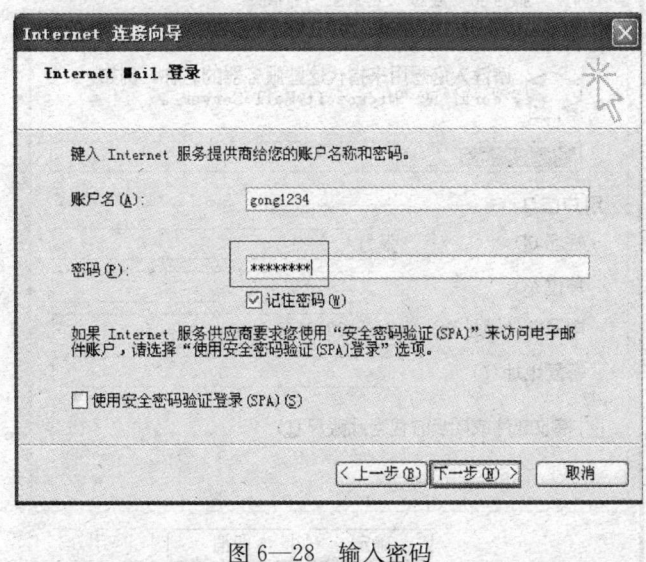

图6—28 输入密码

(6) 单击"完成"按钮保存设置（见图6—29）。

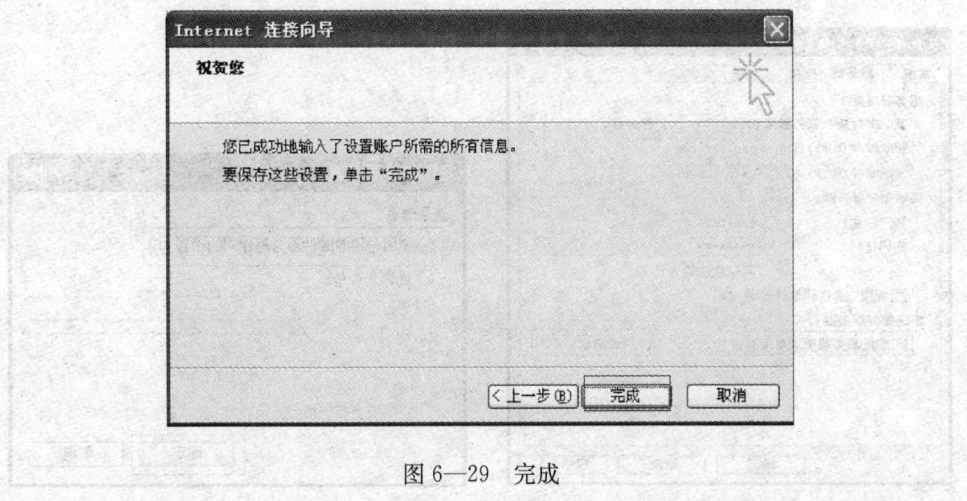

图6—29 完成

(7) 设置SMTP服务器身份验证：在"邮件"标签中，双击刚才添加的账号，弹出此账号的属性框（见图6—30）。

(8) 请单击"服务器"标签，如图6—31，然后在"发送邮件服务器"处，选中"我的服务器要求身份验证"选项，并单击右边"设置"标签，如图6—32，选中"使用与接收邮件服务器相同的设置"，单击"确定"按钮完成设置。

现在已设置成功，单击主窗口中的"发送接收"按钮即可进行邮件收发。

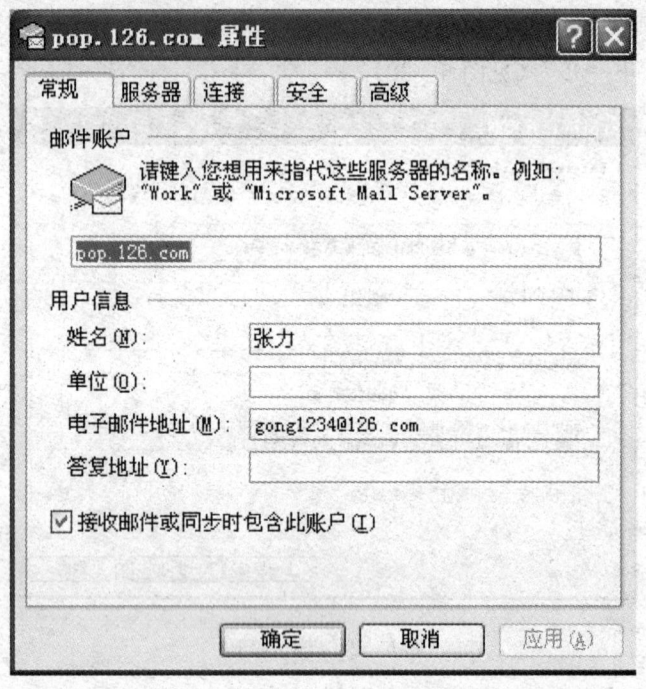

图 6—30　账号属性对话框

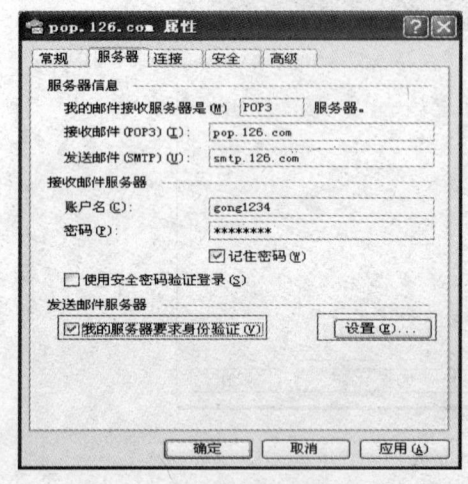

图 6—31　服务器设置

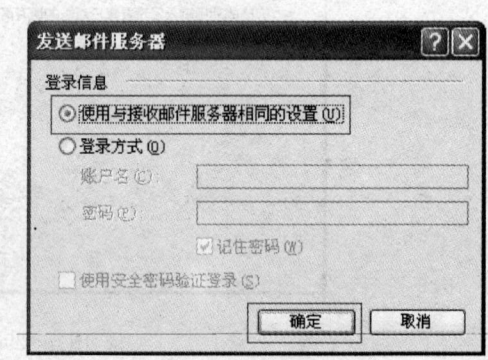

图 6—32　发送邮件服务器设置

四、备份与恢复通讯簿中的数据

1. 备份通讯簿中的数据操作步骤

（1）启动 Outlook Express 后，单击"文件"菜单，选择"导出"/"通讯簿"命令菜单（见图 6—33）。

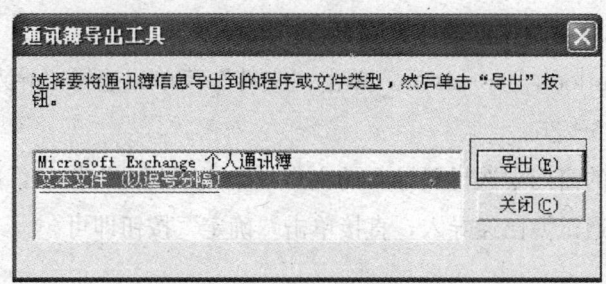

图 6—33　倒出对话框

(2) 在弹出的窗门中选择"倒出"按钮，出现如 6—34 图所示界面，输入保存的名称，其默认目录为"My Document"，用户可以单击"浏览"按钮选择一个新的文件存储位置。

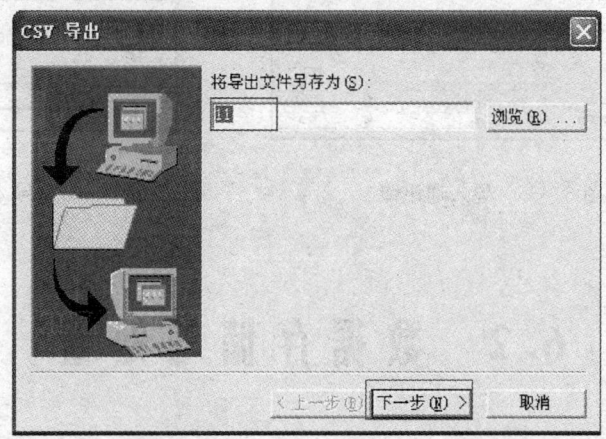

图 6—34　保存倒出文件

(3) 按"下一步"按钮，出现如图 6—35 所示界面，选择倒出的域，然后按"完成"即可。

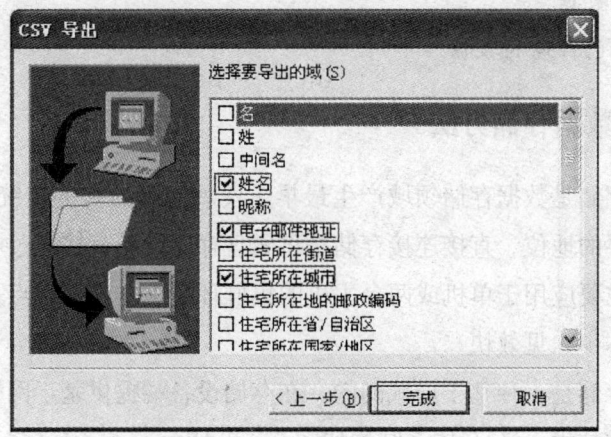

图 6—35　选择倒出域

2. 恢复通讯簿中的数据操作步骤

（1）启动 Outlook Express 后，单击"文件"菜单，选择"导入"/"通讯簿"命令菜单，如图 6—36。

（2）在弹出的窗门中选择要导入的文件，单击"打开"按钮，出现如图 6—37 所示界面，表示通讯簿已经导入，直接单击"确定"按钮即可。

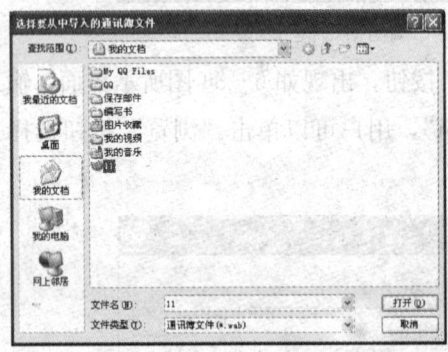

图 6—36　导入通讯簿

图 6—37　导入成功

6.2　数据存储与处置

 学习目标

➢能够存储数据
➢能够处理已存储的数据

一、网路数据存储方法

直接连接存储是数据存储领域产生最早、发展时间最长的传统数据存储方式，至今仍占有重要的地位。直接连接存储是将磁盘存储设备直接通过电缆连接到服务器的方式。它主要应用于单机或两台主机的集群环境中，主要优点是存储容量扩展简单，投入成本少，见效快。

网络连接存储是一种基于局域网的，在存储设备端提供基于网络访问的文件级服务的网络存储技术。NAS 体系结构如图 6—38 所示。

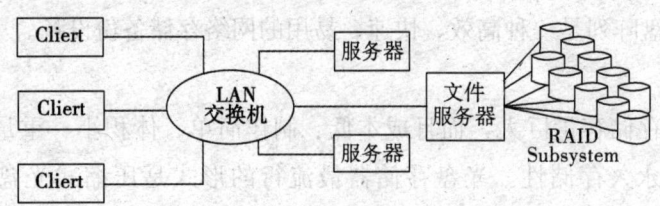

图 6—38　NAS 体系结构

存储区域网络（SAN）位于服务器后端，为连接服务器、存储设备而建立起一个专用数据网络，提供数据存储服务。SAN 体系结构如图 6—39 所示。

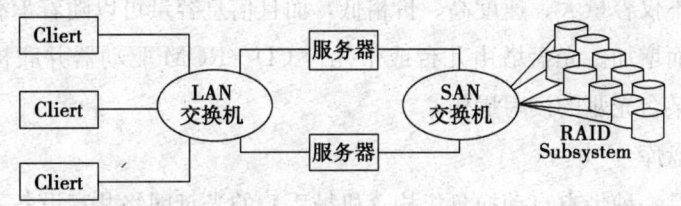

图 6—39　SAN 体系结构

基于 IP 的存储网络的核心技术是 iSCSI（IP Small Computer System Interface），这是一种开放协议，其基本结构是在 SCSI 的数据包上加入 TCP/IP 协议。

二、网络数据存储设备

目前，在网络系统存储备份设备中，应用广泛的是磁带、磁带库、磁盘阵列和光盘、光盘塔和光盘库几类：

（1）磁带

磁带信息存储可靠性高，容量极大。目前，磁带是所有存储媒体中单位存储信息成本最低、容量最大、标准化程度最高的常用存储介质之一，它具有互换性好，易于保存等特点。

（2）磁带库

磁带库是一种安全、可靠、易用和成本低廉的网络存储备份设备。磁带库因磁带可以不断更换，存储备份容量仅取决于所换磁带的多少，相当于磁带库的存储容量是无限的。磁带库在备份效率和人工占用方面也具有无可比拟的优势。

（3）磁盘阵列

磁盘阵列是由多个类型、容量、接口一致的硬磁盘组成的大容量的存储系统。磁盘阵列能以某种快速、准确和安全的方式读写磁盘数据，从而提高数据读取速度和安全性。磁盘阵列是一种高效、快速、易用的网络存储备份设备。

(4) 光盘

光盘不仅存储容量巨大，而且成本低、制作简单、体积小、重量轻，更重要的是其信息的永久存储性。光盘存储器最流行的形式是压缩式光盘只读存储器（CD－ROM，Compact Disc - Read - Only Memory）。另一种光盘存储器是一次写多次读光盘（WORM，Write Once Read Many）。此外还有磁光结合的存储设备。

(5) 光盘塔

光盘塔不仅容量大、速度高、价格低，而且信息容量可以随着承载信息的光盘数量的增加而增加。光盘塔由几台或十几台 CD－ROM 驱动器并联构成，可通过软件来控制某台光驱的读写操作。

(6) 光盘库

光盘库是一种带有自动换盘机构（机械手）的光盘网络共享设备。光盘库的特点是安装简单、存储容量大、可靠性高、成本低、保存寿命长、使用方便、不易受环境影响，并支持几乎所有的常见网络操作系统以及各种常用通信协议。

三、存储数据

(1) 打开"Internet Explorer"浏览器（记住：必须是 IE，不能是其他浏览器），在地址栏处输入 ftp：//www.wjezz.com.cn。

登录 ftp 站点如图 6—40 所示。

图 6—40　登录 ftp 站点

(2) 输入完之后按回车，出现如图 6—41 所示界面，在空白处按鼠标右键，在弹出的菜单中选择"登录"。

(3) 在出现的图 6—42 中，输入用户名和密码，然后点"登录"按钮。

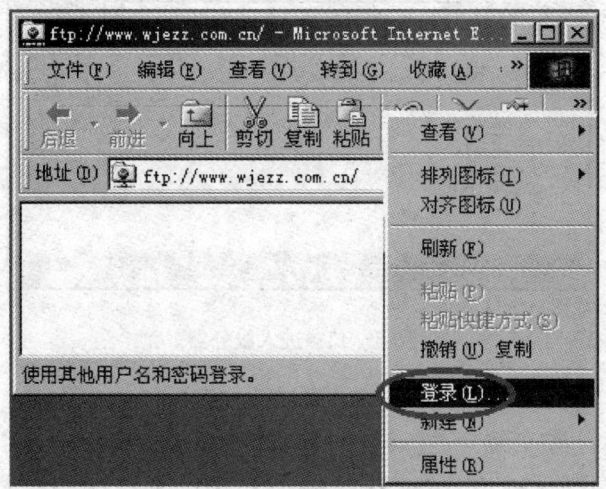

图 6—41　准备登录服务器

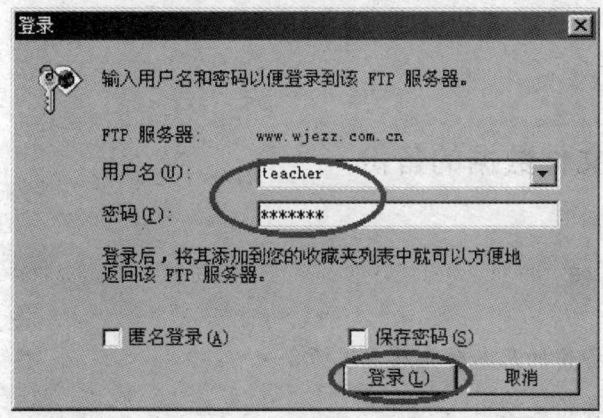

图 6—42　验证登录身份

(4) 接着屏幕显示如图 6—43 图，现在就可以上传你的文件到 FTP 服务器中了。上传文件的方法与在"我的计算机"或"资源管理器"中复制文件是一样的。具体操作过程如下：

首先，打开计算机中的存放文件的文件夹，选中要上传的文件，然后点击右键，选择"复制"。再到上图所示的窗口中，在其上右键，选择"粘贴"。

其他的操作（如下载文件、新建文件夹等）与资源管理器的使用方法是一样的。

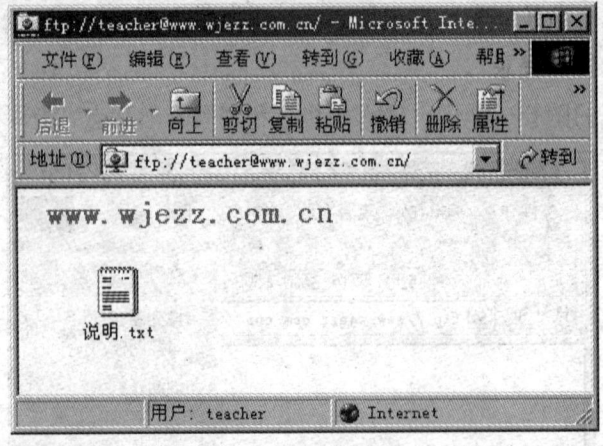

图 6—43 进入服务器

6.3 文件的备份与还原

6.3.1 文件数据的备份

 学习目标

➢ 了解数据备份的基本功能及应用场合
➢ 了解数据备份类型
➢ 能够进行数据备份

一、数据备份功能概述

数据备份，顾名思义就是将数据以某种方式加以保留，以便在系统遭受破坏或其他特定情况下，重新加以利用的一个过程。

提示："数据备份"实际上包含了两层意思：一是数据备份，是将重要的数据以某种方式保存，以确保数据安全；二是数据恢复（或者是数据还原），在系统遇到人为或自然灾难时，能够通过备份内容对系统进行有效的灾难恢复。也就是说，数据备份是手段，数据恢复是核心，所有备份的目的都是确保丢失的数据能够被有效地恢复，一个无法恢复的备份，对任何系统来说都是毫无意义的。

除此以外，数据备份意义不仅在于只是对数据进行保护、防范意外事件的破坏，而且还是历史数据保存归档的最佳方式。也就是说，即便系统正常工作，没有任何数据丢失或破坏发生，备份工作仍然具有非常大的意义——为进行历史数据查询、统计和分析，以及重要信息归档保存提供了可能。

因此，数据备份作为存储领域的一个重要组成部分，其在存储系统中的地位和作用都是不容忽视的。对一个完整的企业IT系统而言，备份工作是其中必不可少的组成部分。

二、Windows 2000 Server 备份工具

在 Windows、Linux 等桌面操作系统内，大多集成一些简单的数据备份功能（需安装备份组件，可到"附件"中的"系统工具"中查寻）。这些备份功能足以实现对普通文件自动的、定时的备份。还有很多具有一定备份功能、可以从 Internet 上下载的小型免费备份软件，这些软件虽然不能实现对专业级数据库的支持（主要是指不支持网络备份），但对一般桌面办公系统来说，功能也足够了。

出于保护数据安全的目的，Windows 2000 Server 特意提供了一个强大的数据备份工具，它可帮助用户备份硬盘上选定的文件和文件夹；将备份的文件和文件夹还原到硬盘上；创建紧急修复盘；备份计算机的系统状态（包括注册表、启动文件和系统文件）；制订备份计划并按规定进行备份等优秀功能，完全可满足广大企业用户对系统进行备份的任何需要。

Windows 2000 Server 备份工具有三种备份操作方式：

备份向导：要自动备份文件，可使用备份向导。

备份工具：要手动备份文件，可在"备份"选项卡上创建一个备份作业。

计划备份：要自动备份文件，可使用计划备份操作。

下面详细介绍 Windows 2000 Server 备份工具的使用。

三、文档属性

在 Windows 2000 Server 中，有些备份类型要使用备份标记，也称文件属性。在对文件进行备份以后，会清除或者重新设置备份标记。如果文件发生变化，就会为这个文件设置标记，表明这个文件在上一次备份以后发生了变化。这样，在备份文件或者文件夹时，为了提高效率和节省时间，应备份那些经过改动的文件或文件夹，而没有经过改动的文件或文件夹可以不备份。

可以通过设置文件或文件夹的存档属性来标识是否备份过。查看或更改文件或文件夹的存档属性的方法如下：

(1) 在 Windows 2000 Server 操作系统中，单击任一文件夹，在出现的快捷菜单中选择"属性"，出现如图 6—44 所示"常规"选项卡，单击"高级"按钮。

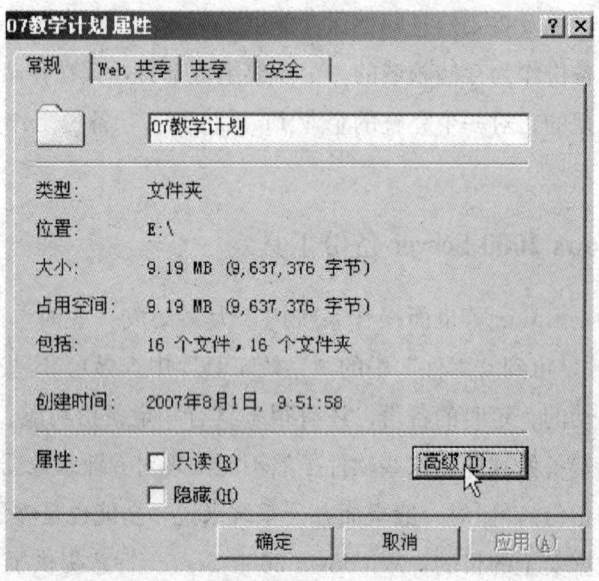

图 6—44　文档属性界面

(2) 进入"高级属性"界面，选中"可以存档文件"复选框，表示文件已设置存档属性，如图 6—45 所示。单击"确定"按钮。

(3) 进入"确认属性更改"界面，进行更改选择，本例选择如图 6—46 所示。

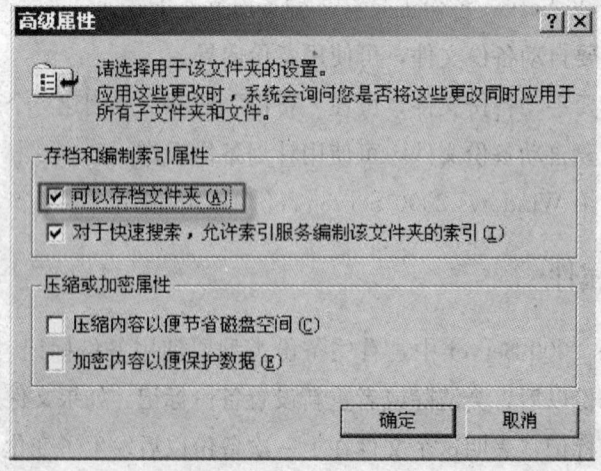

图 6—45　"高级属性"对话框

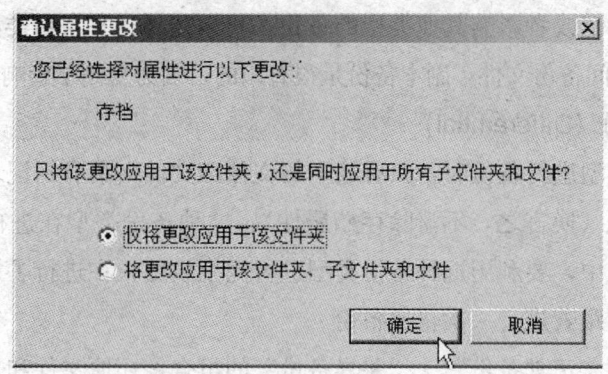

图 6—46 "确认属性更改"对话框

四、备份类型

Windows 2000 Server 使用的备份类型有以下 5 种，如图 6—47 所示。

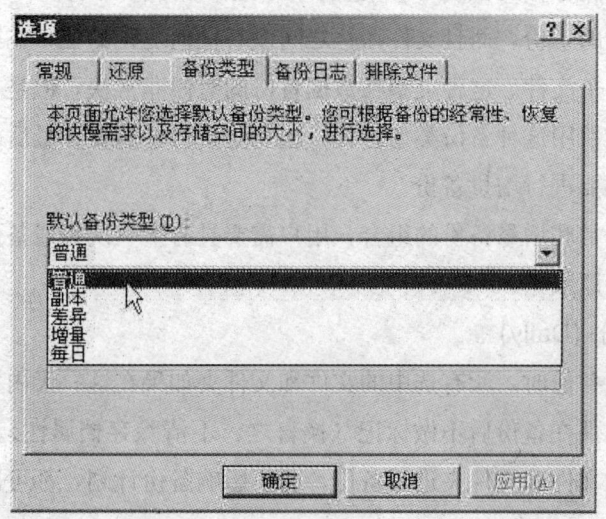

图 6—47 数据备份类型

1. 普通备份（Normal）

选择这种类型备份时，对所选择的文件和文件夹都进行备份。并且备份后，标记每个文件（换言之，清除文件或文件夹的"存档属性"）。这种备份最耗时，所需的存储量也最大。

使用普通备份，用户只需要最近备份的文件或磁带的副本来还原所有文件。

2. 副本备份（Copy）

选择这种类型备份时，对所选择的文件和文件夹都进行备份。但不将这些文件标记为已经备份（换言之，不清除存档属性）。这种备份不检测也不清除任何标记，如果不想清除标记或者影响其他类型的备份，可以选择这种备份类型。如果想在正常和增量备份之间备份文件，副本备份是很有用的，因为复制不影响其他备份操作。

3. 差异备份（Differerntial）

选择这种类型进行备份时，只有选中的文件和文件夹具有标记才会备份。差异备份不清除标记（换言之，不清除存档属性）。这种备份类型在进行备份和数据恢复的时候速度适中，要利用这种备份类型进行完全恢复，在进行了最后一次差分类型备份以后要紧跟着进行一次普通备份。

如果执行了"正常备份"+"差异备份"的组合，还原文件和文件夹要求用户执行了上一次正常和差异备份。

4. 增量备份（Incremental）

增量备份只备份上一次正常或增量备份后，创建或改变的文件。备份后标记文件（换言之，清除存档属性）。因为它清除标记，所以如果对同一个文件连续进行了两次增量类型的备份，而且文件在这之间没有任何变化的话，在第二次备份的时候将不会备份这个文件。这种类型在数据备份的时候非常快，但是在数据恢复的时候速度很慢。要使用这种备份类型进行一次完全备份，需要在最后一次普通备份完成以后紧跟着都要进行增量备份。

如果使用正常和增量备份的组合，用户需要具有上一次普通备份集和所有增量备份集，以便还原数据。

5. 每日备份（Daily）

在进行每日备份时，所有选中的文件和文件夹如果在这一天内发生过变化都会备份。已备份文件在备份后不做标记（换言之，不清除存档属性）。如果想对一天内所有变化过的文件和文件夹进行备份，而不影响备份计划，都可以使用这种备份类型。

五、文件备份步骤

首先进行备份选项设置，管理员可以更改所有备份的默认设置参数。

（1）运行 Windows 2000 Server 备份工具。单击"开始"→"程序"→"附件"→"系统工具"→"备份"，如图 6—48 所示。

（2）如图 6—49 所示，选择"工具"→"选项"。

（3）如图 6—50 所示，进入"选项"界面，该界面有"常规""还原""备份类型""备份日志""排除文件" 5 项选项卡。

第6章 数据备份与恢复

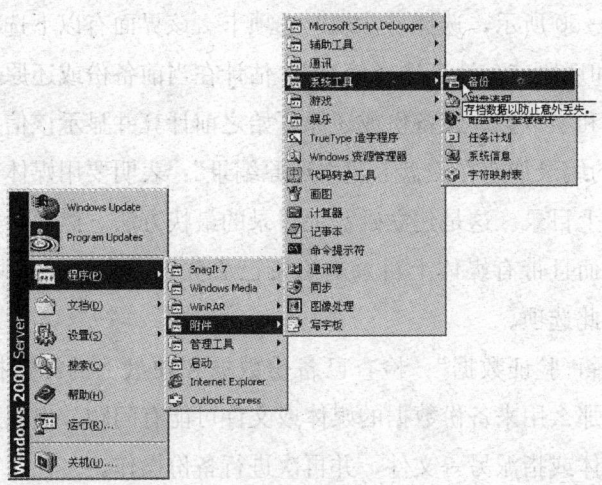

图6—48 运行备份工具

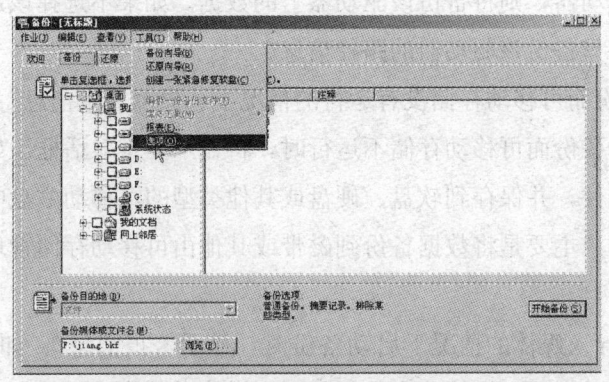

图6—49 选择"选项"菜单项

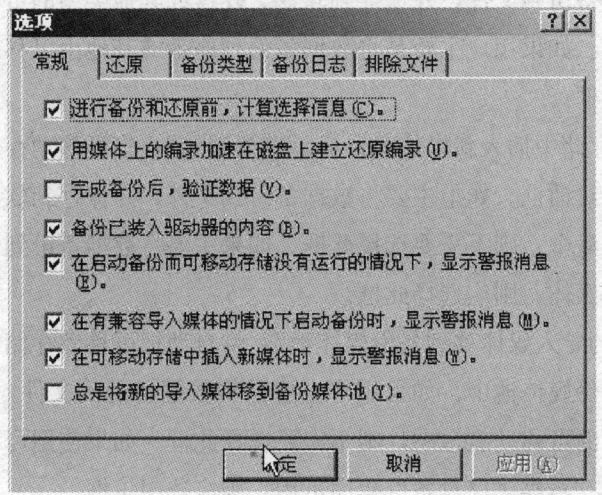

图6—50 "常规"选项卡界面

(4) 如图 6—50 所示，选择"常规"选项卡。该界面有以下选项：

"进行备份和还原前，计算选择信息"：估计在当前备份或还原操作中，要备份或还原的文件数和字节数。在备份或还原开始之前计算并显示该信息。

"用媒体上的编录加速在磁盘上建立还原编录"：表明要用媒体上目录建立有关还原选项的磁盘上目录。这是建立磁盘上目录的最快方法。然而，如果要从多个磁带中还原数据，而且带有媒体上目录的磁带已丢失，或者要从损坏的媒体还原数据，则不应选择此选项。

"完成备份后，验证数据"：检查已备份数据和硬盘上的源数据，确信二者相同。如果不同，那么用来备份数据的媒体或文件可能有问题。出现这种情况时，应该使用不同的媒体或指派另一文件，并再次进行备份操作。

"备份已装入驱动器的内容"：备份在已装入驱动器上的数据。如果选择该选项而备份已装入驱动器，则将备份该驱动器上的数据。如果不选择该选项而备份已装入驱动器，则将只备份该驱动器的路径信息。

"在启动备份而可移动存储没有运行的情况下，显示警报消息"：如果选择了该项，那么当开始备份而可移动存储不运行时，将显示一个对话框。如果用户主要是将数据备份到文件，并保存到软盘、硬盘或其他类型的可移动磁盘中，则不需要选择此框。如果用户主要是将数据备份到磁带或其他由可移动存储管理的媒体，则应选择此框。

"在有兼容导入媒体的情况下启动备份时，显示警报消息"：如果选择了该项，那么当启动备份且在导入媒体池中有新的可用媒体时，将显示一个对话框。如果用户主要是将数据备份到文件，并保存到软盘、硬盘或其他类型的可移动磁盘中，则不需要选择此框。如果用户主要是将数据备份到磁带或其他由可移动存储管理的媒体，则应选择此框。

"在可移动存储中插入新媒体时，显示警报消息"：当可移动存储检测到新媒体时，将显示一个对话框。如果主要将数据备份到文件，并保存到软盘、硬盘或其他类型的可移动磁盘中，则不需要选择此框。如果主要将数据备份到磁带或其他由可移动存储管理的媒体，则应选择此框。

"总是将新的导入媒体移到备份媒体池"：将自动把可移动存储检测到的新的导入媒体移动到备份媒体池中。如果用户主要是将数据备份到文件，并保存到软盘、硬盘或其他类型的可移动磁盘中，则不需要选择此框。如果使用可移动存储管理媒体，而且要使所有新媒体仅对备份程序可用，则应选中该框。

提示：一般要选中"完成备份后，验证数据"，因为该操作对于保证备份数据不崩溃是非常重要的。

(5) 如图 6—51 所示，选择"还原"选项卡。必须在以下 3 个选项中选择一个，本例选择了"不要替换本机上的文件"。

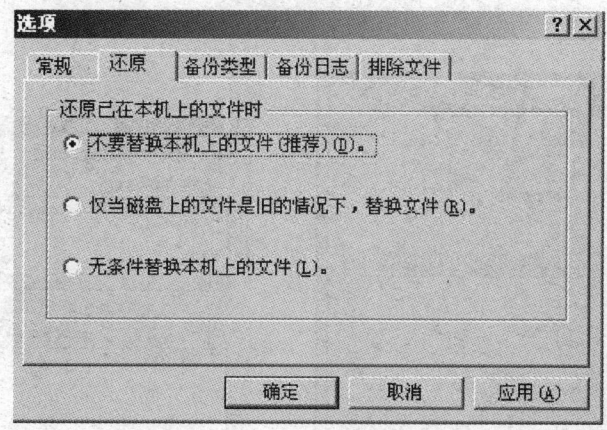

图 6—51 "还原"选项卡界面

"不要替换本机上的文件"：可以避免覆盖硬盘上的文件。它是还原文件时最安全的方法。

"仅当磁盘上的文件是旧的情况下，替换文件"：如果自从上次备份数据以来做了任何更改，这将确保对文件所做的更改不会丢失。

"无条件替换本机上的文件"。这将用备份集中的文件替换硬盘上的所有文件。如果自从上次备份数据以来做了任何更改，该选项将删除这些更改。

(6) 如图 6—52 所示，选择"备份类型"选项卡。要考虑备份频率、速度及所占空间等因素。备份类型已在前面介绍过，这里不再作介绍。

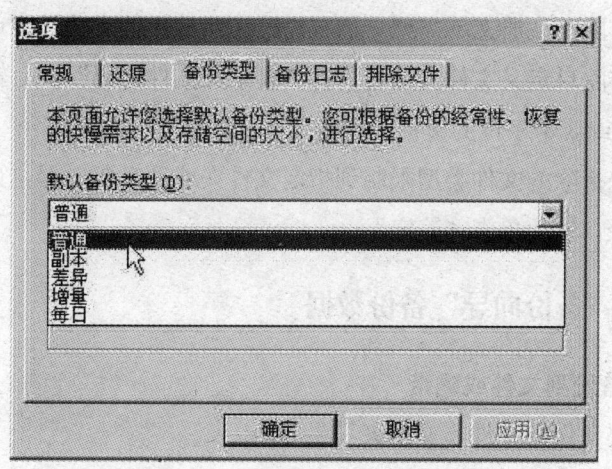

图 6—52 "备份类型"选项卡界面

(7) 如图 6—53 所示，选择"备份日志"选项卡，设置备份过程中的日志文件如何生成。

(8) 如图 6—54 所示，选择"排除文件"选项卡，设置需要从备份过程中排除的文件。

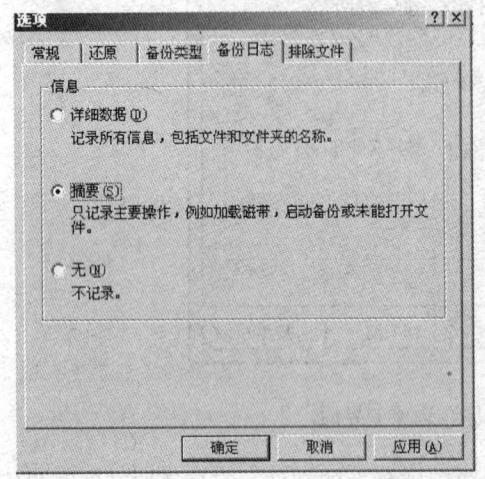
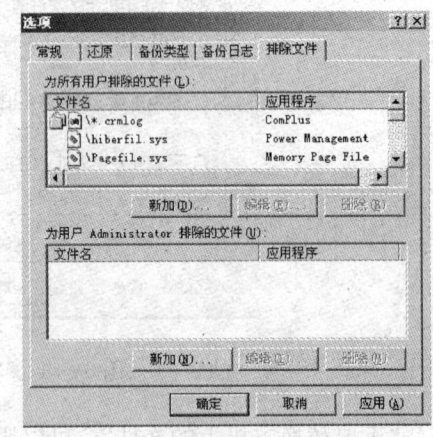

图 6—53　"备份日志"选项卡界面　　　图 6—54　"排除文件"选项卡界面

1) 在"排除文件"选项卡中，要选择执行以下操作之一：

①如果用户想要排除所有用户拥有的文件，请在"为所有用户排除的文件"列表下单击"新加"按钮。

②如果只想排除用户所拥有的文件，请在"为用户排除的文件"列表下单击"新加"。

2) 在"添加排除的文件"对话框中，要选择执行下列操作之一：

①如果要排除已注册文件类型，请在"已注册的文件类型"中单击文件类型。

②如果要排除自定义文件类型，请在"自定义文件掩码"中，输入小数点，然后是 1 个、2 个或 3 个字母的文件扩展名。

③如果要将排除的文件类型限制到指定文件夹或硬盘驱动器，请在"应用于路径"中键入路径，然后单击"确定"。

六、利用"备份向导"备份数据

1. 将数据备份到文件或磁带

(1) 选择要备份的文件、文件夹和驱动器。

(2) 为备份数据选择存储媒体或文件位置。

(3) 设置备份选项。

(4) 开始备份。

1) 运行备份工具。单击"开始"→"程序"→"附件"→"系统工具"→"备份",如图 6—48 所示。

2) 选择"备份向导"菜单项,选择备份向导如图 6—55 所示。

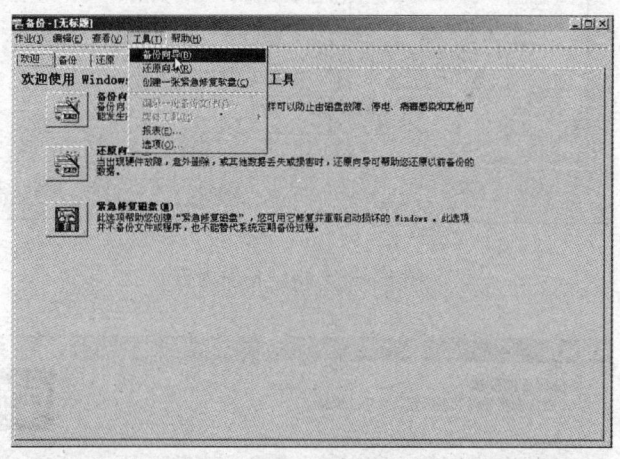

图 6—55 选择备份向导

3) 进入"备份向导"界面,如图 6—56 所示。单击"下一步"。

4) 指定备份项目。本例选择"备份选定的文件夹、驱动器或网络数据",如图 6—57 所示。单击"下一步"。

 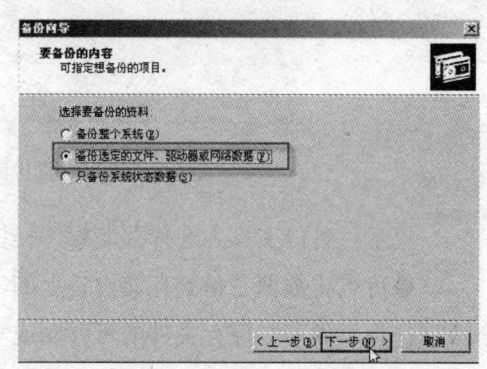

图 6—56 "备份向导"界面　　　　　图 6—57 指定备份项目

5) 指定要备份的内容。本例选择要备份的驱动器是"E:",文件夹是"07 教学计划",如图 6—58 所示。单击"下一步"。

6) 指定备份内容要保存的媒体和位置。如图 6—59 所示,本例输入"F:\07 教学计划备份"。单击"下一步"。

331

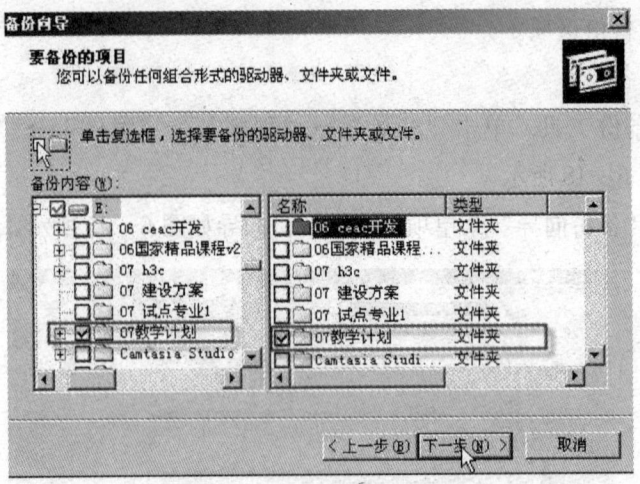

图 6—58 指定备份内容

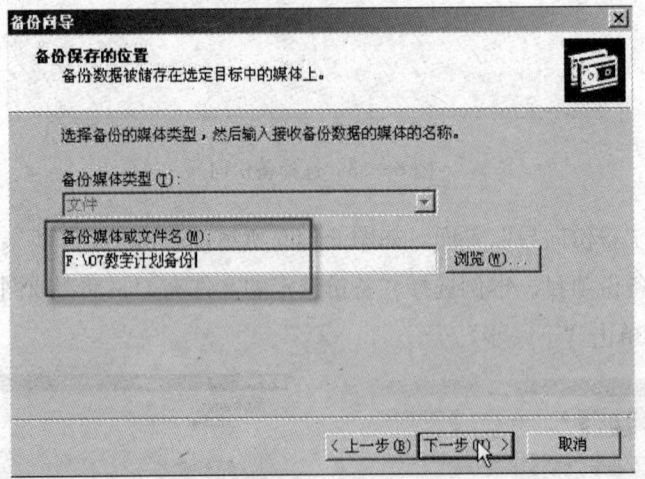

图 6—59 指定备份内容要保存的媒体和位置

提示：备份工具为选择存储媒体提供了两个选项：

◆可以将数据备份到存储设备上的一个文件。存储设备可以是硬盘、Zip 磁盘或任何类型的可以保存文件的可移动或不可移动媒体。该选项始终是可用的。

◆可以将数据备份到磁带设备。该选项只有在用户的计算机安装了磁带设备后才可以使用。如果将数据备份到磁带设备，该媒体将由"可移动存储"管理。

7) 进入"完成备份向导"界面，如图 6—60 所示。单击"高级"按钮。

8) 选择备份类型。如图 6—61 所示，选择备份类型为"普通"，单击"下一步"。

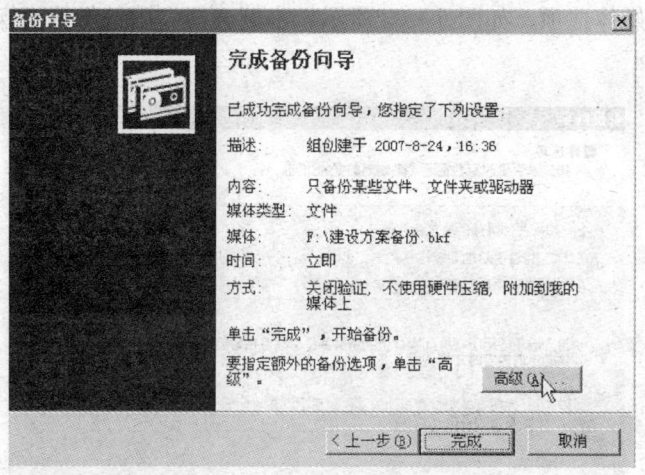

图6—60 "完成备份向导"界面

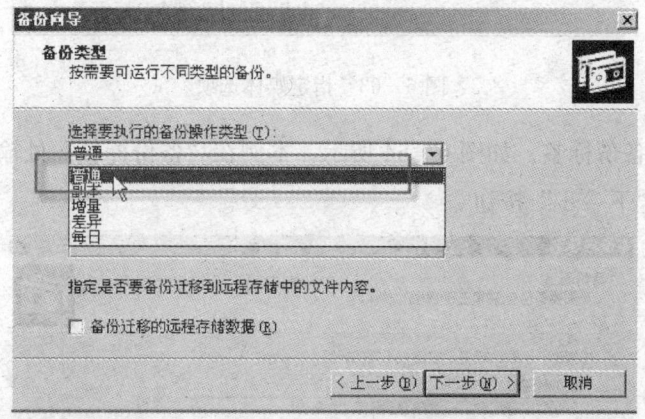

图6—61 选择备份类型

9）指定验证和压缩选项。如图6—62所示，本例选择"备份后验证数据"。单击"下一步"。

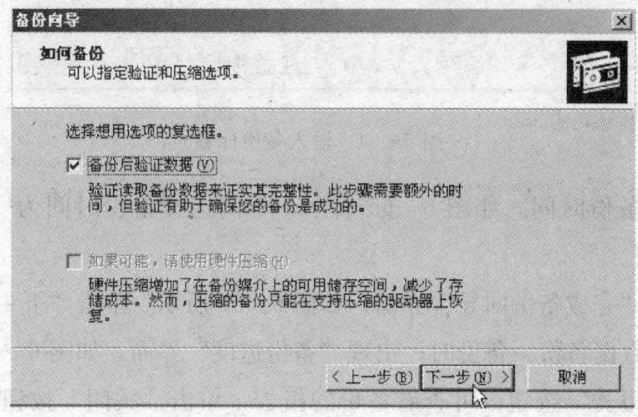

图6—62 指定验证和压缩选项

10) 指定媒体选项。如图 6—63 所示，本例选择"用备份替换媒体上的数据"。单击"下一步"。

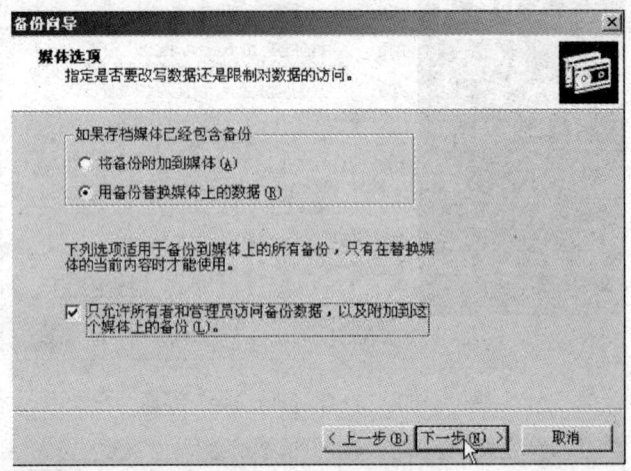

图 6—63　指定媒体选项

11) 输入备份标签。如图 6—64 所示，本例在"备份标签"处输入"教学计划备份"，单击"下一步"按钮。

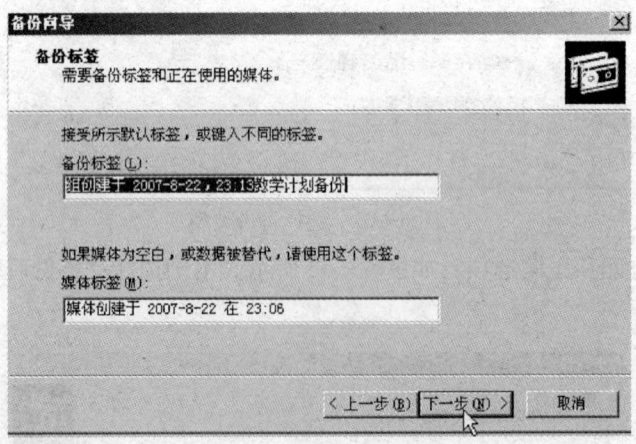

图 6—64　输入备份标签

12) 选择备份时间。如图 6—65 所示，本例选择备份时间为"现在"。单击"下一步"按钮。

13) 进入"完成备份向导"界面，如图 6—66 所示。单击"下一步"按钮。

14) 完成数据备份。备份时，出现"备份进度"界面。如图 6—67 所示。备份完成后单击"报告"按钮，可查看备份的报告，单击"关闭"按钮完成本次备份工作。

第6章 数据备份与恢复

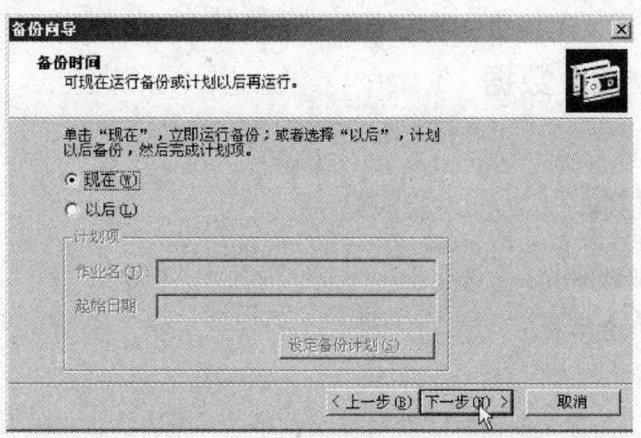

图6—65 选择备份时间

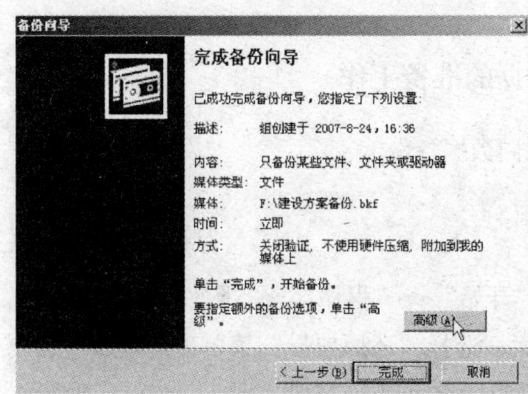

图6—66 "完成备份向导"界面

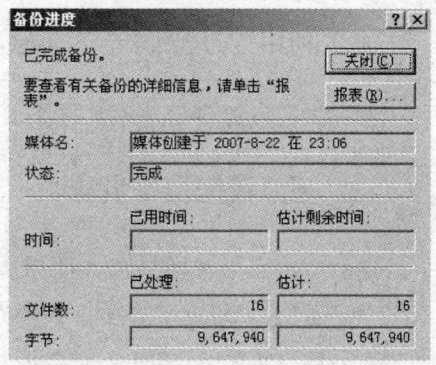

图6—67 "备份进度"界面

2. 注意事项

（1）将数据备份到文件时，必须指定文件要保存的名称和位置。备份文件可以保存到硬盘、软盘或任何其他可以保存文件的可移动或不可移动媒体。备份文件扩展名一般为".bkf"。虽然理论上可以使用任意扩展名，但强烈建议使用".bkf"，因为该扩展名的文件关联能够保证备份文件可以识别。

（2）将数据备份到磁带时，计算机必须接有磁带设备。同样，磁带也由可移动存储管理。尽管"备份"与"可移动存储"一同工作，但可能须使用"可移动存储"来执行某些维护任务，例如准备和弹出磁带。

（3）备份工具不支持使用某些备份媒体，如 CD－RW（可重写光盘）、CD－R（可读写光盘）以及 DVD－R（可读写数字光盘）等。要将备份保存到此类媒体，请先备份到文件，然后再将文件复制到光盘。用户可以使用"备份"由光盘还原。

（4）只有管理员或备份操作员才可以备份文件和文件夹。

6.3.2 还原数据

 学习目标

➢了解数据还原基本方法
➢能够将数据还原

如果硬盘上的原始数据被意外删除或覆盖，或因为硬盘故障而不能访问该数据，那么只要用户已完成数据备份工作，则用户可以十分方便的从备份文件中还原该数据。

一、利用"还原向导"还原数据的准备工作

首先进行设置备份选项，操作步骤同数据备份。

二、还原数据操作步骤

（1）进入"还原向导"界面单击"开始"→"程序"→"附件"→"系统工具"→"备份"，进入"备份"程序界面，选择"还原向导"菜单项，进入"还原向导"界面（见图6—68）。按"下一步"。

图6—68 "还原向导"界面

（2）选择要还原的驱动器和文件夹及文件名

本例选择如图6—69所示，按"下一步"。

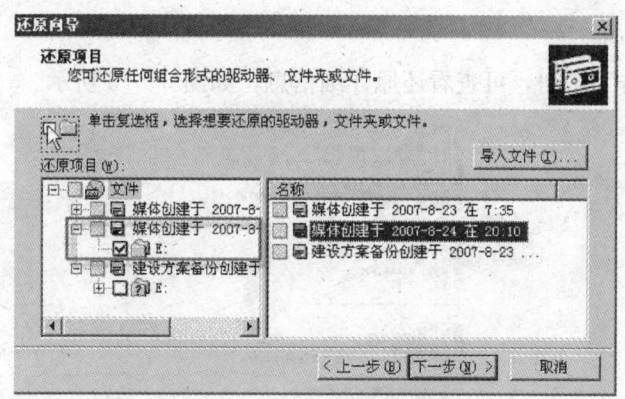

图6—69　选择要还原的驱动器和文件夹及文件名

(3) 进入"还原向导"界面

如图6—70所示，单击"高级"按钮。

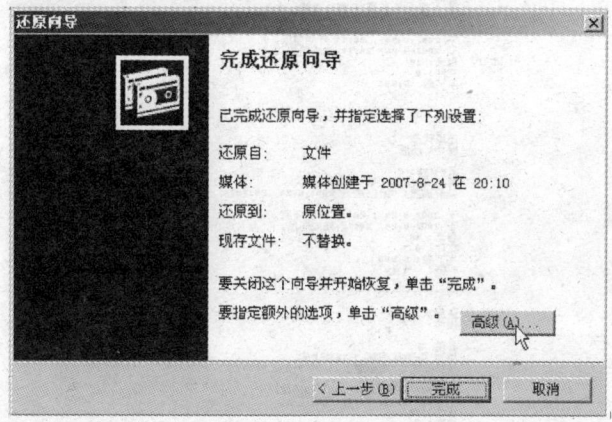

图6—70　"还原向导"界面

(4) 输入要备份文件名

本例输入如图6—71所示。单击"确定"。

(5) 开始还原

还原时，显示还原进度，如图6—72所示。

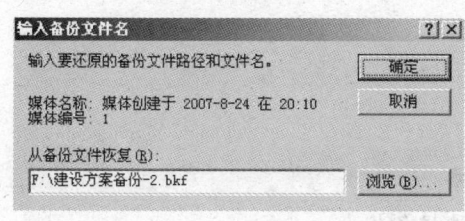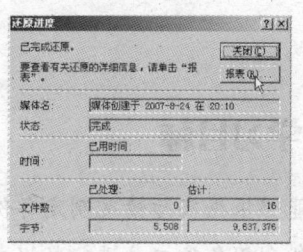

图6—71　输入要备份文件名　　图6—72　显示还原进度

(6) 还原结束

单击"报告"按钮,可查看还原详细信息,如图 6—73 所示。

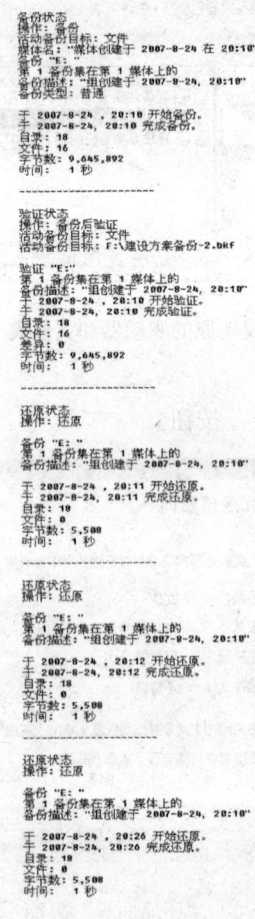

图 6—73　还原报告

6.4　操作系统的备份与恢复

　学习目标

➤能够根据实际情况制定备份策略

➤能利用备份工具进行数据自由选择备份

一、操作系统备份工具的种类

现在备份工具比较多，比如矮人 DOS 工具箱、Deep Freeze、一键备份还原 Ghost、一键 Ghost、一键还原精灵等软件。比较常见的有基本就是 Ghost 系列中的一键备份还原 Ghost、一键 Ghost、一键还原精灵。Ghost（幽灵）软件是美国赛门铁克公司推出的一款出色的硬盘备份还原工具，可以实现 FAT16、FAT32、NTFS、OS2 等多种硬盘分区格式的分区及硬盘的备份还原。俗称克隆软件。

Ghost 的备份还原是以硬盘的扇区为单位进行的，也就是说可以将一个硬盘上的物理信息完整复制，而不仅仅是数据的简单复制；能克隆系统中所有的内容，包括声音、动画、图像，连磁盘碎片都可以帮你复制。Ghost 支持将分区或硬盘直接备份到一个扩展名为 .gho 的文件里（赛门铁克把这种文件称为镜像文件），也支持直接备份到另一个分区或硬盘里。

二、操作系统备份工具的原理

1. 一键还原精灵

还原精灵是在每次重启计算机后就会将你设定的盘还原到你上次重起的状态，是保护系统，还原为保护前的状态，您可以设置为每次重新启动即还原，或者是定期还原，设置项较多。

2. 一键还原

一键还原则是在你希望的时候将你的系统盘还原到你安装的日期，纯粹是在发生问题时，恢复到安装刚完成时的状态，是专用某个键做的备份式的恢复。

3. Deep Freeze

Deep Freeze 是国外的一款还原软件，属于共享软件，需要注册。

4. Ghost 系列

Ghost 是一种备份工具，它可以备份硬盘、硬盘分区等作用，可以完整复制对象，压缩成为一个影像文件，两个硬盘之间的对拷、两个硬盘的分区对拷、两台计算机之间的硬盘对拷、制作硬盘的影像文件等。Ghost 的工作原理就是将镜像文件，完全覆盖 C 盘的原文件，不用事先格式化磁盘，Ghost 自带格式化功能。

综上所述，还原精灵、Deep Freeze，他们的原理是，能阻止数据对硬盘的实际写入，从而在下次开机，仍然能保持系统的原始状态，一键还原就是采用 Ghost 的内核，其实质还是 Ghost 的功能。只是一键还原加入了预定的程序，设定键盘上的功能键来操作。

三、文件备份操作步骤

1. 准备工作

（1）下载 Ghost 程序，解包到非系统盘，建一个文件夹，比如在 E 盘建立文件夹 Ghost，把 Ghost 程序和备份文件放同一文件夹下面，以便将来寻找和操作。

（2）对系统做必要的清理，删除系统垃圾。

2. 备份步骤

（1）重启选择进入 DOS 系统，转到备份盘（输入命令"E:"按回车键），进入备份目录（输入命令"CD Ghost"按回车键），运行 Ghost 程序（输入命令"Ghost"按回车键）即可启动 Ghost 程序（见图 6—74）按光标键，依次选择"Local（本地）→Partition（分区）→To Image（形成影像文件）"项。

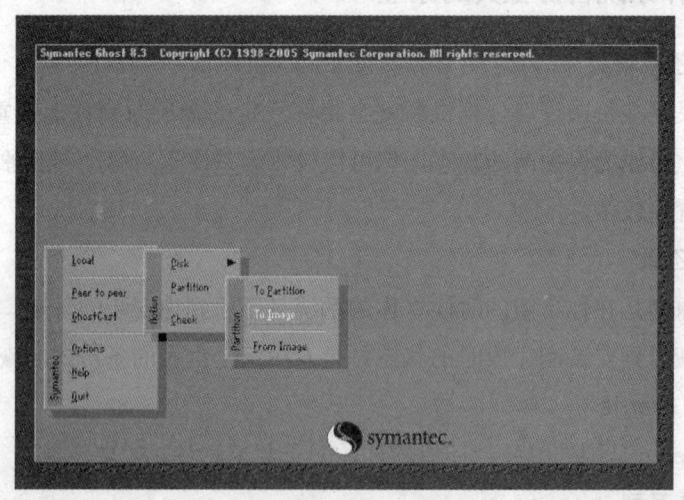

图 6—74　启动 Ghost 程序

（2）屏幕显示硬盘选择画面（见图 6—75），选择分区所在的硬盘"1"，如果只有一块硬盘，可以直接按回车键。

（3）在出现的图 6—76 中选择要制作镜像文件的分区（即源分区），这里用上下键选择分区"1"（即 C 分区），再按 Tab 键切换到"OK"按钮，再按回车键。

第6章 数据备份与恢复

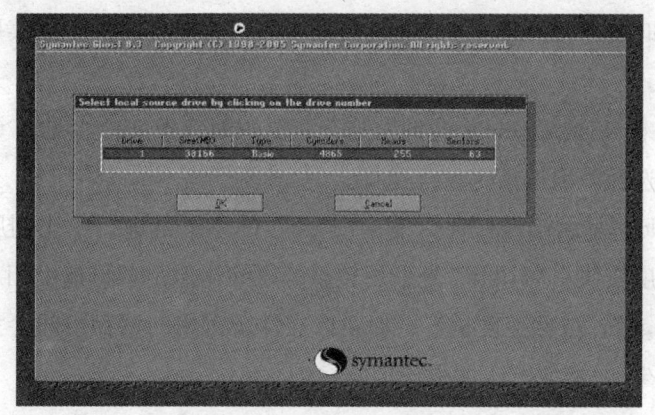

图6—75 硬盘选择画面

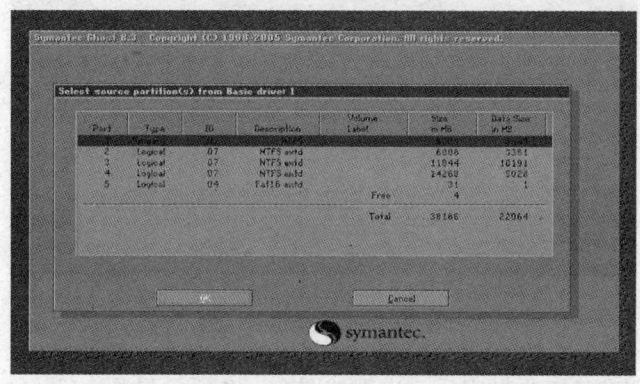

图6—76 选择备份分区

（4）在图6—77中，选择镜像文件保存的位置，按 Tab 键切到文件选择区域，用上下键选择文件夹，可以再按 Tab 键，切到"Filename"文本框键入镜像文件名称，然后按回车键即可。

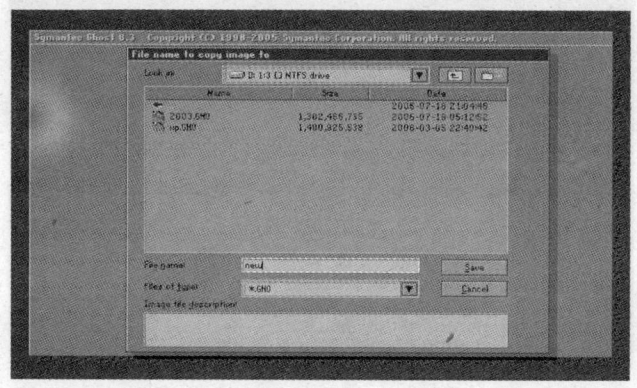

图6—77 保存备份

提示：此时按下"Shift＋Tab"键可以切回到选择分区的下拉菜单，按上下键选择备份分区。

（5）接下来 Norton Ghost 会询问是否需要压缩镜像文件（见图 6—78），这里只能用左右键选择，根据情况自己选择。

提示："No"表示不做任何压缩；"Fast"的意思是进行小比例压缩但是备份工作的执行速度较快；"High"是采用较高的压缩比但是备份速度相对较慢。一般都是选择"High"，虽然速度稍慢，但镜像文件所占用的硬盘空间会大大降低（实际也不会慢多少），恢复时速度很快。

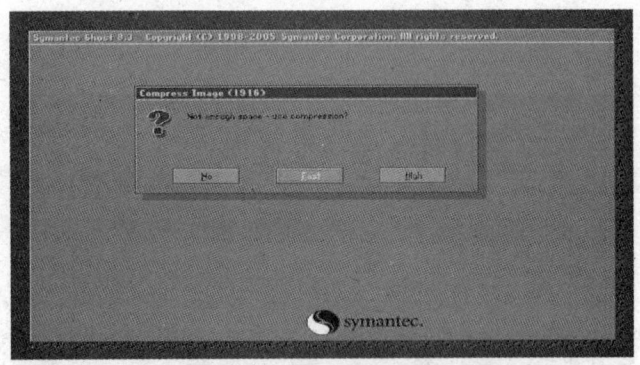

图 6—78 选择是否压缩

（6）这一切准备工作做完后，出现如图 6—79 所示界面，Ghost 就会问是否进行操作，选择"yes"，按回车后，开始为制作镜像文件了。备份速度与 CPU 主频和内容容量有很大的关系，一般来说 10 min 以内都可以完成。

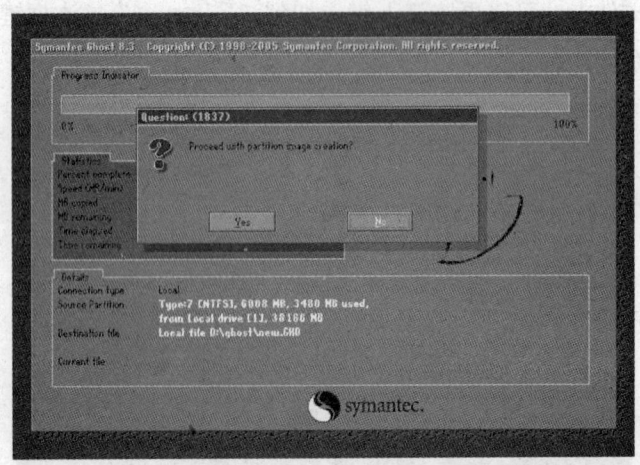

图 6—79 开始备份

等进度条走到 100%，就表示备份制作完毕了，可以直接按机箱的重启按钮或 Ctrl+Alt+Del，而不用退出 Ghost 或 DOS 系统。通过上面的工作，已经制作了一个 C 盘的备份，在系统出现不能解决的问题时，就可以轻轻松松的来恢复系统了。

3. 恢复步骤

（1）重启选择进入 DOS 系统，转到备份盘，进入备份目录，运行 Ghost 程序，在图 6—80 中，选择 Local→Partition→From Image（注意这次是"From Image"项），恢复到系统盘。

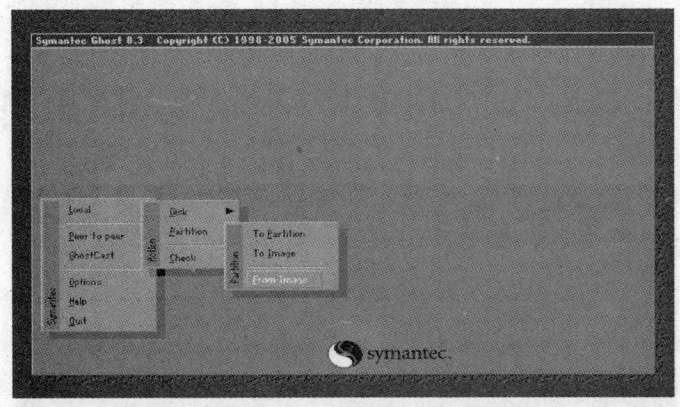

图 6—80　选择恢复选项

（2）在图 6—81 中选择镜像文件保存的位置，按 Tab 键切到文件选择区域，用上下键选择文件夹，用回车键进入相应文件夹并选好原文件，也就是 *.gho 的文件，并按回车键。

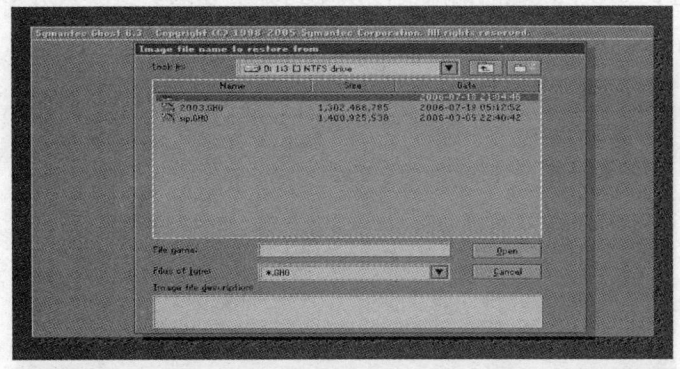

图 6—81　选择备份文件

（3）在图 6—82 告诉操作者，原文件是一个主分区的镜像文件，不用理会，直接按回车键。

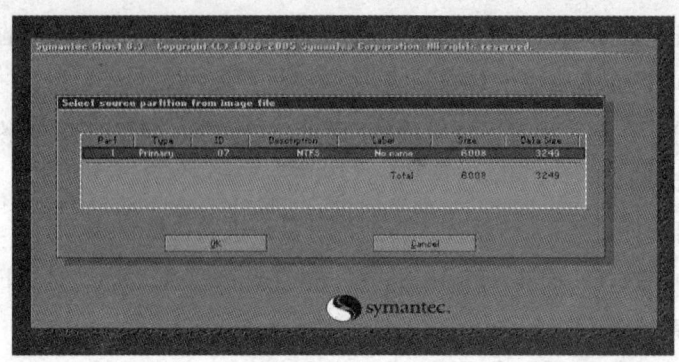

图6—82 备份文件说明

(4) 在图6—83中,让用户选择硬盘,如果您只有一块硬盘,也可以不用理会,直接按回车键。

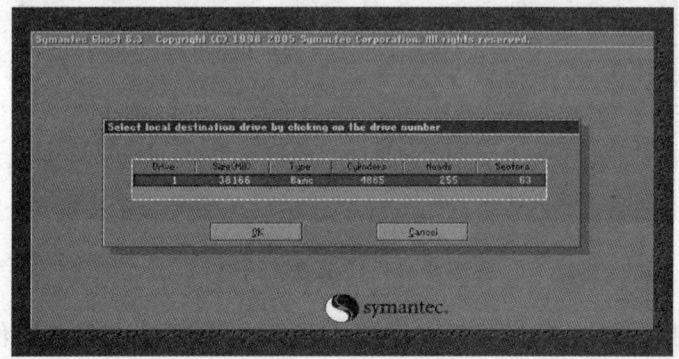

图6—83 选择硬盘

(5) 在图6—84中,要把镜像文件恢复到哪个分区,一般只对C盘操作,所以选择Primary,也就是主分区C盘的意思,选择OK按钮。

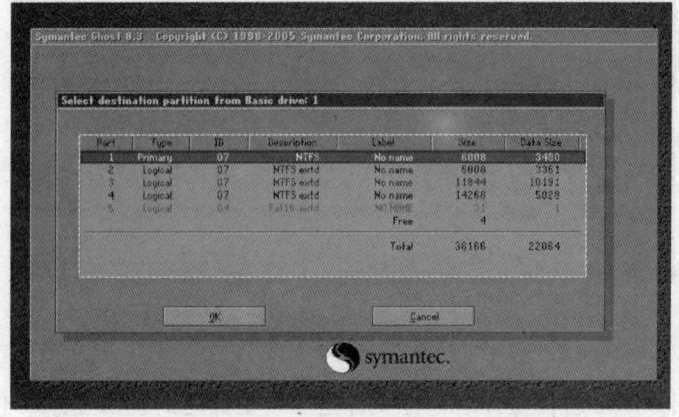

图6—84 选择恢复的分区

（6）所有选择完毕后，在图 6—85 中，Ghost 仍会叫你确认是否进行操作，当然，要选择"yes"了，按回车键。

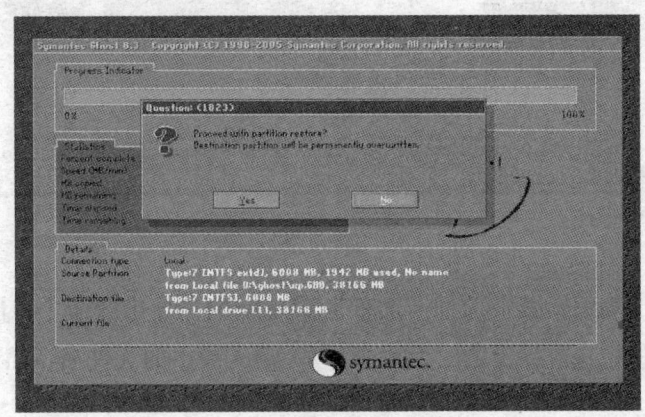

图 6—85　选择是否继续

再次等到进度条走完 100%，镜像就算恢复成功了，此时直接选择 Ghost 给出的选项"restart compter"即可重启了。

四、备份/恢复系统配置文件操作步骤

Windows 2000 将它的配置信息存储在名为注册表的数据库中，其中包含了每个计算机用户的配置文件，以及有关系统硬件、已安装的程序和属性设置等信息，Windows 2000 在运行过程中要一直引用这些信息。注册表是以二进制形式存储在硬盘上，错误地编辑注册表可能会严重损坏系统。所以，在更改注册表之前，强烈建议备份注册表信息。

1. 备份注册表全部信息

（1）开始运行，出现如图 6—86 运行对话框

（2）在 6—86 中输入"regedit"，打开注册表，如图 6—87。

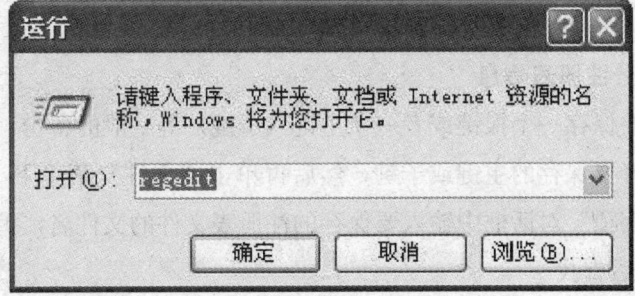

图 6—86　打开运行对话框

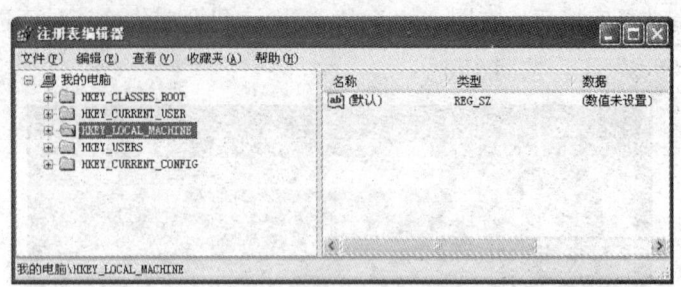

图6—87 打开注册表编辑器

(3) 在注册表编辑器中选择"文件"菜单中的"导出"命令,出现图6—88,选择备份保存的位置,导出范围为"全部",输入导出的文件名,然后单击保存按钮即可。

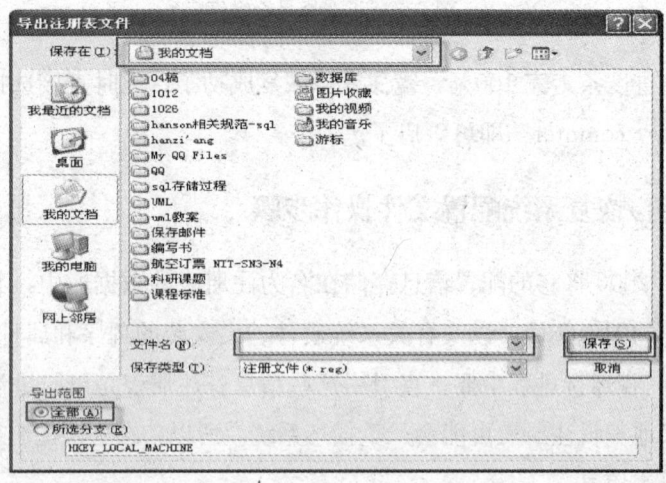

图6—88 保存注册表

2. 恢复注册表全部信息

在注册表编辑器中选择"文件"菜单中的导入,出现图6—89,选择以前备份的注册表文件,单击"打开"按钮即可。

3. 备份部分注册表信息

如果只需要保存一个根键或者一个主键(子键)等一般的备份,在注册表编辑器中,首先选择要保存的主键或子键,然后再单击"文件"菜单下"导出"命令,在弹出的"保存项"对话框中输入要保存的注册表文件的文件名,扩展名建议使用"reg",便于今后查找。

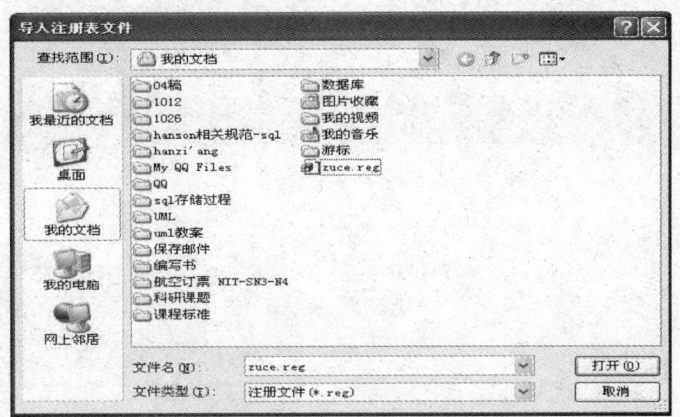

图 6—89　选择备份的注册表文件

本章思考题

1. 数据备份的基本功能是什么？
2. 数据备份有哪些类型，它们的特点是什么？
3. 如何制定数据备份策略？
4. 试制订一份备份作业计划。
5. 试备份所选定的文件夹和文件。
6. 试对所备份的文件进行还原。